Assistenzsystem zur wissensbasierten Steuerungsrekonfiguration für robotergestützte Automatisierungsprozesse

Assistance System for Knowledge-based Control Reconfiguration of Robot-supported Automation Processes

Von der Fakultät für Maschinenwesen
der Rheinisch-Westfälischen Technischen Hochschule Aachen
zur Erlangung des akademischen Grades einer
Doktorin der Ingenieurwissenschaften
genehmigte Dissertation

vorgelegt von

Aleksandra Mueller, geb. Rezunova

Berichter/in:

Univ.-Prof. Dr.-Ing. Christian Brecher
Univ.-Prof. Dr.-Ing. Jörg Krüger

Tag der mündlichen Prüfung: 11. September 2024

ERGEBNISSE AUS DER PRODUKTIONSTECHNIK

Aleksandra Mueller

Assistenzsystem zur wissensbasierten Steuerungsrekonfiguration für robotergestützte Automatisierungsprozesse

Herausgeber:
Prof. Dr.-Ing. T. Bergs
Prof. Dr.-Ing. Dipl.-Wirt. Ing. G. Schuh
Prof. Dr.-Ing. C. Brecher
Prof. Dr.-Ing. R. H. Schmitt

Band 27/2024

WZL | RWTH AACHEN UNIVERSITY

Fraunhofer
IPT

Bibliografische Information der Deutschen Nationalbibliothek
Die Deutsche Nationalbibliothek verzeichnet diese Publikation in der Deutschen Nationalbibliografie; detaillierte bibliografische Daten sind im Internet über https://portal.dnb.de abrufbar.

Aleksandra Mueller:

Assistenzsystem zur wissensbasierten Steuerungsrekonfiguration für robotergestützte Automatisierungsprozesse

1. Auflage, 2024

Gedruckt auf holz- und säurefreiem Papier, 100% chlorfrei gebleicht.

Wissenschaftsverlag des Instituts für Industriekommunikation und Fachmedien an der RWTH Aachen
Steinbachstr. 25, 52074 Aachen
Internet: www.apprimus-verlag.de, E-Mail: info@apprimus-verlag.de

Druck: CPI Druckdienstleistungen GmbH, Ferdinand-Jühlke-Straße 7 I 99095 Erfurt

ISBN 978-3-98555-244-3

D 82 (Diss. RWTH Aachen University, 2024)

Für meine Familie
Моей семье

Danksagung

Die vorliegende Dissertation entstand im Laufe meiner Tätigkeit als wissenschaftliche Mitarbeiterin am Werkzeugmaschinenlabor der RWTH Aachen University (WZL). Hiermit möchte ich allen danken, die mich auf diesem Weg auf vielfältige Art und Weise unterstützt und begleitet haben.

Zunächst möchte ich meinem Doktorvater Herrn Prof. Dr.-Ing. Christian Brecher für die Betreuung und das entgegengebrachte Vertrauen danken. Für die Übernahme der Aufgabe als Zweitprüfer bedanke ich mich herzlich bei Herrn Prof. Dr.-Ing. Jörg Krüger. Des Weiteren gilt mein Dank Frau Prof. Dr.-Ing. Verena Nitsch für die Übernahme des Vorsitzes.

Darüber hinaus möchte ich mich bei allen Kolleginnen, Kollegen und Projektpartnern für die spannende und lehrreiche Zeit am WZL herzlich bedanken. Mein besonderer Dank gilt Steffen Wurm, Malte Storm, Minh Trinh und Manuel Belke für das stets offene Ohr, das gegenseitige Vertrauen und den zuverlässigen Rückhalt in verschiedenen (Arbeits-)Situationen über die lange Zeit am WZL hinweg.

Eine besondere Freude war mir die Zusammenarbeit mit meinen studentischen Mitarbeitern und Abschlussarbeitern, insbesondere Theresia Gross, Waldemar Jesse, Phil Willecke, Miray Özakkas, Tim Schnieders, Vincent Hütsch, Mathis Fütterer, Luca Simon und Constantin Matz. Ihr habt mich jederzeit mit Euren fachlichen Arbeiten und im Tagesgeschäft professionell und gewissenhaft unterstützt. In besonderem Maße möchte ich Thomas Nauck danken, welcher mich über die gesamte Zeit der Dissertation hinweg zuverlässig begleitet und tatkräftig unterstützt hat, angefangen bei der Themenfindung bis hin zum Abschlusswort.

Mein größter Dank gilt meiner wunderbaren Familie: meinem Mann, meinen Eltern, Großeltern, meinem Bruder und meiner gesamten Schwiegerfamilie, denn Ihr habt mich stets mit Rat und Tat begleitet und mich auch in schwierigsten Situationen aufgefangen. Jonas, Du hast alle Jahre mit tiefstem Vertrauen, Verständnis, Motivation und Liebe hinter mir gestanden. Du und unsere große Familie haben mir den Mut und die Kraft gegeben, mir diesen Weg zuzutrauen und dieses Werk zu vollenden. Ich danke Euch von ganzem Herzen!

Aachen, im September 2024 Aleksandra Mueller

Kurzzusammenfassung

Vor dem Hintergrund des zunehmend steigenden globalen Wettbewerbs sind Unternehmen herausgefordert, ihre Produktion flexibel und anpassungsfähig zu gestalten. Während die Zeit zwischen den einzelnen Produktgenerationen immer kürzer wird, soll die angebotene Variantenvielfalt gesteigert werden, um Kundenanforderungen gerecht zu werden. Die Gesamtheit dieser Faktoren führt zu einer stetig steigenden Komplexität der Produktionssysteme und somit deren Automatisierung- und Steuerungsprozesse. Gleichzeitig müssen Steuerungsprozesse schnell konfigurierbar sein, um auf kurze Produktlebenszyklen reagieren zu können. Bestehende entscheidungsunterstützende Assistenzsysteme sind meist nicht in der Lage, die beiden wesentlichen Herausforderungen der Rekonfiguration zu lösen: Zum einen bilden diese keine vollständige Prozesswissensbasis samt dem Expertenwissen ab und zum anderen können sie kaum Lösungsvorschläge zur Einstellung von Kombinationen zusammenhängender Prozessparametzer liefern.

Im Rahmen dieser Arbeit wurde daher ein Assistenzsystem zur wissensbasierten Steuerungsrekonfiguration robotergestützter Automatisierungsprozesse entwickelt, das sich aus zwei Kernbestandteilen zusammensetzt: einem ontologiebasierten Wissensmanagementsystem (WMS) und darauf aufbauenden smarten Assistenzfunktionalitäten. Die Konzeption des WMS umfasste die Entwicklung zusammenhängender semantischer Module (Ontologien), die hierarchisch angeordnet sind und dazu dienen, die Systemarchitektur eines roboterbasierten Produktionsprozesses abzubilden. Der zentrale Bestandteil dieser Architektur wurde durch eine Taskontologie repräsentiert, die sämtliche Quellen des Prozesswissens umfasst. Neben den Ontologien integriert das Konzept des WMS Schnittstellen zur Anbindung von dynamischen und historischen Prozessdaten und Informationsmodellen der Prozesskomponenten.

Nachfolgend diente das entwickelte WMS als Basis für anwenderunterstützende Assistenzleistungen, die sich auf die am häufigsten identifizierten Gründe für eine Steuerungsrekonfiguration gemäß der durchgeführten Industriestudie bezogen. Die Beschreibung der Assistenzsysteme schließt mit einer Bewertung der entwickelten Funktionen ab, die zeigt, dass Algorithmen wie Künstliche Neuronale Netzwerke und Bayes'sche Netze geeignet sind, Parameteranpassungsvorschläge abzuleiten und die vielfältigen Zusammenhänge zwischen den Prozesskomponenten aus dem WMS zu analysieren. Abschließend wurden alle behandelten Aspekte in einer prototypischen Implementierung evaluiert, die sich auf den Anwendungsfall einer robotergestützten Linie der Glasscheibenkomplettierung in der Automobilmontage bezog.

Brief Summary

Against the backdrop of increasing global competition, companies are challenged to make their production flexible and adaptable. As the time between individual product generations continues to shorten, the goal is to increase the offered variety to meet customer demands. The combination of these factors results in a steadily increasing complexity of production systems and, consequently, their automation and control processes. At the same time, control processes must be quickly configurable to respond to short product life cycles. Existing decision-supporting assistance systems are often unable to address the two main challenges of reconfiguration: they do not encompass a complete process knowledge base, including expert knowledge, and they can hardly provide solution proposals for adjusting combinations of interconnected process parameters.

In the context of this work, an assistance system for knowledge-based control reconfiguration of robot-assisted automation processes was developed. It consists of two core components: an ontology-based knowledge management system (KMS) and smart assistance functionalities built upon it. The conception of the WMS involved the development of interconnected semantic modules (ontologies) that are hierarchically arranged to represent the system architecture of a robot-based production process. The central part of this architecture was represented by a task ontology that encompasses all sources of process knowledge. In addition to the ontologies, the WMS concept integrates interfaces for connecting dynamic and historical process data and information models of process components.

Subsequently, the developed WMS served as the basis for user-supporting assistance services, which were focused on the most frequently identified reasons for control reconfiguration according to the conducted industry study. The description of the assistance systems concludes with an evaluation of the developed features, demonstrating that algorithms such as Artificial Neural Networks and Bayesian Networks are suitable for deriving parameter adjustment proposals and analyzing the diverse interconnections between process components from the KMS. Finally, all aspects covered were evaluated in a prototypical implementation, focusing on the use case of a robot-assisted line for the completion of glass panes in automotive assembly.

I. Inhaltsverzeichnis

Table of contents

II. Formelzeichen- und Abkürzungsverzeichnis

Formula Symbols and Abbreviations

Formelzeichen	Einheit	Beschreibung
A		Querschnittsfläche
$a_{j,k}$		Ausgabewert des vorgelagerten Neurons
b		Bias
C_{max}	s	Maximale Produktionsdauer einer Maschine
dpr_p	s	Gesamtdauer einzelner Prozesse
$dprp_{p,k}$	s	Dauer einzelner Datenpunkte eines Prozesses
$E_1, \ldots, E_m$		Fehler
$F_1(x), \ldots, F_m(x)$		Output-Faktoren
g	m/s^2	Fallbeschleunigung
L	m	Länge
P	W	Leistung
$P(X_1, \ldots, X_n)$		Wahrscheinlichkeitsverteilung
p	Pa	Druck
p_j	s	Produktionsdauer
r	m	Radius
$\dot{V}$	m^3/s	Volumenstrom
$v_{p,k}$	m/s	Geschwindigkeit eines Prozesses p zum Datenpunkt k
$w_{j,k}^n$		Gewichtung
$x_1, \ldots, x_3$		Input-Informationen
$X_1, \ldots, X_n$		Zufallsvariablen
ρ	kg/m^3	Dichte
ϑ	Pa·s	Viskosität
$\sigma(\cdot)$		Aktivierungsfunktion

Abkürzung	Beschreibung
API	Application Programming Interface (dt. Programmierschnittstelle)
AR	Augmented Reality
BC	Concept Bridges
BD	Big Data
BI	Bayes'sche Interferenz
BN	Bayes'sches Netz
BR	Relation Bridges
CORA	Core Robotics and Automation
CPPS	Cyberphysische Produktionssysteme
DBA	Datenbereitstellungsadapter
DBMS	Datenbankmanagementsysteme
DCOM	Distributed Component Object Model
DEA	Datenerfassungsadapter
DMS	Decision Making (dt. Entscheidungstreffende) Software
DOE	Design of Experiments
CPD	Conditional probability distribution (dt. bedingte Wahrscheinlichkeitsverteilung)
DSS	Decision Support (dt. Entscheidungsunterstützende) Software
EM	Expectation Maximization
ERM	Entity-Relationship-Modellierung
EUS	Entscheidungsunterstützungssysteme
GU	Großunternehmen
HMI	Human Machine Interface
IoP-AC	Internet of Production Automation Cell
IIoT	Industrial Internet of Things
KG	Knowledge Graph
KI	Künstliche Intelligenz
KMS	Knowledge management system
KMU	Kleine und mittlere Unternehmen
KNN	Künstliche Neuronale Netze

LLM	Large Language Models
MES	Manufacturing Execution System
MILP	Mixed Integer Linear Programming (dt. Gemischt-ganzzahlige lineare Optimierung)
ML	Maschinelles Lernen
MLE	Maximum Likelihood Estimation
MQTT	Message Queuing Telemetry Transport
OBDA	Ontology base data access, dt. Ontologiebasierter Datenzugriff
OPC UA	Open Platform Communications Unified Architecture Standard
OR	Operations Research
OWL	Ontology Web Language
PLM	Product Lifecycle Management
PMS	Parallel Machine Scheduling (dt. Maschinenbelegungsproblem)
RAMI 4.0	Referenzarchitekturmodell für Industrie 4.0
RDBMS	Relationale Datenbankmanagementsysteme
RDF	Resource Description Framework
RDFS	Resource-Description-Framework-Schema
RIF	Rule Interchange Format
SCADA	Supervisory Control and Data Acquisition
SPS	Speicherprogrammierbare Steuerung
SQL	Structured Query Language
SUMO	Suggested Upper Merged Ontology
TCP	Tool Center Point
UML	Unified Modeling Language
UTC	Coordinated Universal Time
VE	Variable Elimination
VR	Virtual Reality
WMS	Wissensmanagementsystem
WWW	WorldWide-Web
XML	Extensible Markup Language

III. Abbildungsverzeichnis

List of Figures

IV. Tabellenverzeichnis

List of Tables

1 Einleitung

Introduction

Vor dem Hintergrund des zunehmend steigenden globalen Wettbewerbs sind Unternehmen herausgefordert, ihre Produktion flexibel und anpassungsfähig zu gestalten. Während die Zeit zwischen den einzelnen Produktgenerationen immer kürzer wird, muss die angebotene Variantenvielfalt gesteigert werden, um Kundenanforderungen gerecht zu werden. Die Gesamtheit dieser Faktoren führt zu einer stetig steigenden Komplexität der Produktionssysteme und somit auch von deren Automatisierungs- und Steuerungsprozessen. Gleichzeitig müssen Steuerungsprozesse schnell konfigurierbar sein, um auf kurze Produktlebenszyklen reagieren zu können. Stillstandzeiten einer Anlage, die wegen Rekonfigurationen entstehen, verursachen hohe Kosten: In Fließbetrieben wie z. B. der Automobilmontage können die Kosten einer Minute Bandstillstand für reaktive Instandhaltung bis zu 20.000 Euro betragen [SCHU20b]. Eine Verkürzung der Rekonfigurationszeit bietet somit ein immenses Kosteneinsparungspotential, dessen tatsächliche Umsetzung in der unternehmerischen Realität eine große Herausforderung darstellt.

Einen solchen Steuerungs- und Automatisierungsprozess stellt der roboterbasierte Klebstoffauftrag in der Automobilkarosseriemontage dar, der als Grundlage der Referenzimplementierung in diesem Dissertationsvorhaben genutzt wird. In der Karosseriemontage werden zunehmend Industrieroboter zum Kleben von Seitenscheiben eingesetzt, die den Fließbetrieb in der Montage ermöglichen. Der Klebstoffauftrag erfolgt automatisiert durch einen Industrieroboter. Die Qualität des Klebstoffauftrags ist essenziell für die Festigkeit der Klebeverbindung und hängt von einer Vielzahl von Kleber- und Prozessparametern ab, wie z. B. der Fließfähigkeit, dem Raupenquerschnitt oder der Fahr- und Kleberaustrittsgeschwindigkeit. Das Klebeergebnis wird maßgeblich durch das Zusammenspiel der Robotergeschwindigkeit und des Volumenstroms bestimmt, der sich aus Pumpendruck und -Antriebsleistung, Druckminderungs- und Überstromventilparameter und der Dichte des verwendeten Klebers berechnen lässt. Dabei bestehen Korrelationen zwischen den Einstellungen der einzelnen Parameter, wie z. B. zwischen dem maximal möglichen Pumpendruck, der Viskosität und somit der Dichte des Klebstoffs. Darüber hinaus hängt die Einstellung des Volumenstroms von spezifischen Systemrandbedingungen wie z. B. Herstellervorgaben oder konstruktiven Einschränkungen der Klebstoffdosiervorrichtung ab.

Bei einer funktionalen Produktionsprozessveränderung, wie z. B. dem Austausch des zu verwendenden Klebstoffs, müssen alle gegebenen Prozesszusammenhänge erneut analysiert und ggf. rekonfiguriert werden, um die Qualität der Klebeverbindung sicherzustellen. Die Prozessanalyse und Umstellung der entsprechenden technischen

Steuerungsparameter, wie z. B. der Robotergeschwindigkeit, werden zusätzlich dadurch erschwert, dass die umzustellenden Parameter über mehrere Steuerungseinheiten verschiedener Automatisierungsebenen verteilt sind. Umfassende Datenmanagementsysteme, die einen Überblick über die Gesamtheit der Systemkenngrößen bzw. Stellhebel verschaffen, sind in Unternehmen häufig nicht vorhanden, sodass die Rekonfiguration erfahrungsbasiert erfolgt. Somit verlangt eine richtige Einstellung der Prozessparameter eine genaue Kenntnis des Anwenders über die komplexen Zusammenhänge zwischen den Prozess- und Klebeparametern und deren Auswirkung auf vor- und nachgelagerte Prozessschritte, was die Lösungssuche bei einer Prozessveränderung erschwert und zeitintensiv macht.

Zur Beherrschung der Komplexität in der Prozessplanung und -konfiguration existiert eine Vielzahl an anwenderunterstützenden Lösungen, die u. a. Produktionsmitteleinsatzplanung miteinschließen. Klassische Funktionalitäten verfügbarer Planungstools umfassen i. d. R. die Simulation des realistischen Roboter- oder Maschinenverhaltens und die Visualisierung der Zusammenhänge zwischen Funktionsbausteinen der Programmablauflogik und der Ausführungshardware. Die Tools fassen die verfügbaren technischen Daten zum Gesamtsystem (Maschine, Komponenten, Prozess, Produkt) zusammen und bieten somit eine Hilfestellung zur realen Inbetriebnahme im Maschinen- und Anlagenbau. Somit beschränkt sich jedoch die Assistenzleistung der meisten Systeme auf die visuelle Darstellung der Zusammenhänge zwischen vorhandenen Systemkomponenten. Aufgrund fehlender Wissensverarbeitungsfähigkeit verfügen übliche Assistenzsysteme weder über die Funktionalität, Lösungs- und Optimierungsvorschläge zu generieren, noch bilden sie das vorhandene Expertenwissen mit sog. Erfahrungswerten über das Systemverhalten ab [HOLL17], [ZIGA22]. Daraus folgt, dass die Anwenderunterstützung in der Entscheidungsfindung nicht vollständig ist und das Konfigurationszeit- und damit auch das Kosteneinsparungspotential nicht ausgeschöpft sind.

Ein großes Potential stellen semantische Technologien zur Lösung beider Herausforderungen dar: zum einen zur Bildung einer vollständigen Systemwissensbasis samt dem Expertenwissen und zum anderen zur intelligenten Assistenz bei der Konfigurationslösungssuche. Darauf deuten aktuelle Forschungserkenntnisse aus dem Exzellenzcluster „Internet of Production“ [BREC23a] und anderen europäischen Forschungsinstituten (TU Wien, Universität Stuttgart) hin [SAHL21], [STEI19a], [LIPP20]. Dank einer Graphenstruktur, die aus einer Vielzahl zusammenhängender Knoten bzw. Datenpunkte besteht, ermöglichen Ontologien eine flexiblere Modellierung bestehender Datenzusammenhänge als tabellarisch aufgebaute Datenbanken oder hierarchische Klassendiagramme. Die Knotenmenge kann beliebig erweitert werden, wodurch die Vernetzung der einzelnen Datendomänen modelliert werden kann und die Einbindung des vorhandenen Expertenwissens erfolgt [DENG11]. Darüber hinaus eignet sich die Sprache der Graphentheorie besonders gut zur Lösung vieler Optimierungsprobleme, in denen Paare von Objekten in Relation stehen [JUNG13]. Datenpunkte einer

Prozesssteuerungsarchitektur stellen ein gutes Beispiel für ein Optimierungsproblem dieser Art dar. Des Weiteren können Ontologien auf bereits bestehenden Datenmanagementsystemen aufbauen, sodass keine vollständige Neumodellierung vorhandener Daten notwendig ist. Ansätze des sog. OBDA (eng. *Ontology based data access*, dt. ontologiebasierter Datenzugriff) ermöglichen die technische Umsetzung mehrschichtiger Datenmanagementsysteme, in denen eine Ontologie mithilfe einer Verbindungsschicht (sog. *Mapping layer*) zur Verwaltung bestehender Datenressourcen wie z. B. Datenbanken verwendet werden kann [BREC23b]. Nicht zuletzt haben sich Technologien des Semantic Web seit einigen Jahren im Bereich der IT und des WorldWide-Webs (WWW) etabliert und unterstützen weltweit verbreitete Systeme wie z. B. Google-Suchfunktionen und Wissensmanagementsysteme verschiedener Domänen, inkl. Produktionssystemkonzipierung [KEJR19], [BAUE15].

Die aufgeführten Vorteile der semantischen Technologien wie Ontologien verdeutlichen deren Potential als Grundlage einer wissensbasierten Assistenzlösung, deren Konzeption das Ziel dieser Arbeit darstellt. Es werden Aspekte wie ein Datenkonzept zur Bereitstellung relevanter Produktionssysteminformationen, Einbindung des vorhandenen Expertenwissens des Anwenders sowie die Funktionsweise des Assistenztools basierend auf ausgewählten Optimierungsalgorithmen betrachtet. Darüber hinaus soll exemplarisch ein semantisches Wissensmanagementsystem mit einer intelligenten Assistenzleistung beschrieben und implementiert werden.

Die Vorgehensweise der Arbeit sieht vor, dass in Kapitel 4 zunächst eine studienbasierte Analyse der Anforderungen an wissensbasierte Assistenzsysteme vorgenommen wird. Auf Basis jener wird anschließend das Wissensmanagementsystem, bestehend aus zusammenhängenden Modulen und Schnittstellen zu relevanten Prozesswissensquellen, als zentraler Punkt dieser Arbeit vorgestellt (s. Kapitel 5). Im Fokus steht dabei eine an Ontologienhierachie [KHIL09] angelehnte Modularchitektur, die auf einer heterogenen IIoT-Prozessarchitektur aufbaut.

Durch die Zusammenführung von datenbasierten Informationen aus verschiedenen Produktionssteuerungssystemen, Datenmodellen und vorhandenem Expertenwissen eröffnen sich neue Möglichkeiten zur Verbesserung der Steuerungsrekonfiguration. Diese Potenziale konnten bisher nicht vollständig genutzt werden, da eine fehlende Verknüpfung relevanter Datenquellen und die begrenzte Semantik der verfügbaren Informationen der Optimierung im Weg standen. Kapitel 6 widmet sich daher der Evaluation verschiedener Optimierungsalgorithmen zur Anwendung in Kombination mit dem Wissensmanagementsystem, sodass sich ein entscheidungsunterstützendes Assistenzsystem ergibt.

Zur Validierung des konzipierten Rahmenwerks wird in Kapitel 7 eine prototypische Umsetzung anhand des zuvor genannten Anwendungsfalls durchgeführt. Hierbei wird der Demonstrator IoP-AC (*Internet of Production Automation Cell*) weiterentwickelt, um den Komplettierungsprozess in der Herstellung von Automobilseitenscheiben darzustellen. Die bestehende vielfältige IIoT-Steuerungsarchitektur, die auf verschiedenen Kommunikationsprotokollen inkl. OPC UA und MQTT basiert, dient als Ausgangspunkt für die Umsetzung. Diese Architektur soll durch die Implementierung der vorgestellten Konzepte um ein anwenderunterstützendes Assistenzsystem für die wissensbasierte Steuerungsrekonfiguration erweitert werden.

Die Arbeit schließt mit einer Zusammenfassung und einem Ausblick für sich ergebende Fragestellungen in Forschung und Industrie in Kapitel 8.

Die vorgeschlagenen Ansätze orientieren sich an den aktuellen Anforderungen und Problemen der Industrie. Die erzielten Ergebnisse werden in die Entwicklung zukünftiger Produktionsassistenzkonzepte sowie in die Weiterentwicklung von Industrie 4.0 und die Gestaltung des Internet of Production einfließen.

Introduction

Against the backdrop of increasing global competition, companies are challenged to make their production flexible and adaptable. While the time between individual product generations is becoming ever shorter, the number of variants on offer must be increased in order to meet customer requirements. All of these factors lead to a steady increase in the complexity of production systems and therefore also of their automation and control processes. At the same time, control processes must be quickly configurable in order to be able to react to short product life cycles. System downtimes caused by reconfigurations result in high costs: In flow operations such as automotive assembly, the cost of one minute of line downtime for reactive maintenance can be up to 20,000 euros [SCHU20b]. Shortening the reconfiguration time therefore offers immense cost-saving potential, the actual implementation of which represents a major challenge in business reality.

One such control and automation process is robot-based adhesive application in automotive body assembly, which is used as the basis for the reference implementation in this dissertation project. In car body assembly, industrial robots are increasingly being used for gluing side windows, which enable flow operation in assembly. The adhesive is applied automatically by an industrial robot. The quality of the adhesive application is essential for the strength of the bonded joint and depends on a variety of adhesive and process parameters, such as flowability, bead cross-section or the speed of travel and adhesive exit. The gluing result is largely determined by the interaction of the robot speed and the volume flow, which can be calculated from the pump pressure and drive power, pressure reduction and overflow valve parameters and the density of the adhesive used. There are correlations between the settings of the individual parameters, e.g. between the maximum possible pump pressure, the viscosity and thus the density of the adhesive. In addition, the setting of the volume flow depends on specific system boundary conditions such as manufacturer specifications or design limitations of the adhesive dispensing device.

In the event of a functional change to the production process, such as replacing the adhesive to be used, all of the given process relationships must be analyzed again and reconfigured if necessary in order to ensure the quality of the bonded joint. The process analysis and conversion of the corresponding technical control parameters, such as the robot speed, are further complicated by the fact that the parameters to be converted are distributed across several control units at different automation levels. Comprehensive data management systems that provide an overview of all the system parameters or control levers are often not available in companies, meaning that reconfiguration is based on experience. Correct adjustment of the process parameters therefore requires the user to have precise knowledge of the complex relationships between the process and bonding parameters and their effect on upstream and downstream process steps, which makes the search for solutions in the event of a process change more difficult and time-consuming.

To master the complexity of process planning and configuration, there is a wide range of user-supported solutions that include production resource planning. Classic functionalities of available planning tools generally include the simulation of realistic robot or machine behaviour and the visualization of the relationships between function blocks of the program flow logic and the execution hardware. The tools summarize the available technical data on the overall system (machine, components, process, product) and thus provide assistance for real commissioning in mechanical and plant engineering. However, the assistance provided by most systems is limited to the visual representation of the relationships between existing system components. Due to a lack of knowledge processing capability, conventional assistance systems neither have the functionality to generate solution and optimization proposals, nor do they map the existing expert knowledge with so-called empirical values about the system behavior [HOLL17], [ZIGA22]. As a result, user support in the decision-making process is not complete and the configuration time and therefore also the cost-saving potential is not exhausted.

Semantic technologies offer great potential for solving both challenges: on the one hand, for creating a complete system knowledge base including expert knowledge and, on the other hand, for intelligent assistance in the search for configuration solutions. This is indicated by current research findings from the Cluster of Excellence "Internet of Production" [BREC23a] and other European research institutes (TU Vienna, University of Stuttgart) [SAHL21], [STEI19a], [LIPP20]. Thanks to a graph structure consisting of a large number of connected nodes or data points, ontologies enable a more flexible modeling of existing data relationships than tabular databases or hierarchical class diagrams. The set of nodes can be expanded as required, which allows the networking of individual data domains to be modeled and the integration of existing expert knowledge [DENG11]. In addition, the language of graph theory is particularly well suited to solving many optimization problems in which pairs of objects are related [JUNG13]. Data points of a process control architecture are a good example of an optimization problem of this type. Furthermore, ontologies can build on existing data management systems so that no complete re-modeling of existing data is necessary. Ontology-based data access (OBDA) approaches enable the technical implementation of multi-layer data management systems in which an ontology can be used to manage existing data resources such as databases with the help of a mapping layer [BREC23b]. Last but not least, semantic web technologies have been established in the field of IT and the World Wide Web (WWW) for several years and support systems that are used worldwide, such as Google search functions and knowledge management systems in various domains, including production system design [KEJR19], [BAUE15].

The listed advantages of semantic technologies such as ontologies illustrate their potential as the basis for a knowledge-based assistance solution, the design of which is the aim of this thesis. Aspects such as a data concept for the provision of relevant production system information, integration of the user's existing expert knowledge and the functionality of the assistance tool based on selected optimization algorithms are considered. In addition, a semantic knowledge management system with an intelligent assistance service will be described and implemented as an example.

The approach of the thesis provides for a study-based analysis of the requirements for knowledge-based assistance systems in Chapter 4. Based on this, the knowledge management system, consisting of interrelated modules and interfaces to relevant process knowledge sources, is then presented as the central point of this work (see Chapter 5). The focus here is on a modular architecture based on ontology hierarchy [KHIL09], which builds on a heterogeneous IIoT process architecture.

Combining data-based information from different production control systems, data models and existing expert knowledge opens up new possibilities for improving control reconfiguration. This potential has not yet been fully exploited, as a lack of links between relevant data sources and the limited semantics of the available information have stood in the way of optimization. Chapter 6 is therefore dedicated to the evaluation of various optimization algorithms for use in combination with the knowledge management system, resulting in a decision-support assistance system.

2 Stand der Technik in Forschung und Industrie

State of the art in research and industry

Agilität stellt eine der zentralen Fähigkeiten für Unternehmen in der Industrie 4.0 dar [SCHU20a]. Unter diesem Begriff versteht man die Fähigkeit der Unternehmen, schneller auf die zunehmende Marktdynamik zu reagieren, indem neue Produkte auf Basis der Kundenwünsche entwickelt und auf den Markt gebracht werden. Gleichzeitig stehen die Unternehmen vor der Herausforderung, umweltfreundlich und nachhaltig zu agieren. Nachhaltigkeit in der Produktion bedeutet, unter anderem, einen schonenden Umgang mit bestehenden Ressourcen und Anlagen und somit deren langfristige Nutzung. Mit anderen Worten sollen sich die Unternehmen im heutigen Markt zwei gegensätzlichen Herausforderungen stellen: Einerseits sollen sie schnell neue Produkte in einer hohen Variantenvielfalt auf den Markt bringen können, andererseits soll die Produktion dieser Produkte so wenig neue Ressourcen wie möglich in Anspruch nehmen. Für die bestehenden Produktionsanlagen und deren Steuerungsprozesse bedeutet das eine dringende Notwendigkeit, flexibel und anpassungsfähig zu sein. Rekonfigurationen der Steuerungsparameter zur Prozessanpassung sollen zeiteffizient und ergonomisch gestaltet werden, wozu Assistenzsysteme gebraucht werden. Insb. in robotergestützten Prozessen wird das Potential der zu erwartenden Kostenreduktion durch den Einsatz smarter Assistenzsysteme als sehr hoch eingeschätzt (bis zu 40 %) [SCHU20b].

Im Folgenden werden aktuell bestehende Verfahren zur Rekonfiguration roboterbasierter Produktionsprozesse vorgestellt und deren Vor- und Nachteile erläutert. Darauf folgt eine Analyse bereits bestehender Ansätze zur anwenderunterstützenden Assistenz im Engineering. Anschließend werden semantische Technologien und Ansätze des Wissensmanagements in der Produktion vorgestellt.

2.1 Engineering roboterbasierter Prozesse

Engineering of robot-based processes

Einer der Entwicklungstrends der heutigen Produktionstechnik ist die Umwandlung konventioneller Produktionssysteme zu cyberphysischen Produktionssystemen (CPPS). Dabei werden CPPS als komplexe rechnergestützte Systeme definiert, die in der Lage sind, physikalische Prozesse zu integrieren und somit als ein Ganzes aus physikalischen und digitalen Entitäten heraus zu agieren [SHA08]. Zu den Vorteilen der CPPS zählen v. a. die Verbesserung der Flexibilität und Resilienz der Produktionsprozesse durch die Erhöhung der Datentransparenz und die somit bessere

Rückverfolgbarkeit im Vergleich zu den konventionellen Produktionssystemen [XIAO21].

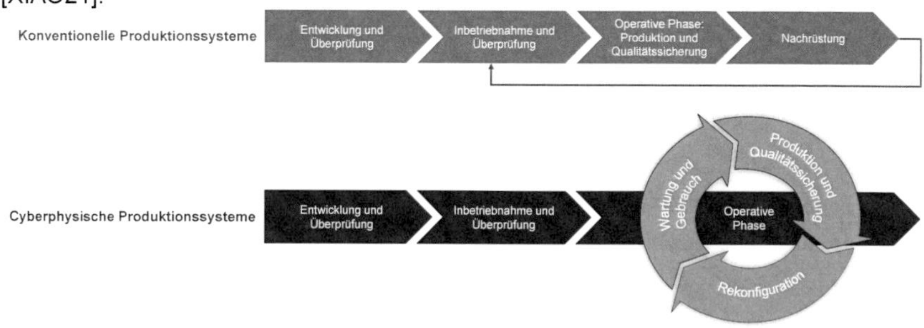

Abbildung 2.1: Lebenszyklus und Wertschöpfungskette eines CPPS i. A. a [URBA20]

Life cycle and value chain of a CPPS acc. to [URBA20]

In Abbildung 2.1 nach [URBA20] werden der Lebenszyklus und die Wertschöpfungskette eines CPPS gezeigt. Der wesentliche Unterschied zu den konventionellen Produktionssystemen besteht insbesondere in der Kontinuität der Prozesse in der operativen Phase des Produktionsbetriebs: Wartung und Gebrauch, Produktion und Qualitätssicherung und insbesondere die Rekonfigurationen der Produktionsprozesse laufen dynamisch ab und verlagern somit die Produktionsanpassungen in den Betrieb.

Eine Rekonfiguration entsteht aus einer nicht vorgeplanten Anforderungsänderung und ermöglicht die Wandlungsfähigkeit des CPPS [SCHU17]. Rekonfigurationen unterteilen sich dabei in solche bezüglich der Funktionalität, der Kapazität und der Technologie. Innerhalb dieser Kategorien ist eine Rekonfiguration in strukturelle Anpassungen und Verhaltensanpassungen unterteilbar.

Eine Rekonfiguration eines roboterbasierten Prozesses besteht in der Regel aus folgenden Bestandteilen: der physikalischen Rekonfiguration (Hardware-Anpassung des Produktionsanlage wie z. B. eine Konstruktionsveränderung) und aus der Anpassung der dazugehörigen Steuerungsprozesse, wobei in die Logik und den Programmaufbau eingegriffen wird [WANG22]. Die Herausforderung bei der Rekonfiguration der Programmlogik bleibt insb. bei komplexen Produktionsprozessen die für die Anpassung notwendige Stillstandzeit, weil dynamische Online-Rekonfigurationen in den meisten Fällen nicht möglich sind. Die Stillstandzeit ergibt sich als Summe der Zeit, die der (interne oder externe) Prozessexperte benötigt, um die Lösungskombination zu finden, und der dafür notwendigen Umsetzungs- oder Programmierungszeit. Daraus ergibt sich nach [SARA20] die Notwendigkeit von Assistenzlösungen, die den Menschen in den beiden Phasen (Lösungssuche und Umsetzung) unterstützen und somit die Rekonfigurations- und Stillstandzeit reduzieren können.

2.1.1 Programmierung roboterbasierter Prozesse

Zur Umsetzung einer gestellten Automatisierungsaufgabe bedarf es der Erzeugung von zielgerichteten Steuerbefehlen in Form von Programmen. Wenn die Aufgabe mit einem Roboter erledigt werden soll, handelt es sich dabei um Roboterprogrammierung. Heutzutage existiert eine Vielzahl verschiedener Programmierverfahren, die sich je nach Anwendungsgebiet und Komplexität der Aufgabe unterscheiden. Nach [BREC21c] wird zwischen drei wesentlichen Gruppen der Verfahren nach dem Ort und Zeit der Programmeingabe unterschieden: Online-, Offline- und hybride Verfahren, s. Abbildung 2.2. In Online-Verfahren wird die direkte Interaktion zwischen Programmierer und Roboter(-steuerung) genutzt, um die Bewegungsbahn oder einzelne Bahnpunkte anzufahren und aufzuzeichnen. In Offline-Verfahren erfolgt die Programmierung der Aufgabe indirekt mithilfe einer geeigneten Programmiersprache und ist somit unabhängig von der zu programmierenden Produktionseinrichtung. Die Programmierung wird grafisch oder durch Simulation unterstützt. Hybride Verfahren stellen eine Kombination von Online- und Offline-Verfahren dar: Die Programmierung der Logik der Roboteraufgabe erfolgt in der Arbeitsvorbereitung und wird anschließend online an der Anlage ergänzt. Zur Programmierung komplexer Programmabläufe werden häufig Offline-Programmiersysteme verwendet, bedingt durch die wesentlichen Vorteile einer leichteren Eingabemöglichkeit komplexer Programmabläufe und der produktionsparallelen Anwendbarkeit. Im Folgenden werden drei gängige Verfahren der Offline-Programmierung nach [UHLM14], [BREC21c] vorgestellt.

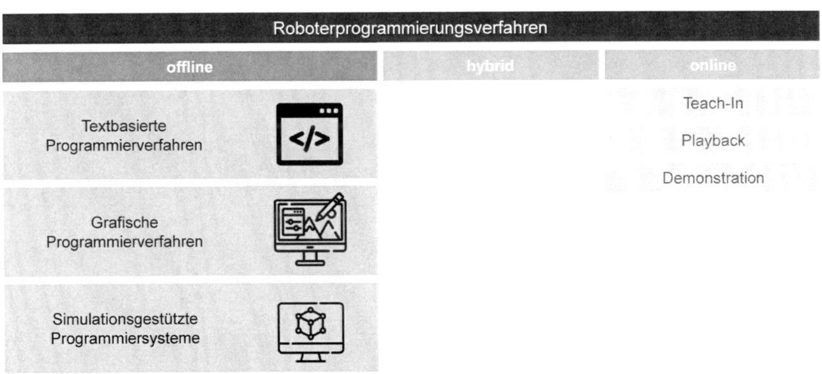

Abbildung 2.2: Roboterprogrammierungsverfahren nach [UHLM14], [BREC21c]

Robot programming methods acc. to [UHLM14], [BREC21c]

Textbasierte Programmierverfahren sind der üblichen Softwareentwicklung ähnlich und erlauben dem Anwender, einzelne Roboteranweisungen über die Tastatur einzugeben, während benötigte Geometrieeingaben über textuelle Eingabe mit grafischer Unterstützung übernommen werden können. Heutzutage ist die

Funktionalität der textuellen Eingabe in den meisten Roboterprogrammiersystemen integriert und dient als Basis aller Offline-Programmiermethoden [HEIM20].

Grafische Programmierverfahren erlauben die Gestaltung von Programmabläufen auf Basis grafischer Ablaufdiagramme. Diese Programmierverfahren eignen sich insbesondere für roboterunerfahrene Anwender, für die textuelle Programmierverfahren aufgrund deren geringer Übersichtlichkeit und hoher Fehlerrate bei der Programmerstellung eine hohe Einstiegshürde haben [BREC21c].

In simulationsgestützten Programmiersystemen werden 3D-Schnittstellen und Funktionalitäten zur Modellierung der Arbeitszelle und des Roboters sowie der anschließenden Ablaufprogrammierung benutzt. Bei der Programmierung von komplexen räumlichen Bearbeitungsvorgängen wie z. B. Fräsen mit sechsachsigen Gelenkrobotern ist der Anwender auf die Abhilfe der 3D-Modellierung angewiesen, weil das räumliche Vorstellungsvermögen eines Menschen dafür nicht ausreichen würde [SICI16], [RABO22]. Klebstoffauftragsprozesse stellen ebenso ein Beispiel für einen solchen komplexen Produktionsvorgang dar.

Dank der geringeren Einstiegshürde, der Vielfalt verfügbarer Tools und der Möglichkeit zur Abbildung komplexer Bearbeitungsprozesse werden heutzutage überwiegend grafische und simulationsgestützte Systeme zur Programmierung roboterbasierter Systeme verwendet. Jedoch wird bei umfangreichen Programmen und in Robotersystemen mit mehreren Akteuren die Komplexität der visuellen Programmierung überwältigend [FISC21]. Aktuell gibt es eine Vielzahl an Ansätzen zur Schätzung der Qualität und Komplexität des Programmcodes, wie z. B. die Metriken, beschrieben von [CAPI17], während noch kaum Ansätze zur Reduktion dieser Komplexität existieren [NEUM22].

2.2 Ansätze zur anwenderunterstützenden Assistenz im Engineering

Approaches to user-supporting assistance in engineering

2.2.1 Klassifizierung anwenderunterstützender Assistenzsysteme

Digitale Assistenzsysteme werden gegenwärtig insb. in bereits hochtechnisierten Arbeitsumgebungen eingesetzt, in erster Linie in der industriellen Produktion [TOLI19]. Ziel des Einsatzes von Assistenzsystemen ist die Unterstützung eines Menschen bei der Ausführung einer Tätigkeit, indem die besonderen Fähigkeiten des Menschen wie z. B. das Erfahrungswissen genutzt und mit den positiven Eigenschaften von technischen Systemen kombiniert werden [MECK21]. Bei Assistenzlösungen behält der Mensch die Oberhand über die Ausführung und Bedienung des Assistenzsystems [WEID15]. Dadurch lassen sich digitale Assistenzsysteme zur Anwenderunterstützung klar von vollautomatisierten Systemen abgrenzen, die darauf abzielen, menschliche Tätigkeiten durch Maschinen vollständig zu substituieren [HINR18], [APTW18].

Grundsätzlich lassen sich Assistenzsysteme anhand folgender Kriterien unterscheiden: der Art der Systemunterstützung, der Art der Informationsausgabe und dem Umfang der Unterstützungsmöglichkeiten in Bezug auf Anforderungsniveau der Arbeit (s. Abbildung 2.3).

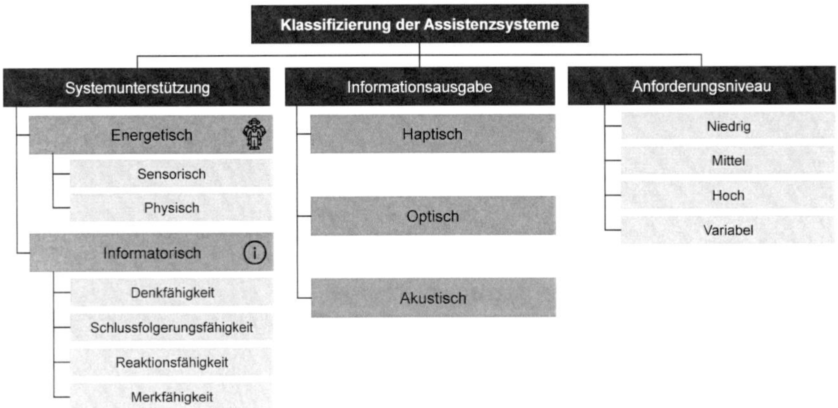

Abbildung 2.3: Klassifizierung der Assistenzsysteme i. A. a. [MÜLL14], [APTW18], [SPÖT17], [PFEI21] und [WILL16]

Classification of assistance systems acc. to [MÜLL14], [APTW18], [SPÖT17], [PFEI21] und [WILL16]

In Bezug auf die Systemunterstützung unterscheidet [PFEI21] zwischen energetischen und informatorischen (kognitionsunterstützenden) Assistenzsystemen. Energetische Assistenzsysteme werden dafür eingesetzt, die körperliche Belastung für den Menschen zu reduzieren und somit die Ausführbarkeit der Aufgabe zu gewährleisten. Bezogen auf die Sinnesorgane des Menschen unterscheiden [APTW18] und [ROME16] zusätzlich zwischen physischen und sensorischen energetischen Assistenzsystemen. Beispielhaft für energetische Assistenzsysteme können die Exoskelette oder eingebaute Assistenzleistungen mancher kollaborativen Roboter genannt werden [HINR18]. Informatorische oder kognitionsunterstützende Assistenzsysteme werden zwecks einer anwendungsgerechten, echtzeitnahen Informationsbereitstellung zur Entscheidungsunterstützung der Beschäftigten eingesetzt, wobei insb. Reaktions-, Denk-, Merk- uns Schlussfolgerungsfähigkeit unterstützt werden [MÜLL14], [ZIGA22]. Kognitionsunterstützende Assistenzsysteme helfen den Beschäftigten, sich besser auf ihre Kernkompetenzen zu konzentrieren, wodurch die Fehlerhäufigkeit reduziert und die Effizienz gesteigert werden können [BORN20] [MAYR20].

In Bezug auf die Systemausgabe kann man zwischen haptischen, optischen und akustischen Systemen unterscheiden, wobei der Nutzen der Assistenzsysteme gerade über eine optische Ausgabe laut [WILL16] als sehr hoch eingeschätzt wird. Der Grund dafür ist die hohe Anzahl möglicher Anwendungsgebiete beispielsweise in der Produktion, der Wartung oder der Logistik.

Dem Anforderungsniveau der Arbeit entsprechend ergibt sich die dritte Dimension der Klassifizierung digitaler Assistenzsysteme nach dem Umfang der verfügbaren Unterstützungsmöglichkeiten [APTW18] zu niedrig, mittel, hoch und variabel.

Laut [BORN20] wird dabei die Komplexität der produktionstechnischen Aufgaben insb. durch eine hohe Variantenvielfalt, eine große Anzahl der zu verbauenden Komponenten, häufige Produktänderungen oder Sondervorgänge, wie beispielsweise die Integration bestehender Software auf ein neues Steuergerät, definiert. Dabei stehen Komplexität der Aufgabe, bereitgestellte Funktionalität des Assistenzsystems und Kompetenzentwicklung der Mitarbeiter in einem engen Zusammenhang.

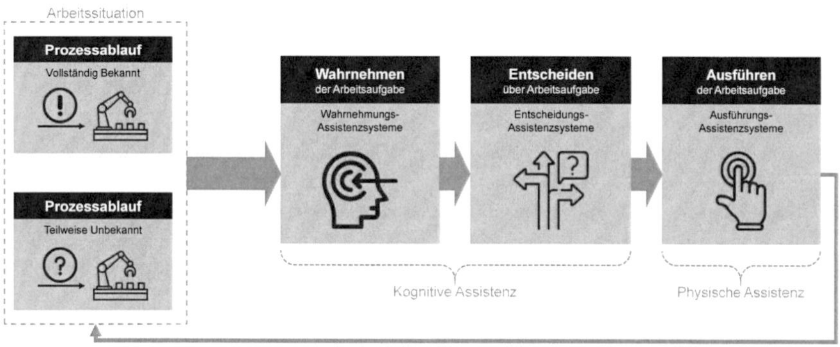

Abbildung 2.4: Kognitive und physische Assistenzsysteme i. A. a. [ZIGA22]

Cognitive and physical assistance systems acc. to [ZIGA22]

In den Aufgaben mit einem hohen oder variablen Anforderungsniveau kommen in erster Linie kognitive Assistenzsysteme zum Einsatz [ZIGA22]. Diese Systeme lassen sich wiederum anhand zweier Kriterien klassifizieren: zum einen in Bezug auf die Art der bereitgestellten Assistenz und zum anderen in Bezug auf den Bekanntheitsgrad der Arbeitssituation, in der assistiert werden muss, s. Abbildung 2.4. Bezogen auf die Art der bereitgestellten Assistenz unterscheidet [REIN17] zwischen kognitiven Wahrnehmungs- und Entscheidungsassistenzsystemen.

Wahrnehmungsassistenzsysteme unterstützen das Verständnis der Aufgabe, beispielsweise durch Visualisierung und Beschreibung der durchzuführenden Schritte in einer interaktiven Montageanleitung. Entscheidungsassistenzsysteme leisten Unterstützung bei komplexen Entscheidungen, z. B. durch eine automatisierte Aufgabenpriorisierung [ZIGA22]. Bei digitalen Assistenzsystemen wird in dieser Gruppe zusätzlich zwischen folgenden Softwaresystemen unterschieden: *Decision Making* (dt. entscheidungstreffend, DMS) und *Decision Support* (dt. entscheidungsunterstützend, DSS) [JAYA21]. DSS, oder dt. Entscheidungsunterstützungssysteme (EUS), kommen meist in komplexen Entscheidungssituationen mit einer unvollständigen Informationsgrundlage zur Anwendung, wie z. B. bei einer Fehlerdiagnose [UNGE19]. Wissensbasierte EUS, in denen Zusammenhänge als Wissen direkt formalisiert oder aus historischen Daten abgeleitet werden, stellen ein geeignetes Format für Assistenzlösungen für solche Probleme dar [ERTE16], [STYC17]. Bezogen auf den Bekanntheitsgrad der Arbeitssituation können nach [KELL19] zwei wesentliche Kategorien von kognitiven Assistenzsystemen unterschieden werden: Systeme zur Entscheidungshilfe in bekannten und unbekannten Prozessabläufen und –Situationen [ZIGA22].

2.2.2 Assistenzsysteme in der Produktionstechnik

Hinsichtlich der Interaktion mit einem CPPS unterscheiden [GLOY20] und [WILL16] zwischen potentialreichen Anwendungsfällen der Bedienerunterstützung durch ein Assistenzsystem wie z. B. Bedienen, Einrüsten und Lernen. Das wesentliche Ziel des Assistenzsystems bleibt hierbei laut [GLOY20] die Erhöhung der Produktionseffizienz durch Verlängerung der Hauptnutzungszeit und Reduktion der Nebennutzungs-, Stillstand- und Brachzeiten. Demgegenüber sieht [WILL16] den Hauptnutzen der Assistenzsysteme in der Fehlervermeidung.

Vor dem Hintergrund des in den letzten Jahren vorherrschenden Arbeitskräftemangels und hoher Fluktuationsraten betont [MAYR20] die Relevanz digitaler wissensbasierter Lernassistenzsysteme, die den Werker bei der Einarbeitung in neue Aufgaben unterstützen sollen. Bei 57,5 % der befragten Unternehmen werden solche Systeme in der Fertigung eingesetzt. [GLOY20] bestätigt ebenfalls den Trend zur Entwicklung von expertisebasierten Assistenzsystemen in Deutschland und beziffert das jährliche Wachstum dieser Systeme mit 15 % im Zeitraum zwischen 2011 und 2020. [STEI19b] misst dem Wissensmanagement durch Assistenzsysteme ebenfalls eine hohe Bedeutung zu und betont die Notwendigkeit von deren Entwicklung.

[OEST19] hebt fehlende Standardisierung der Dokumentation und mangelnde Wissensmanagementstrukturen als wesentliche Gründe zur Einführung von digitalen Assistenzsystemen für Mitarbeiter hervor. Basierend auf individuellen Fähigkeiten und Vorkenntnissen sollen diese Systeme den Mitarbeiter durch die Schritte der Konfiguration bzw. Ausführung des jeweiligen Produktionsprozesses führen. [MAYR20] benennt die steigende Komplexität und Variabilität der Aufgaben als ein weiteres Argument und besagt, dass „mehr als 80 % der (österreichischen) produzierenden Unternehmen bereits digitale Assistenzsysteme einsetzen" (Stand 2020). Mit anderen Worten hat die Mehrheit der Unternehmen die Relevanz von digitaler Assistenz für effiziente Produktion erkannt. Laut [MAYR20] dominieren dabei bildschirmbasierte (93,9 %) und mobile (62,6 %) Systeme. [APTW18] bestätigt die Entwicklung ebenso für den deutschen Markt und benennt typische Praxisbeispiele der im Produktionsumfeld eingesetzten Assistenzsysteme. Kennzeichnend ist dabei der hohe Anteil physischer und sensorischer, interaktiver Assistenzsysteme, wie z. B. AR-unterstützte Kommissionierung, modulare und sensitive Greifarme für die adaptive Mensch-Roboter-Kollaboration oder adaptive Hilfe zum Heben schwerer Lasten. [ZIGA22] betont die hohe Verbreitung der visuellen (z. B. Laserprojektion oder digitale Anzeigen), der auditiven (z. B. Sprachassistenten) und der taktilen (Vorrichtungen, Vibration) Assistenz in den Produktionsumgebungen, wobei die meisten Tools ebenso entweder zu physischen oder zu wahrnehmungsunterstützenden kognitiven Systemen gezählt werden können. Diese Entwicklung bestätigt auch [ASCH19], mit der Aussage, dass Visualisierung der Aufgabe insb. mit AR oder VR häufig im Fokus der Forschung auf dem Gebiet industrieller Assistenzsysteme steht.

[MÜLL14] und [BORN20] erkennen einen Trend zur Entwicklung von Assistenzplattformen, die über umfassende Funktionalitäten und Schnittstellen zu sonstigen Bestandteilen der bestehenden IT-Architektur aufweisen. Laut [BORN20] existiert aktuell insb. im Bereich der Montage eine Vielzahl von Assistenzsystemlösungen, wie z. B. verschiedene Ausgabegeräte wie Smart Watches [FUNK19] oder Datenbrillen [KONI19], oder die Erfassung der Montagesituation über hochauflösende Kameras, sodass mittels Augmented Reality (AR) situationsangepasste Arbeitsanweisungen generiert werden können [BÜTT17]. Auch hier lässt sich eine klare Prävalenz wahrnehmungsunterstützender Assistenzsysteme gegenüber entscheidungsunterstützenden kognitiven Assistenzsystemen beobachten. [BORN20] erwähnt zwar das Beispiel von [STEI19b], der Künstliche Intelligenz (KI) zur individualisierten informatorischen Unterstützung erläutert, jedoch sind die meisten vorgestellten Forschungstrends aus der Montageassistenz der physischen oder sensorischen, aber nicht der kognitionsunterstützenden Entscheidungsassistenz zuzuordnen.

Ein ähnlicher Rückschluss lässt sich aus den Arbeiten von [WILL16] und [GLOY20] ziehen. [GLOY20] (s. 194) gibt einen Überblick möglicher Anwendungsfälle von interaktiven Assistenzsystemen u. a. für die Bereiche Produktion, Montage und Fertigung in der Textiltechnik. Die meisten Systeme gehören ebenfalls entweder zur physischen oder zur kognitiven Wahrnehmungsassistenz (*Motion Capturing*, Sensorarmband etc.).

Aktuell haben sich Large Language Models (LLM) zu stark verbreiteten Assistenzsystemen in verschiedenen Anwendungsgebieten entwickelt. Diese Modelle haben zum Ziel, menschenähnliche Texte zu verstehen und zu generieren. Diese Systeme unterstützen jedoch meistens die richtige Wahrnehmung der Aufgabe und werden seltener zur Entscheidungsunterstützung eingesetzt [SARA22], [EZZI23].

Zusammenfassend lässt sich im Stand der Technik und Forschung eine klare Prävalenz zur Entwicklung energetischer (physischer) und wahrnehmungsunterstützender kognitiver Assistenzsysteme in der Produktionstechnik beobachten. Digitale kognitive entscheidungsunterstützende Assistenzsysteme spielen in der Forschung häufig eine untergeordnete Ordnung, wobei sich anfängliche Trends zu deren Entwicklung mittlerweile auch beobachten lassen, wie z. B. die Zunahme der expertisebasierten Lösungen [GLOY20], [STEI19b]. Die meisten genutzten Formen der kognitiven Assistenz sind dabei laut [BOVE20] die Werkerführungssysteme oder LLM, die insb. in der manuellen Montage, variantenreichen Fertigung und Kommissionierung eingesetzt werden.

2.2.3 Kognitive entscheidungsunterstützende Assistenzsysteme

Kognitive entscheidungsunterstützende Assistenzsysteme zeichnen sich dadurch aus, dass sie den Werker bei komplexen Entscheidungen unterstützen können, wie beispielsweise Software-Parametrierung oder Aufgabenpriorisierung [REIN17], [ZIGA22]. Hierfür ist eine vollständige, konsistente Datengrundlage notwendig, wobei die Daten entweder vom CPPS oder vom Menschen (Prozessexperten) bereitgestellt werden können [LENS20].

Auf einer vollständigen, konsistenten Datengrundlage können vielseitige Datenverarbeitungsalgorithmen und Methoden aufbauen, die kognitive Assistenzleistungen ermöglichen [BREC21b]. [UNGE19] gliedert die Verarbeitungsalgorithmen für EUS in Klassifikations- und Interferenzverfahren. Klassifikationsverfahren werden auf impliziten, wenig strukturierten Wissensbasen eingesetzt, in denen die Zusammenhänge zwischen Objekten, beispielsweise zwischen der Problemursache und dem dazugehörigen Symptom, nicht bekannt oder sehr komplex sind. [MAI23] und [PETR22] betonen die Relevanz von KI-Algorithmen für solche Systeme, basierend auf den Vorteilen, dass KI komplexe Entscheidungen und große Datenmengen bewältigen kann. Inferenzverfahren können in Situationen eingesetzt werden, in denen explizites Wissen vorhanden ist, weil sie Informationen über die Beziehung zwischen Ursache und Symptom erfordern, auch behaftet mit Unsicherheit [SCHW06]. Beispielhaft dafür können Fuzzylogiken, Markov-Ketten oder Bayessche Netze genannt werden [BEIE19].

[SCHO19] beschreibt ein Expertensystem für *Condition Monitoring*, das in der Lage ist, durch eine Kombination aus sog. Symptomen (Messwerten und deren Kombinationen) auf wahrscheinliche Maschinenprobleme zu schließen. Die Basistechnologie ist ein Bayes'sches Netzwerk, das als Datengrundlage sowohl reale Prozessmesswerte als auch eine Expertenbewertung deren Einstellungen bekommt. Basierend auf der gegebenen Datengrundlage liefert das System eine Problembeschreibung, eine Liste möglicher Ursachen und einen Lösungsvorschlag zur Behebung des Problems. Bayes'sche Netzwerke sind ebenfalls technologische Grundlage eines wissensbasierten EUS zur Fehlerdiagnose von Produktionsanlagen, das [UNGE19] vorstellt. Auf der Datenbasis, die sowohl Expertenwissen als auch bestehende Betriebsdaten und Kennzahlen integriert, kann das Assistenzsystem den Anwender in der Fehlerdiagnose unterstützen, indem es die Wahrscheinlichkeiten der Fehler auswertet und somit auf Hinweise zur Fehlerursache und -behebung schließen kann. Ein gemeinsamer Nachteil der Assistenzsysteme von [SCHO19] und [UNGE19] besteht jedoch in der fehlenden Erweiterbarkeit der Funktionalität, wodurch die generierten Wissensbasen nicht wiederverwendbar sind.

In der Instandhaltung sind Analysen zur Entscheidungsfindung auf einer aussagekräftigen Datenbasis nur selten zu finden, weil diese mit einem hohen manuellen Aufwand verbunden sind. [LAGE19] bringt ein Beispiel von einem kontextsensitiven Software-Assistenten, der zur (Big-)Datenanalyse von Auftragsinformationen wie z. B. verfügbaren Ersatzteilen, durchgeführten Arbeiten und Kosten eingesetzt werden kann und somit eine optimale Entscheidungsgrundlage für die Priorisierung der anstehenden Instandhaltungsaufträge bietet. Mit dem Software-Assistenten können die Latenzzeiten für einen Auftrag um ca. 24 Stunden gesenkt werden [LAGE19]. Eine Möglichkeit der Integration von (neuem) Expertenwissen ins System ist nicht gegeben.

[HAAS21] bringt ein Assistenzsystembeispiel aus der Sicht von thyssenkrupp Steel Europe und beschreibt das Konzept einer mobilen Assistenz-App, die den Transfer erfahrungsbasierten Wissens zwecks Entscheidungsunterstützung in der Stahlproduktion ermöglicht. Die App hat systematische und frühzeitige Problemlösung im Fehlerfall zum Ziel, indem sie den Mitarbeiter durch das gespeicherte Expertenwissen, die Möglichkeit einer Remote-Anleitung und verfügbar gemachte Live-Daten aus dem Prozessleitsystem in seinen Entscheidungen unterstützen kann. Die Funktionalität der Dokumentation des aufgetretenen Problems und somit Lernfähigkeit der App ist nicht gegeben.

Die aktuell in der Industrie eingesetzten kognitiven Assistenzsysteme konzentrieren sich i. d. R. auf die Visualisierung der Zusammenhänge, während die Funktionalität der Lösungsvorschläge meist vernachlässigt wird. Beispielhaft können hier die in Deutschland weit verbreiteten Tools Mechatronic Concept Designer [SIEM20] und TecnoMatix [SIEM22] vom Marktführer Siemens genannt werden. Beide Systeme werden als Assistenzlösungen vermarktet, deren tatsächliche Assistenzleistung sich jedoch auf Visualisierung und Simulation der zu programmierenden Automatisierungsprozesse für einen Plausibilitätsscheck beschränkt. Eine Funktionalität automatisierter Handlungsanweisungen zur Einstellung der Prozessparameter ist nicht vorhanden.

2.3 Datenmanagement in der Produktionstechnik

Data management in production technology

Die Grundlage für kognitive Assistenzsysteme bilden die in den Produktionsprozessen generierten Mengen an Daten, die gespeichert, von Störeinflüssen bereinigt und verarbeitet werden müssen, sodass eine Assistenzleistung entstehen kann. Eine zentrale Rolle spielt dabei die Umwandlung von Daten in Wissen, s. Abbildung 2.5. Nach [KRCM15] und [BODE06] wird diese Transformation in drei Schritte gegliedert. Eine Zeichenmenge an Symbolen ist der Ausgangspunkt für die nachfolgenden Schritte. Erst durch die Anwendung einer geeigneten Syntax, die eine regelbasierte Beziehung zwischen den Symbolen festlegt, entstehen Daten. Sobald diese Daten in einen bestimmten Kontext eingebettet werden, erhalten sie Bedeutung und werden somit zu Informationen. Wenn mehrere Informationen durch ein Netzwerk verbunden werden, entsteht durch die logische Verknüpfung der Informationen Wissen [KRCM15], [DENG11].

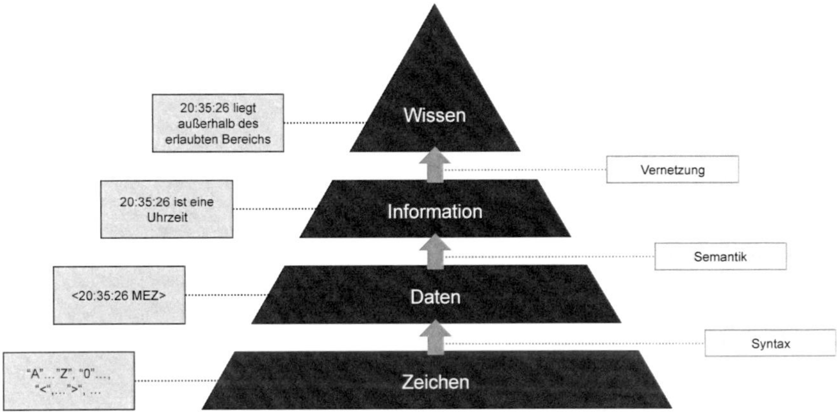

Abbildung 2.5: Transformation von Daten zu Wissen i. A. a. [KRCM15], [BODE06]

Transformation of data to knowledge acc. to [KRCM15], [BODE06]

Laut [KRCM15] und [DENG11] bauen wissensbasierte Systeme auf einer strukturierten informationstechnischen Grundlage auf. In der Produktionstechnik sind es Informationsmodelle und Datenverwaltungssysteme, die diese Grundlage darstellen können. In der Informationstechnologie bezieht sich ein Informationsmodell auf eine abstrakte Darstellung von Objekten mit definierten Attributen und Beziehungen. Das Modell stellt die Strukturen bereit, die das für eine spezifische Situation notwendige Wissen explizit sichtbar machen [BERN16]. Informationsmodellierung in der Produktionstechnik dient dem Zweck der Datenkontextualisierung und somit der Speicherung und dem Management des vorhandenen Prozesswissens [BREC23b]. Auf die aktuell in der Produktionstechnik gängigen Datenmanagementsysteme wird im folgenden Unterkapitel eingegangen.

Entity-Relationship-Modellierung (ERM): ERM ist eine Methode zur Darstellung von Datenmodellen, die die Beziehungen zwischen Entitäten (Objekten) in einer Produktionstechnikumgebung beschreibt. ER-Modelle dienen als Grundlage für das Design der meist relationalen Datenbanken in der Produktionstechnik. Trotz des Vorhandenseins einer Vielzahl unterschiedlicher grafischer Darstellungsformen für Datenmodelle ist der Einsatz von ER-Modellen in der industriellen Datenmodellierung der De-facto-Standard [ELMA08].

UML-Modellierung: UML steht für *Unified Modeling Language* und ist eine standardisierte Modellierungssprache für die Entwicklung von Software. Sie ermöglicht unter anderem die Darstellung der Datenmodellierung von Datenbanken, indem sie die Struktur und Beziehungen der Daten zur Beschreibung der enthaltenen Informationen verwendet [RUMP11]. Allerdings sind die Möglichkeiten der Modellierung des enthaltenen Wissens mit UML begrenzt und die Diagramme des Standards sind ausschließlich für den Menschen verständlich und sind nicht maschineninterpretierbar. [MUEL22b].

Data-Warehouse-Modellierung: Data-Warehouses sind spezialisierte Datenbanken, die für die Speicherung und Analyse großer Datenmengen ausgelegt sind. Die Modellierung von Data Warehouses umfasst die Gestaltung von Datenbanktabellen und -feldern sowie die Definition von Beziehungen zwischen den Daten [HOLT99].

Informationsmodellierung mit OPC UA: Zusätzlich zu Datenmodellen können im Bereich der Automatisierungstechnik mithilfe des OPC-UA-Standards Informationsmodelle erstellt werden. Ein Informationsmodell zeigt die Zusammenhänge der Maschine auf und weist den Prozessdaten der Maschine eine Bedeutung zu [SCHI19], [BREC21d].

Semantische Modellierung mit Ontologien: Ontologie-Modellierung ist eine Methode zur Darstellung von Wissen in einem bestimmten Bereich oder einer bestimmten Domäne [DENG11]. In der Produktionstechnik können Ontologiemodelle vielseitig eingesetzt werden: von der Integration verschiedener Domänen über Daten- bzw. Servicekataloge bis zum Management existierender Datenbanken [LIPP20].

Diese Datenmodellierungsmethoden können einzeln oder in Kombination verwendet werden, um Produktionsdaten besser zu organisieren und zu analysieren, um Entscheidungen zu treffen und die Produktionseffizienz zu verbessern. Auf die im Rahmen dieser Dissertation relevanten Datenmodellierungsmethoden wie ERM mit Datenbankmanagementsystemen, OPC UA als Teil der Prozessmodellierung und semantische Modellierung der Produktionsdaten mit Ontologien wird in folgenden Unterkapiteln näher eingegangen.

2.3.1 Datenbankmanagementsysteme

In der Produktion werden für die Datenverwaltung und -verarbeitung sog. Datenbankmanagementsysteme (DBMS) verwendet [BREC23b], [BREC21d]. Datenbankmanagementsysteme (DBMS) sind Softwareprogramme, die dazu dienen, Daten unabhängig von einer bestimmten Anwendung zu beschreiben, zu speichern und abzufragen. Ein DBMS besteht aus zwei Hauptkomponenten: zum einen aus einer Datenbank, in der alle verfügbaren Daten strukturiert nach ihren Bezeichnungen abgebildet sind, und zum anderen aus einer Management-Komponente, die eine Abfrage- und Datenbearbeitungssprache bereitstellt, mit der Daten abgefragt, ausgewertet und verarbeitet werden können. Die Management-Komponente hat ebenfalls die Funktionalität einer Benutzeroberfläche, mit der die gegebenen Daten bearbeitet werden können [MEIE19]. Für die Strukturierung der Datenbanken gibt ein DBMS ein logisches Schema vor, das formal in ein Datenmodell übersetzt wird.

Die überwiegende Mehrheit der in der Produktion verwendeten DBMS basiert auf dem relationalen Datenmodell [BREC23b]. Solche DBMS werden als Relationale DBMS (RDBMS) bezeichnet [HARR16]. Die relationalen Datenbankmanagementsysteme (RDBMS) bilden Datensätze und ihre Attribute in zweidimensionalen Tabellen ab und verwenden die *Structured Query Language* (SQL) als Anfragesprache. Einen anderen Modellierungsansatz stellen objektorientierte Datenbanken dar, die zusammengehörige Daten und deren Attribute in einem Objekt speichern und diese in Klassen und einer Hierarchie strukturieren. Eine Kombination beider vorgestellten

Ansätze ergibt objektrelationale Datenbanken, die Daten in Tabellen speichern und sie über eine eindeutige Kennzeichnung zu Objekten verknüpfen [BODE06]. Die Datenmodellierung erfolgt mittels Datenbankschema und legt die Beziehungen zwischen Tabellen und/oder den Aufbau von Objekten fest. Ein wesentlicher Nachteil des objektrelationalen Datenmodells sind die fehlenden Axiome, die das vorhandene Wissen hinreichend beschreiben würden, trotz der gegebenen Beschreibung der Bedeutung und Darstellung der Daten [MART12]. Darüber hinaus sind die Schemata häufig anwendungsspezifisch und die Beschreibung der Informationen ist in vielen Fällen nicht allgemeingültig [MUEL22b].

2.3.2 Open Platform Communications – Unified Architecture (OPC UA)

Im Bereich der Automatisierungstechnik spielt die Informationsmodellierung mit dem *Open Platform Communications Unified Architecture Standard* (OPC UA) eine große Rolle. Die OPC UA dient als eine Kommunikationsarchitektur für den Datenaustausch in industriellen Anwendungen, die sowohl aus einem standardisierten Kommunikationsprotokoll als auch aus semantischen Informationsmodellen besteht. Die Architektur ermöglicht einen plattformunabhängigen Austausch zwischen Maschinen, Geräten und Systemen verschiedener Hersteller [OPC17]. Das von der Plattform Industrie 4.0 entwickelte Referenzarchitekturmodell für Industrie 4.0 (RAMI 4.0) [DIN16] benennt OPC UA als Grundlage für die zu definierende Kommunikationsschicht [BREC21a], wodurch die Bedeutung von OPC UA als Kommunikationsstandard für industrielle Anwendungen signifikant steigt [OBDE17].

Durch OPC UA wird nicht nur der Datenaustausch gewährleistet, sondern auch die Ausführung der Kontroll- und Steuerungsoperationen in Produktionsprozessen. Die Kommunikation zwischen den Geräten erfolgt über die in OPC UA definierten Clients und Server, die Anfrage- und Antwortnachrichten austauschen können. Ein erheblicher Vorteil der OPC-UA-Architektur ist die Möglichkeit der Modellierung von komplexen und heterogenen Datenstrukturen [DASS21]. Die Verwendung des Standards ermöglicht die Anwendung sog. Informationsmodelle, die Daten mithilfe von Relationen und Metadaten abbilden und strukturieren. Dadurch entsteht eine große Vielfalt an möglichen Hierarchien, die im Vergleich zu den einfachen Hierarchien in OPC oder MQTT wesentlich detaillierter und aussagekräftiger sind [MUEL22a]. Die Beschreibung der Daten durch eine aufschlussreiche Semantik in OPC UA ermöglicht es, die vorhandenen Daten in deren Vielfalt an Zusammenhängen zu verarbeiten und zu analysieren [HANN08]. Der OPC-UA-Standard enthält eine Zusammensetzung an grundlegenden Informationsmodellen, während branchenspezifische Modelle durch Forschungsgremien in Zusammenarbeit mit Industrievertretern entwickelt werden. Die sog. *Companion Specifications* erweitern die grundlegenden Informationsmodelle, indem sie eine einheitliche Beschreibung der Konzepte einer Domäne vorschlagen [SCHI19]. Das Metamodell, das von der *OPC Foundation* entwickelt wurde, bildet den Grundbaustein für alle Informationsmodelle der OPC-Architektur.

OPC UA Skills

Für schnelle Prozesskonfigurationen existiert in der heutigen Produktionstechnik das Plug-&-Produce-Konzept, dessen Ziel eine einfache und ggf. sogar automatische Konfigurationsmöglichkeit verschiedener Maschinen und Produktionssysteme ist. Zur Umsetzung dieses Konzeptes ist die Entwicklung einer standardisierten Komponentenschnittstelle erforderlich, die seitens OPC UA mit dem OPC-UA-Skills (dt. Fähigkeiten)-Ansatz erreicht werden soll [PROF21].

Abbildung 2.6 nach [PROF21] illustriert das Gesamtkonzept, bestehend aus Service, Prozessfähigkeiten und Maschinenfähigkeiten. Maschinenfähigkeiten (*Skills*) stellen dabei eine Implementierung einer Funktion auf einem spezifischen Prozessteilnehmer dar, wie z. B. einer Werkzeugmaschine oder einem Roboter. Die Skills dienen dabei als eine standardisierte Schnittstelle zu übergeordneten Steuerungssystemen, indem sie die prozessrelevanten Steuerungsmechanismen des Teilnehmers zusammenfassen. Die Skills verfügen über Eingangsparameter für die Anpassung deren jeweiliger Funktionen und über Ausgangsparameter zur Ausgabe der Funktionsergebnisse. Zwecks einer zielgerichteten Überwachung und Ansteuerung der Fähigkeiten sollen Skills als sog. Zustandsmaschine modelliert werden.

Capabilities (dt. Prozessfähigkeiten) sind produktionsrelevante Funktionen, die für einen bestimmten Prozessschritt notwendig sind. Die Prozessfähigkeiten sind dabei unabhängig davon, wie die Funktion implementiert sind, fokussieren dafür verstärkt das Ergebnis der Ausführung der Funktion. Als Prozessfähigkeiten können sowohl physische Prozessschritte wie Bohren als auch Softwarefunktionen modelliert werden. Darüber hinaus kann eine *Capability* entweder durch einen oder durch eine Kombination mehrerer Skills umgesetzt werden. [PROF21]

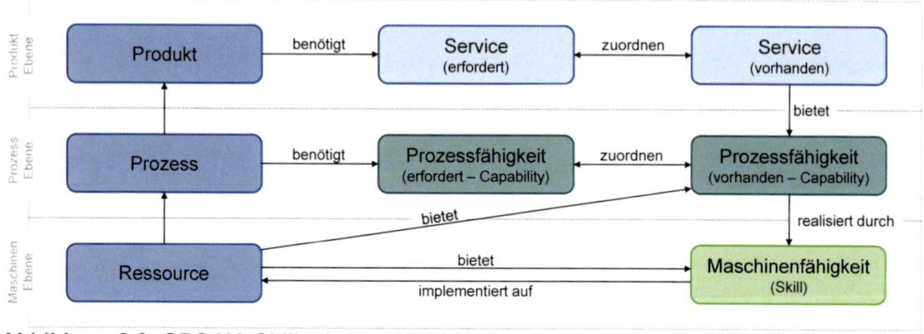

Abbildung 2.6: OPC UA Skills i. A. a. [PROF21]

OPC UA Skills acc. to [PROF21]

Der Begriff *Service* (dt. Dienst) fasst die notwendigen Prozessfähigkeiten zusammen, die für die Herstellung eines Produktes erforderlich sind, und bestimmt ihre Bereitstellung. Somit kann das in Abbildung 2.6 dargestellte *OPC UA Skills*-Konzept als ein weiterer Schritt zur Umsetzung von Industrie 4.0 und Production-as-a-Service angesehen werden.

Gegenüberlegung IIoT-Kommunikationsprotokolle

Wie bereits erwähnt, bietet OPC UA neben den vorgestellten Datenmodellierungsmöglichkeiten ebenso die Funktionalität eines Kommunikationsprotokolls. Zwecks Vergleichbarkeit und Vollständigkeit wird im Folgenden die von [INGE22] konzipierte Gegenüberstellung von OPC UA zu MQTT als einem weiteren weit verbreiteten Kommunikationsprotokoll vorgestellt. Zwei weitere gängige Kommunikationsprotokolle, MTConnect und OPC Classic, werden jeweils aufgrund der geringen Bekanntheit in Europa (MTConnect) und der erfolgreichen Verbreitung von OPC UA als Nachfolger (OPC Classic) nicht weiter im Rahmen dieser Arbeit betrachtet.

Tabelle 2.1 i. A. a. [BLOG22], [INGE22] gibt eine kurze Übersicht über die Eigenschaften der beiden ausgewählten Kommunikationsprotokolle, die deren Vielseitigkeit und somit Eignung für die prozessinternen Schnittstellen des zu entwerfende Assistenzsystems erläutert. Im folgenden Kapitel wird auf die Grundlagen semantischer Technologien und eines möglichen darauf aufbauenden Datenwissensmanagements in der Produktionstechnik eingegangen.

Tabelle 2.1: Gegenüberlegung gängiger IIoT-Kommunikationsprotokolle i. A. a. [BLOG22], [INGE22]

Comparison of common IIoT communication protocols acc. to [BLOG22], [INGE22]

Kriterien	MQTT	MTConnect	OPC Classic	OPC UA
Interoperabilität	Publish / Subscribe-Prinzip	Adapter	Nur Windows	Basis-Modell
Skalierbarkeit	Gering	Nur Shopfloor	Einzelne Spezifikationen	Individuell
Transportfähigkeit	Hohe Performance	Hohe Performance	COM-Technologie	individuell
Sicherheit	Nicht innerhalb des Protokolls	Sehr begrenzt	Individuell	Individuell
Modellierung	Einfache Hierarchie	Starre Definition	Einzelne Spezifikationen	Informationsmodell
Plug-&-Produce-Tauglichkeit	Publish / Subscribe-Prinzip	Agent-Funktion	Sehr ausgeprägt	Sehr ausgeprägt
Konformität	Offener Standard	Nicht vorhanden	Mehrstufige Tests	Mehrstufige Tests

Wertung: positiv / negativ

2.4 Semantische Technologien

Semantic technologies

Im Kontext dieser Dissertationsschrift sollen semantische Technologien als Grundlage der zu entwickelnden kognitionsunterstützenden Assistenzlösung verwendet werden, basierend auf deren Vorteilen wie z. B. der Möglichkeit einer flexiblen Modellierung abwechslungsreicher Datenzusammenhänge und der Anwendbarkeit von

Optimierungsalgorithmen der Graphentheorie und/oder Methoden der Künstlichen Intelligenz (KI) [BLUM06].

2.4.1 Grundlagen semantischer Technologien

Die Semantik ist ein Begriff aus den Sprachwissenschaften und beschäftigt sich mit der Untersuchung der Bedeutung von Begriffen im Kontext. [BODE06], [RUDO13]. Im produktionstechnischen Kontext können die Begriffe als vorhandene Maschinen- bzw. Assetdaten verstanden werden. Insbesondere vor dem Hintergrund der Menge und Heterogenität der Daten, die in modernen Produktionsprozessen anfallen, sind wissens- und nicht nur datenbasierte Optimierungsansätze von hoher Relevanz [STEI19a], [WANG22].

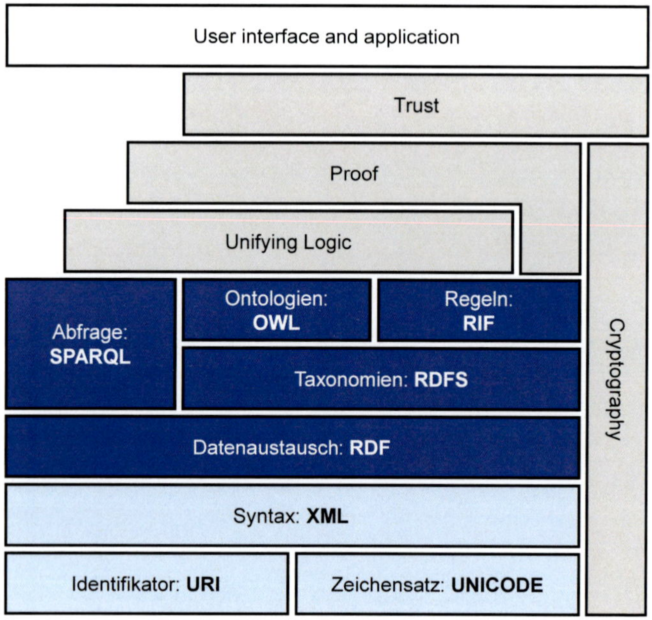

Abbildung 2.7: Semantic Web Stack i. A. a. [BERN11]

Semantic Web Stack acc. to [BERN11]

Tim Berners-Lee, der Erfinder des *World Wide Web*, hat 2006 das Konzept des *Semantic Web* vorgeschlagen. Es handelt sich dabei um eine Erweiterung des herkömmlichen Webs, bei der Informationen mit klaren Bedeutungen versehen werden, um die Zusammenarbeit zwischen Mensch und Maschine zu verbessern [BERN11]. Das Ziel war ursprünglich die Verbesserung der Zusammenarbeit und Kommunikation zwischen Mensch und Maschine.

Das *Semantic Web* nutzt bestehende Web-Standards und Entwicklungen im Bereich der Wissensrepräsentation als Grundlage, um diese mit eigenen spezifischen Konzepten zu erweitern. Das von Berners-Lee präsentierte Version des *Semantic Web*

Stack aus [BERN11] ist in Abbildung 2.7 dargestellt. Diese Darstellung zeigt insb. die Interaktion verschiedener Standards des W3C für das *Semantic Web* miteinander. Obwohl es keinen normierten Standard für den Aufbau des *Semantic Web* gibt und die genaue Architektur in der Literatur noch nicht vollständig beschrieben ist, veranschaulicht Berners-Lees Idee, wie die Standards in Zukunft zusammenarbeiten können, um ein semantisches Netzwerk zu schaffen [GERB08].

Der *Semantic Web Stack* nach [BERN11] besteht aus mehreren Schichten, die in drei wesentliche Bereiche unterteilt sind. Der untere Bereich ist in Hellblau markiert und umfasst die Bestandteile *Identifiers*, *Character Set* und *Syntax*. Die *Uniform Resource Identifier* (URI) werden zur Identifikation von Ressourcen im Web verwendet, die sowohl Daten als auch reale Objekte wie z. B. Werkzeuge sein können. UNICODE beschreibt einen standardisierten Zeichensatz, mit dem eine gleiche Interpretation der Texte gewährleistet wird. Die *Extensible Markup Language* (XML) gibt die Syntax und Struktur von Textdokumenten in einer maschinenlesbaren Auszeichnungssprache wieder. Die beschriebenen Standards wurden vom W3C entwickelt und sind sowohl für das *World Wide Web* als auch für das *Semantic Web* von Bedeutung [BERN99], [DENG11].

Im zweiten, dunkelblau markierten Bereich des *Semantic Web Stacks* sind speziell für das *Semantic Web* entwickelte Standards platziert. Das *Resource Description Framework* (RDF) ist eine formale Sprache, die insb. für den Datenaustausch entwickelt wurde und Informationen in Form von Tripeln abbildet, s. u. Das Resource-Description-Framework-Schema (RDFS) ermöglicht eine Beschreibung von Taxonomien, in denen eine Strukturierung von Daten in Klassen und Unterklassen vorgenommen wird. Die *Ontology Web Language* (OWL) erweitert RDFS um weitere Konzepte zur Beschreibung von Datenbeziehungen und ermöglicht somit die Abbildung komplexer Ontologien, die in Kapitel 2.4.2 näher erläutert werden. Mit der Abfragesprache SPARQL können Daten im RDF-Format abgefragt und verarbeitet werden. Das *Rule Interchange Format* (RIF) stellt einen Standard für den Austausch von Regeln in Form von Regelbeschreibungssprachen dar, die im Web zur Formalisierung von Wissen verwendet werden [HITZ08].

Die Technologien im obersten Abschnitt des *Semantic Web Stacks*, wie z. B. Unifying Logic, Proof, Trust und Cryptography, sind noch in der Definitionsphase. Zusammengefasst lässt sich festhalten, dass die oberen Schichten Konzepte beinhalten, die noch in die Realität umgesetzt werden müssen, um die Gesamtvision des *Semantic Web* zu verwirklichen [HITZ08], [GERB08], [BERN11].

2.4.2 Ontologien

Um Informationen verschiedener Domänen für eine Smarte Anwendung wie z. B. ein kognitionsunterstützendes Assistenzsystem zu verbinden, muss zunächst ein gemeinsames Verständnis über die vorhandenen Informationen herrschen. Dafür müssen die Daten einheitlich, mensch- und maschinenlesbar beschrieben werden können. Ontologien bieten eine solche Beschreibung bzw. Repräsentation des vorhandenen Wissens an [DENG11], [RUDO13].

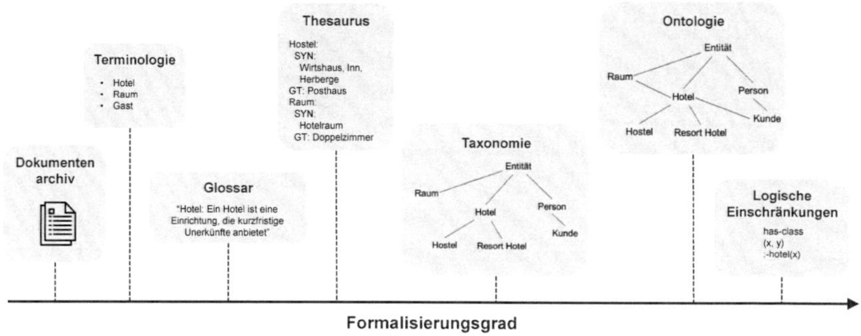

Abbildung 2.8: Semantische Treppe i. A. a. [BLUM06], [NAVI08]

Semantic ladder acc. to [BLUM06], [NAVI08]

In der wissenschaftlichen Literatur gibt es viele verschiedene Definitionen für Ontologien, die zum Teil erheblich voneinander abweichen. Eine der am häufigsten verwendeten Definitionen beschreibt Ontologien als *formale und explizite Spezifikationen einer gemeinsamen Konzeptualisierung*. Ontologien bieten somit ein maschinenlesbares Regelwerk zur Strukturierung von Daten im *Semantic Web* [KHIL09](s. 905-924). Mit standardisierten Symbolen und Syntaxen wird es möglich, das gemeinsame Verständnis von Konzepten, ihrer Hierarchie und den zwischen ihnen bestehenden Beziehungen maschinenlesbar darzustellen. Dies bedeutet, dass bei der Konzeptualisierung zuerst das Konzept hinter einem Begriff beschrieben wird, bevor es durch eine reale Instanz repräsentiert werden kann. Ontologien bieten somit ein gemeinsames Vokabular zum Austausch von Informationen einer bestimmten Domäne und zur Auslösung von Handlungen [NOY01]. Somit befinden sich Ontologien auf der Spitze der Evolution semantischer Modelle nach [BLUM06], da sie vorhandene Informationen und Dokumente zu reichhaltigen zusammenhängenden Wissensmodellen zusammenfassen können (s. Abbildung 2.8) [NAVI08]. Da Ontologien abstrakte Modelle sind, ist das enthaltene Wissen unabhängig von der direkten Anwendung und somit wiederverwendbar [DENG11]. Bei der Entwicklung neuer Ontologien kann auf bereits beschriebene Konzeptualisierungen aufgebaut werden, sodass eine Wiederverwendbarkeit ermöglicht wird. Durch Zuweisung von Daten zu den Konzepten können semantisch beschriebene Informationen konkrete Datenpunkte darstellen [MUEL22b].

Im Kontext des *Semantic Web* wurden verschiedene Sprachen zur Erstellung von Ontologien entwickelt. Die am weitesten verbreitete Sprache für Ontologien ist dabei die *Web Ontology Language* (OWL) [W3C12]. In OWL ist eine umfassendere Definition der Konzepte und der Zusammenhänge möglich, die einer überprüfbaren Logik unterliegen, wie z. B. eine inverse Beziehung zwischen zwei Konzepten, die nicht gleichzeitig eine Gleichheitsbeziehung sein kann. OWL ist somit eine logikbasierte Sprache, die die Verwendung von Wissen ermöglicht. Ontologien können als OWL-Dokumente im *World Wide Web* veröffentlicht werden, sodass mehrere Ontologien miteinander verknüpft werden können [BREC23b], [MUEL22b].

Bei der Betrachtung von Ontologien soll beachtet werden, dass sie im Rahmen der jeweiligen Fragestellung die zu definierenden Konzepte und deren Relationen beschreiben und in der Regel nicht mit realen Daten bzw. Instanzen dieser Konzepte gefüllt werden. Eine Ontologie, die mit Daten gefüllt wird, bezeichnet man als einen *Knowledge Graph* (dt. Wissengraph) [EHRL16].

Ontologien in der Produktion

Eine Ontologie ist gekennzeichnet durch die Kombination aus einer semantisch einheitlichen Strukturierung von Daten und der Verwendung der technischen Aspekte der RDF-Sprache (s. o.). Unter Berücksichtigung dieser Eigenschaften haben v. a. [OBER14], [LIPP20], [BREC21d], [MUEL23] folgende Merkmale von der Datenmodellierung mit Ontologien identifiziert, die ihre besonderen Vorteile für eine Implementierung in der Industrie aufzeigen:

- *Konzeptuelle Modellierung:* Die Erstellung von Ontologien durch konzeptuelle Modellierung, die Klassen, Eigenschaften und Instanzen umfasst, entspricht der Art und Weise, wie Menschen Dinge verstehen. In Kombination mit einer formalen, maschineninterpretierbaren Beschreibung der Datensemantik fördert es das gemeinsame Datenverständnis zwischen Mensch und Maschine [OBER14].
- *Wiederverwendung*: Ontologien sind aufgrund ihrer deklarativen Natur besonders für die Wiederverwendung geeignet. Obwohl die Modellierung einer Ontologie anfangs aufwendig sein kann, kann die resultierende Ontologie von vielen verschiedenen Anwendungen für ihre jeweiligen Zwecke wiederverwendet werden [KHIL09], [LIPP20].
- *Flexible Modellierung*: Dank einer Graphenstruktur ermöglichen Ontologien eine flexiblere Modellierung der bestehenden Datenbeziehungen als andere in der Produktionstechnik verfügbare Datenbanken oder Modelle, die z. B. strengen Hierarchieregeln unterliegen [DENG11], [BREC21d].
- *Optimierungsgrundlage:* Die Sprache der Graphentheorie ist für die Lösung vieler Optimierungsprobleme gut geeignet. Es gibt eine große Anzahl von bewährten Lösungsansätzen und Algorithmen, die z. B. eine Graphknotensuche in einem Optimierungsproblem mit Randbedingungen ermöglichen [MUEL23a], [TITT19].
- *Höhere Datenmanagementschicht:* Die sog. OBDA-Ansätze (*Ontology-Based Data Access*, dt. ontologiebasierter Datenzugriff) ermöglichen den Benutzern die direkte Abfrage von Daten, die über verschiedene Quellen wie z. B. bestehende Maschinendatenbanken verteilt sind. Somit können Ontologien als eine einheitliche Datenmanagementschicht agieren, die auf bereits bestehenden Datenressourcen aufbaut, diese aber nicht nachbilden muss. Darüber hinaus ermöglichen OBDA-Ansätze eine Trennung der Ebenen der speicherintensiven Datenerfassung (Datenbanken) von einer

„leichtgewichtigen“ Datenmanagementschicht (Ontologie) [LIPP20], [BREC21d], [RUDO13](s. 194-229).

- *Reasoning:* Durch die formale Semantik einer Ontologie können automatisch Schlussfolgerungen über das in ihr enthaltene Wissen gezogen werden. Die Art der Schlussfolgerungen hängt von der verwendeten Reasoning-Anwendung ab.
  - *Subsumption*: Durch die Anwendung der Subsumption-Überprüfung können implizite Über- und Unterordnungsbeziehungen zwischen Klassen in einer Ontologie erschlossen werden. Wenn dies auf alle Klassen angewendet wird, entsteht daraus eine Hierarchie der Klassen.
  - *Konsistenz:* Die Konsistenz-Überprüfung untersucht die Ontologie auf logische Widersprüche.
  - *Instanz-Klassifizierung:* Durch die Instanz-Klassifizierung wird die Zugehörigkeit einer spezifischen Instanz zu einer Klasse überprüft [OBER14], [SABO20].

Vier verschiedene Ansätze für den Einsatz von Ontologien in der Produktion wurden aus einer Vielzahl von Forschungsprojekten identifiziert. Die Unterschiede zwischen den Ansätzen liegen hauptsächlich in der Anzahl der modellierten Produktionskomponenten [BREC23b]. Abbildung 2.9 zeigt einen möglichen Aufbau der produktionstechnischen Ontologienhierarchie nach [BREC23b].

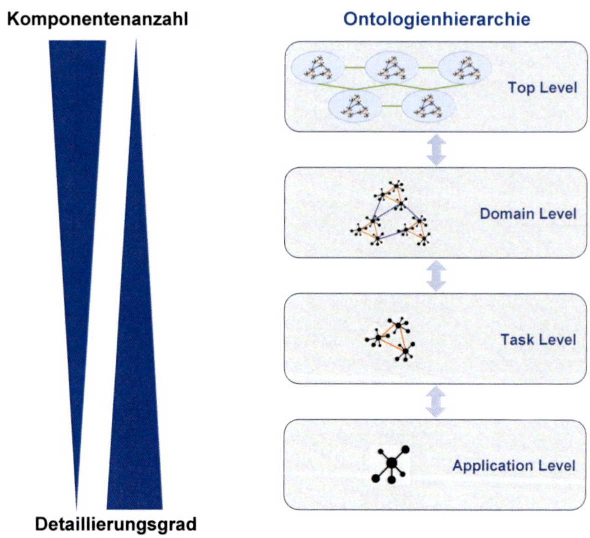

Abbildung 2.9: Ontologienhierarchie i. A. a. [KHIL09], [BREC23b]

Ontology hierarchy acc. to [KHIL09], [BREC23b]

Top Level-Ontologien dienen der Definition einer neutralen Darstellung der gesamten Produktionsumgebung und erfassen die Wechselbeziehungen zwischen verschiedenen Domänen. Die SUMO-Ontologie nach [NILE01], die DOLCE-Ontologie nach [GANG02] und die MASON-Ontologie nach [LEMA06] sind präsente Beispiele einer *Top Level*-Ontologie und liefern grundlegende Definitionen für allgemeine Begriffe der Produktionstechnik, sodass sie als Grundlage für die Entwicklung von domänenspezifischen Ontologien agieren können. *Domain Level*- oder Domänenontologien sind spezifisch für einzelne Produktionsprozesse und -komponenten in bestimmten Domänen. Für den Bereich der Montagefertigung steht beispielsweise eine hierarchische Klassifizierung der Fertigungsprozesse, Fertigungsmittel und Produkte nach [DELA06]. Für die Integration von roboterspezifischen Anwendungen wird die auf SUMO-Ontologie [NILE01] basierende *Core Ontology for Robotics and Automation* verwendet [FIOR15], die bereits standardisierte und nicht lizenzierte Ontologien für Robotik und Automatisierung zu einer aggregiert [IEEE15]. Ein weiteres präsentes Beispiel ist die sog. MaRCO-Ontologie, die zur Beschreibung von den Fähigkeiten von vorhandenen Prozessressourcen verwendet wird, sodass sie als Grundlage einer flexiblen Prozesssteuerung agieren kann [JÄRV19]. Kapitel 2.4.4 gibt einen Überblick über gängige Ontologien in der Produktionstechnik, die im Kontext dieser Arbeit von Relevanz sind.

Task Level-Ontologien (Taskontologien) modellieren die Aufgabenbereiche innerhalb von Produktionsdomänen, um Interoperabilität zu ermöglichen. Der vierte Ansatz, *Application Level-Ontologien* (Applikationsontologien), konzentriert sich auf die Modellierung einzelner Produktionskomponenten wie Maschinendaten, Konstruktionsmodelle oder Simulationen. Diese Ontologien können miteinander verknüpft werden, um einen Austausch von relevanten Daten verschiedener Applikationen einer Domäne zu ermöglichen [KHIL09], [BREC23b](905-924).

Die in Abbildung 2.9 dargestellte Ontologienhierachie kann für verschiedene Gebiete der Produktionstechnik aufgebaut werden, um systematisches Datenmanagement zu ermöglichen. [LIPP20] hebt fünf wesentliche Anwendungsbereiche für Ontologien in der Produktion hervor, in deren Entwicklung eine Vielzahl verschiedener Forschungsprojekte existiert:

- *Datenkatalog:* Semantisch basierte Datenkataloge repräsentieren eine der häufigste Ontologieanwendungen [KHIL09], [LIPP20]. Durch die Verwendung eines Verzeichnisses, das eine Vielzahl von Datenquellen wie Datensätzen, Programmen, Menschen, Projekten oder Sensoren enthält, wird die Suche für den Nutzer vereinfacht.

- *Integration von Domänen:* Durch das Erzeugen von Beziehungen zwischen Konzepten aus unterschiedlichen Domänen kann das Wissen aus verschiedenen Quellen für spezielle Anwendungsfälle mensch- und maschineninterpretierbar kombiniert werden.

- *Zugriff auf bereits bestehende Datenressourcen:* Mithilfe der OBDA-Ansätze werden Ontologien dafür verwendet, den Zugriff auf verschiedene, häufig verteilte Datenbanken zu gewährleisten und diese zu verwalten (s. o). Ein

Beispiel dafür liefert [BREC23b], der die ersten Schritte der Implementierung eines Wissensmanagementsystems über Datenbanken mehrerer Werkzeugmaschinen beschreibt. Mithilfe des zu entwickelnden ontologiebasierten Systems sollen die Maschinendaten systematisiert und ein zentraler Zugang zu der vorhandenen Datengrundlage geschaffen werden. Ein weiteres Beispiel stellt die Arbeit von [POMP19] dar, der einen zweiteiligen Knowledge-Graphen entwickelt, der aus einer universellen beschreibenden Ontologie und ressourcenspezifischen Datenmodellen besteht.

- *Optimierung und Reasoning:* Das Reasoning ermöglicht die Überprüfung semantisch beschriebener Daten auf Konsistenz. Dabei werden nicht nur Fehler bei der Umwandlung von Daten zwischen verschiedenen Anwendungen identifiziert, sondern auch logische Unstimmigkeiten in den Daten erkannt [DENG11]. In diesem Anwendungsgebiet werden ontologiebasierte Entscheidungsunterstützungssysteme angesiedelt, auf die in Kap. 2.4.3 detailliert eingegangen wird.
- *Aggregation von Daten*: Durch das Zusammenführen von Daten und Modellen wird die Abbildung von komplexen Situationen und Randbedingungen auf Basis von heterogenen Daten zentralisiert möglich. Auf diesem Gebiet präsentiert [JIRK19] ein Plug-and-Play-Konzept für CPPS, das auf einer Ontologie basiert. Damit lässt sich durch die Aggregation der semantischen, schnittstellenbeschreibenden Daten die Integration neuer CPPS in ein bestehendes Netzwerk vereinfachen.

Die Anwendungsgebiete lassen sich nicht scharf voneinander trennen und fließen ineinander, sodass die Ontologien meistens für eine Kombination der Einsatzzwecke verwendet werden, wie z. B. ein Datenkatalog mit einer Reasoning-Möglichkeit [LIPP20].

2.4.3 Ontologien in der Produktionstechnik

Suggested Upper Merged Ontology (SUMO)

Ziel von SUMO ist eine allgemeine Definition grundlegender ontologischer Klassen für verschiedene Domänen. Der Begriff Entität wird in SUMO als die oberste übergreifende Kategorie verwendet, die in die Klassen *Physical* und *Abstract* unterteilt wird. Die Klasse *Physical* definiert Objekte, die eine räumliche und zeitliche Position haben, während die Klasse *Abstract* alle anderen Entitäten umfasst. Der Klasse *Physical* werden die Subklassen *Object* und *Process* zugeordnet. Die Klasse *Process* beschreibt Entitäten, die Phasen durchlaufen und zeitabhängige Ereignisse beschreiben, jedoch keine konkreten Objekte darstellen, wie z. B. ein Montage- oder Fertigungsprozess. Die Klasse *Object* umfasst physische Objekte und geografische Orte, die im Raum gleichzeitig und parallel existieren können. [IEEE15].

Die Klasse *Object* wird in die drei Unterklassen *Collection, Agent* und *Artifact* unterteilt. Ein *Artifact* ist dabei ein Artefakt, das als ein Instrument in einer bestimmten Unterklasse von Prozessen dient, wie beispielsweise die Werkzeuge und Maschinen, einschließlich Sensoren und Aktoren. *Agent* bezieht sich auf etwas oder jemanden, der selbstständig handeln und Veränderungen in der Außenwelt bewirken kann. *Collections* haben Bestandteile wie z. B. und können Mitglieder bzw. Bestandteile hinzufügen oder entfernen, ohne dass sich dadurch die Identität der Collection ändert. Eine Gruppe von Robotern oder eine Roboterzelle können als Beispiele für *Collections* genannt werden [PRES14], [FIOR15].

Die Klasse *Abstract* wird in fünf Subklassen unterteilt: *Quantity, Attribute, SetOrClass, Relation und Proposition*, die in [NILE01] näher beschrieben sind. Der Aufbau einer SUMO-Ontologie ist in Abbildung 2.10 dargestellt.

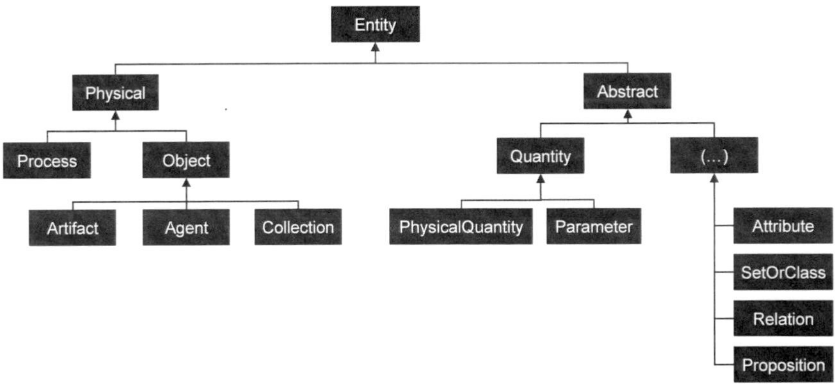

Abbildung 2.10: Aufbau der SUMO-Ontologie i. A. a. [NILE01]

Structure of the SUMO Ontology acc. to [NILE01]

Core Ontology for Robotics and Automation (CORA)

CORA wurde als eine sog. Kernontologie entwickelt: eine Ontologie, die Begriffe enthält, die in verschiedenen Teilbereichen einer größeren Domäne (in diesem Fall Robotik und Automatisierung, R&A) vorkommen [PRES14], [IEEE15].

CORA definiert vier wesentliche Begriffe im gesamten Bereich der R&A, die jeweils die SUMO-Klassen *Collection*, *Agent* und *Artefact* um folgende Klassen erweitern: *RobotGroup*, *Robot*, *Device* und *RoboticSystem*. Das zentrale Konzept von CORA ist das des Roboters, das im Zusammenhang mit den meisten anderen Konzepten in der Ontologie steht und eine Subklasse von „Devices" (dt. Geräten) darstellt. Um mit der Mehrdeutigkeit der Definition eines Roboters umzugehen, wurde durch die Arbeitsgruppe von CORA eine aufs Wesentliche reduzierte Definition für den Begriff Roboter vorgeschlagen: Ein Roboter wird im Allgemeinen als ein agierendes Gerät definiert.

Darüber hinaus werden in CORA Fälle definiert, in denen die Roboterhandlungen von anderen Akteuren wie z. B. Softwareschnittstellen oder Menschen gesteuert werden. Notwendige Bestandteile eines Roboters sind laut CORA seine mechanischen und elektronischen Teile. Des Weiteren sind Roboter in der Lage, Gruppen zu bilden, in denen eine Zusammenarbeit zur Erreichung eines gemeinsamen Ziels möglich ist.

Durch den Einsatz von speziellen Umgebungen können Roboter oder Gruppen von Robotern sog. Robotersysteme bilden. Die Interaktion eines Roboters mit seiner Umgebung wird durch Schnittstellen, in einem breiten Sinne zu verstehen, ermöglicht. [IEEE15], [PRES13].

In der CORA-Ontologie werden die Roboter weiter spezifiziert, indem sie in Autonomiestufen unterteilt werden. Die Kategorien dafür sind autonome, teilautonome und nichtautonome Roboter. Zur Darstellung weiterer Konzepte und Beziehungen der Teilgebiete der Robotik und Automation kann CORA um CORAX und POS erweitert werden, die jeweils weitere spezifischere Modellierungsbestandteile und Begriffe zur Position und Orientierung der Roboter erfassen. CORAX ergänzt CORA um die Klassen *RobotMotion*, *ProcessingDevice* und *Robot-Robot-Communication*, die in [IEEE15] und [PRES14] näher beschrieben sind.

Position Ontology POS

Durch den POS-Standard ist eine Definition der Konzepte und Beziehungen zwischen Position und Orientierung der Roboter möglich, die für die Verarbeitung von Informationen über die Interaktion des Roboters mit dem ihn umgebenden Raum von großer Relevanz sind. In der POS-Ontologie wird zwischen quantitativen und qualitativen Positionsdaten unterschieden. Quantitative Positionsdaten werden dabei durch einen Punkt in einem bestimmten Koordinatensystem beschrieben, während qualitative Positionsdaten als eine von einem Referenzobjekt abhängige Region definiert sind. Ein Koordinatensystem wird in Bezug auf ein Referenzobjekt bestimmt, das inner- und außerhalb des Ursprungs des Koordinatensystems liegen kann. Das Konzept der Orientierung ist mit seinem strukturellen Aufbau mit dem Konzept der Position vergleichbar. Die Orientierung wird meistens in Grad angegeben. In POS werden Position und Orientierung als Haltung modelliert [BARA19].

TIME Ontologie zur Darstellung zeitlicher Zusammenhänge

Zwecks einer standardisierten Beschreibung von zeitlichen Zusammenhängen im Prozess wird die TIME-Ontologie nach [W3C20] verwendet. Die TIME-Ontologie beinhaltet eine Beschreibung von Beziehungen zwischen zeitlichen Instanzen und Intervallen und somit auch deren Anordnung zueinander. In der Ontologie können verschiedene Zeitformate und Zeitdauern verwendet werden. Ein wesentlicher Vorteil dieses Modellierungsstandards besteht darin, dass die zeitliche Betrachtung von Ressourcen (URI) sowohl relativ zu einem bestimmten Zeitpunkt als auch absolut erfolgen kann. Der Aufbau der Ontologie ist in Abbildung 5.4 dargestellt.

Der grundlegende Aufbau der Ontologie bezieht sich auf eine zeitliche Entität, die sowohl eine Instanz als auch ein Intervall sein kann. Eine Instanz bezieht sich dabei auf einen konkreten Zeitpunkt innerhalb einer zeitlichen Entität und wird immer als Zeitraum von einer infinitesimalen (null) Länge angenommen. Beispiele für Zeitinstanzen sind Start- und Endzeitpunkte eines Prozesses.

2.4.4 Ontologiebasierte Entscheidungsunterstützungssysteme

Wie in Kapitel 2.4.1 erwähnt stellen das Reasoning vorhandener Daten und die Optimierung bestehender Produktionsprozesse bzw. Abläufe zu einem der fünf häufig vorkommenden Anwendungsgebiete von Ontologien in der Produktion dar [LIPP20]. Die Möglichkeit der automatischen Überprüfung der Daten auf Konsistenz und die Eigenschaften der Graphen, die die Ontologien als Grundlage für vielseitige Optimierungsfragestellungen geeignet machen, heben deren Eignung als Grundlage entscheidungsunterstützender kognitiver Assistenzsysteme hervor. Im Folgenden soll eine Auswahl an kognitiven EUS vorgestellt werden, die auf semantischen Technologien bzw. Ontologien basieren.

[PIES22] nutzt eine Reasoning-Engine, um eine automatisierte Pfad- und Prozessplanung in einer biologischen Produktionsplattform zur Stammzellenzüchtung zu ermöglichen. Dafür werden aktuell vorhandene Prozessressourcen und deren Fähigkeiten laufend analysiert, sodass die Prozesssteuerung nach deren Verfügbarkeit eine Planungsentscheidung für den nächsten durchzuführenden Schritt treffen kann. Dafür werden drei Hauptkomponenten des Systems konzipiert: ein Planungsagent, beteiligte Akteure und Prozessressourcen sowie die Wissensbasis, die als Bindeglied zwischen den anderen Teilen agiert. Die Wissensbasis liefert die semantische Beschreibung der Komponenten, die zur Entscheidungsunterstützung in der automatisierten Prozessplanung herangezogen wird.

Darüber hinaus können Ontologien zur Entscheidungsunterstützung in der Produktionssystemkonzeption eingesetzt werden. [BAUE15] beschreibt ein wissensbasiertes Planungswerkzeug, welches die Planer während der Konzipierung durch den kontinuierlichen Zugriff auf verfügbares Wissen als Entscheidungsunterstützung liefern. Durch die Anwendung semantischer Technologien wird Wissen in einer Wissensbasis repräsentiert und zur Verfügung gestellt. Abfragen, die benötigt werden, um das Produktionssystemkonzept grafisch darzustellen, werden automatisch generiert. Dabei wird eine einheitliche Spezifikation durch Modellierungsregeln gewährleistet. Ein Vorgehensmodell beschreibt die Schritte der Planung, die anhand einer Knetstraße als Praxisbeispiel erläutert werden.

In der Zusammenarbeit mit Saint-Gobain Sekurit Deutschland hat [BREC21d] ein ontologiebasiertes Tool zur Generation von anwendungsspezifischen Datenvorlagen zur Entscheidungsunterstützung bei der Fehleranalyse in der Glasproduktion entwickelt. Die entwickelte Vorgehensweise sieht vor, dass Rohdaten aus der Produktion wie z. B. per MQTT-Protokoll übermittelte Sensordaten zunächst in einem sog. Triplestore (Graphdatenbank) konsolidiert werden. Im Sinne eines klassischen OBDA-Ansatzes greift darauf eine entwickelte Applikationsontologie zu, die durch die definierten Knoten- und Kantenbeziehungen die Datenpunkte in einen korrekten Zusammenhang bringt, wie z. B. die Zugehörigkeit des Sensorwerts zu der Position des Sensors in der Produktionslinie. Diese Ontologie agiert als Grundlage eines bildschirmbasierten Assistenzsystems zur Fehleranalyse und Generation von problemfallspezifischen Datensets. In der visuellen Oberfläche des Systems ist es möglich, sich alle zu dem jeweiligen Produktionsfehler, wie z. B. zu der Überschreitung der zulässigen Ofentemperatur, die dazugehörigen Sensorenwerte (z. B. die Temperatur des Ofens und die Bandgeschwindigkeit zu dem Zeitpunkt des Fehlers) anzeigen zu lassen, diese in einer Datenvorlage zusammenzufassen und für weitere Analysen im JSON-Format zu exportieren.

Ein weiteres Beispiel für ein ontologiebasiertes EUS stellen die Arbeiten von [STEI19a] dar. Die von [STEI19a] entwickelte Methodik sieht vor, dass man auf die Daten von einem OPC-UA-Informationsmodell mit einer Ontologie zugreifen kann. Dafür wird ein Transformationsalgorithmus von einem OPC-UA- zu einem OWL-Format entwickelt. Der Zugriff auf das OPC-UA-Informationsmodell ermöglicht das Stellen von benutzerdefinierten *Queries* (Suchanfragen), wofür das OPC UA aktuell keine Funktionalität vorgesehen hat. Das Stellen der Abfragen bietet dem Nutzer des Systems eine Entscheidungsunterstützung in vielseitigen Datenanalysen an. Die Methodik wird an einem abgegrenzten Anwendungsbeispiel eines thermischen Energiespeichers validiert. Der entwickelte ontologiebasierte Datenzugriff ermöglicht dem Nutzer die Abfrage aktueller Temperaturwerte, sodass Überhitzungen frühzeitig vermieden werden können.

[BREC21e] verwendet eine Ontologie zur Beschreibung der sich dynamisch ändernden sicherheitsrelevanten Systemgrenzen eines Produktionsprozesses. Dabei wird ein OBDA-Ansatz zur Aggregation verschiedener Arten von Datenquellen in einer Applikationsontologie verwendet, darunter OPC UA, MQTT und SQL sowie NoSQL-Datenbanken. Mithilfe des entwickelten Systems ist es möglich, dem Nutzer durch den Zugriff auf die aktuellen sicherheitsrelevanten Daten eine Hilfestellung bei der Implementierung neuer Sicherheitsfunktionen im Prozess zu geben.

[WANG22] untersucht die Eignung semantischer Technologien für eine automatische Anpassung der CPPS-Steuerungslogik im Falle einer Rekonfiguration. Durch eine automatische Transformation der vorgegebenen Montagesequenz in eine Prozess- bzw. Funktionensequenz in einem Steuerungsprogramm kann die Rekonfigurationszeit verkürzt werden. Trotz der Tatsache, dass der Fokus der Arbeit von [WANG22] auf einer vollautomatisierten Rekonfiguration der Steuerungslogik liegt, könnte die entwickelte semantische Datenbeschreibung auch als Grundlage für ein EUS dienen, in dem die endgültige Variablen- bzw. Rekonfigurationsentscheidung von einem Menschen getroffen wird.

[ROSP13] beschreibt ontologiebasierte EUS zur Fehlersuche, zur Reduktion des Energieverbrauchs von Öl- und Gasunternehmen, für Netzwerksicherheitssysteme und für medizinische Software. In all den beschriebenen Anwendungsfällen wird eine Wissensbasis entwickelt, die als Grundlage des jeweiligen EUS agiert. Die Wissensbasis kann nach explizitem Wissen abgefragt werden, um dem Nutzer Erkenntnisse zu der jeweiligen Fragestellung in einer konsolidierten Form bereitzustellen, sodass er auf dieser Grundlage eine Entscheidung treffen kann. Das Anwendungsfeld der Produktionstechnik wird in der Arbeit von [ROSP13] nicht betrachtet.

2.5 Zusammenfassung und Bewertung

Der zuvor betrachtete Stand der Technik und Forschung beginnt mit einer Beschreibung des Engineerings und der Programmierung roboterbasierter Prozesse. Trotz der Vielfalt der Online-Programmiermethoden und deren einfacherer Handhabung kann bei komplexeren Automatisierungsprozessen auf Offline-Programmierung nicht verzichtet werden. Nichtsdestotrotz behandeln die meisten Forschungsansätze die Verbesserung bestehender oder die Entwicklung neuer Online-Programmiermethoden, sodass Offline-Programmierung ungenügend betrachtet wird. Es existieren zwar Ansätze zur Vereinfachung der Offline-Programmierung durch eine bessere Visualisierung der Variablenzusammenhänge (z. B. Low-Code), jedoch mangelt es an Assistenzansätzen, die den Menschen bei der Programmierung durch gezielte Lösungsvorschläge zur Umstellung mehrerer zusammenhängender Systemparameter unterstützen, insb. wenn die Parameter auf verschiedenen Steuereinheiten verteilt sind. Gleichzeitig wächst der Anspruch an den Mitarbeiter bei der Offline-Programmierung: zum einen aufgrund der steigenden Komplexität der Automatisierungsprozesse und zum anderen wegen der Flexibilitätsanforderungen an die CPPS. Diese sollen schnell konfigurierbar sein, um hohe Kosten der Stillstandzeiten einer Anlage, die wegen Rekonfigurationen entstehen, zu vermeiden. Eine Verkürzung der Rekonfigurationszeit durch eine Reduktion des Programmieraufwands bei der Offline-Programmierung bietet somit ein immenses Kosteneinsparungspotential, das durch bestehende, auf Visualisierung fokussierte Assistenzansätzen nicht ausgeschöpft ist. Es wird gezeigt, dass der Bedarf an menschzentrierten, entscheidungsunterstützenden Assistenzlösungen für die Offline-Programmierung von komplexen Automatisierungsprozessen existiert.

Im Abschnitt *Assistenzsysteme* wird ein Überblick über bestehende Lösungen gegeben und eine Klassifizierung derer vorgenommen. Es fällt auf, dass der größte Teil verfügbarer Assistenzsysteme entweder eine physische oder sensorische Wahrnehmungsunterstützung leistet. Diese Erkenntnis stimmt mit der Beobachtung aus dem Themenfeld *Engineering und Programmierung roboterbasierter Prozesse* überein: Die am meisten erforschten Assistenzansätze wie z. B. Mitarbeiterunterstützung durch AR/VR oder Sensorhaut sind zum Einsatz in der Online-Programmierung gedacht, eignen sich jedoch nicht für die Assistenz bei der Offline-Roboterprogrammierung. Im dem Forschungsfeld der kognitiven entscheidungsunterstützenden Assistenzsysteme, die bei der Offline-Roboterprogrammierung zum Einsatz kommen, konzentrieren sich die Ansätze insb. auf die Unterstützung des Anwenders bei der Simulation des geplanten Prozessablaufs. Trotz der anerkannten Relevanz der Anbindung der Assistenztools an die Datenstrukturen der CPPS bieten die wenigsten Lösungen die benannte Funktionalität an. Darüber hinaus besteht für den Prozessexperten bzw. Anwender meistens nicht die Möglichkeit, neue Erkenntnisse ins Tool einzugeben, sodass die vorhandene Datengrundlage erweitert werden kann. Zusammenfassend wird festgestellt, dass es den vorgestellten kognitiven EUS an einer zusammenhängenden, erweiterbaren Wissensbasis mangelt, die sowohl das vorhandene Experten- als auch das Prozesswissen aus der Digitalisierungsinfrastruktur des Unternehmens vereint und in einen Zusammenhang bringt.

An die Vorstellung der Assistenzsysteme schließt eine Beschreibung der Vielfalt gängiger Datenmodellierungsmethoden in der Produktionstechnik an. Objektrelationale Datenbanken haben die Vorteile der einfachen Handhabung und Möglichkeit zur Speicherung großer Datenmengen und kommen somit in den meisten datenintensiven Anwendungen wie z. B. in der Verwaltung von Werkzeugmaschinendaten zum Einsatz. Die Nachteile der Verwendung von ORDBMS sind die strenge Vorgabe der Hierarchie der Datenzusammenhänge und die fehlende Möglichkeit zur Vernetzung der einzelnen Datenbanken durch eine generalisierende Verwaltungsschicht. UML als eine weitere Datenmodellierungsmethode ist zur visuellen Abbildung der Datenarchitektur für den Anwender geeignet, stellt jedoch kein maschinenlesbares Format dar. Des Weiteren ist OPC UA eine vielversprechende Lösung, die eine standardisierte, in der Produktionstechnik anerkannte Datenkommunikation- und Modellierungsarchitektur anbietet. Dennoch fehlt es OPC-UA-Modellen an Suchfunktionalitäten, sodass die Daten kaum für darauffolgende Datenverarbeitungs- und Optimierungsalgorithmen verwendet werden können. Darüber hinaus bietet die OPC-UA-Architektur nicht die Möglichkeit zur Integration des vorhandenen Expertenwissens und kann Prozessdaten aus anderen Kommunikationsprotokollen nicht verarbeiten.

Semantische Technologien, die anschließend beschrieben werden, stellen ein großes Potential zur Lösung beider bestehenden Herausforderungen dar: zum einen zur Bildung einer vollständigen Systemwissensbasis samt dem Expertenwissen und zum anderen zur intelligenten Assistenz bei der Konfigurationslösungssuche. Darauf deuten aktuelle Forschungserkenntnisse aus dem Exzellenzcluster „Internet of Production“ und anderen europäischen Forschungsinstituten (TU Wien, Universität Stuttgart) hin, über die in dem Abschnitt *Semantische Technologien in der Produktion* ein Überblick gegeben wird. Dank einer Graphenstruktur, die aus einer Vielzahl zusammenhängender Knoten bzw. Datenpunkte besteht, ermöglichen Ontologien eine flexiblere Modellierung bestehender Datenzusammenhänge als tabellarisch aufgebaute Datenbanken oder hierarchische Klassendiagramme. Die Knotenmenge kann beliebig erweitert werden, wodurch die Vernetzung der einzelnen Datendomänen modelliert werden kann und die Einbindung des vorhandenen Expertenwissens erfolgt. Darüber hinaus eignet sich die Sprache der Graphentheorie besonders gut zur Lösung vieler Optimierungsprobleme, wofür sie u. a. eine Datensuchfunktionalität anbietet. Des Weiteren können Ontologien auf bereits bestehenden Datenmanagementsystemen aufbauen, sodass keine vollständige Neumodellierung vorhandener Daten notwendig ist. Ansätze des sog. OBDA (eng. *Ontology based data access*, dt. ontologiebasierter Datenzugriff) ermöglichen die technische Umsetzung mehrschichtiger Datenmanagementsysteme, in denen eine Ontologie mithilfe einer Verbindungsschicht (sog. *Mapping layer*) zur Verwaltung bestehender Datenressourcen wie z. B. Datenbanken verwendet werden kann. Nicht zuletzt haben sich Technologien des *Semantic Web* seit einigen Jahren im Bereich der IT und des

World Wide Web etabliert und unterstützen Wissensmanagement- und EUS-Systeme verschiedener Domänen, inkl. z. B. Produktionssystemkonzipierung und Prozessfehlersuche. Die Nachteile der Datenmodellierung mit Ontologien, wozu laut erforschten bestehenden Ansätzen v. a. der hohe Modellierungsaufwand und die Dimension und Speicherbedarf der erstellten Modelle gehören, können zum einen durch die Verwendung von Standards und zum anderen durch OBDA-Ansätze überwunden werden, was aktuell im Fokus vieler vorgestellten Forschungsprojekte steht.

Der Stand der Technik und Forschung schließt mit einem Überblick über ontologiebasierte EUS, die auf dem Gebiet der Produktionstechnik erforscht werden. Die vorgestellten Ansätze gehören aktuell noch zum Stand der Forschung, sodass die meisten davon noch nicht die Industriereife erreicht haben. Die präsentierten Beispiele verdeutlichen die zuvor genannten Vorteile der Datenmodellierung mit Ontologien, jedoch werden in keinem der vorgestellten Ansätze die für ein wissensbasiertes, in die Prozessautomatisierungsarchitektur integriertes EUS notwendigen Bedingungen zusammengeführt: die Konsolidierung der Gesamtheit des Prozesswissens samt Expertenwissen und eine darauf aufbauende Logik zur Ableitung Intelligenter Lösungsvorschläge für die Rekonfiguration des Prozesses.

3 Zielsetzung, Aufgabenstellung und Vorgehensweise

Assignment, objectives and modus operandi

In Kapitel 2 wurde gezeigt, welche Defizite und Potentiale in bestehenden Assistenzansätzen zur Reduktion des Programmieraufwands bei Rekonfigurationen roboterbasierter Prozesse für den Anwender existieren. Auf Basis dessen wird in diesem Kapitel die Forschungsfrage definiert sowie die Aufgabenstellung und Zielsetzung dieser Arbeit erläutert. Anschließend wird das Vorgehen zum Beweis der Lösungshypothese vorgestellt.

3.1 Aufgabenstellung und Zielsetzung

Assignment and objectives

Beim Betrachten des Stands der Technik wird gezeigt, dass zwar industriereife Assistenzlösungen zur Unterstützung der Steuerungsrekonfiguration im Bereich der Offline-Programmierung existieren, deren Assistenzleistung sich jedoch allenfalls auf die Visualisierung der Zusammenhänge zwischen der Steuerungsvariablen und der vorhandenen Hardware sowie auf die Simulation der Prozessabläufe beschränkt. Es werden erste Ansätze zur Verwendung von semantischen Technologien (Ontologien) in der Produktionstechnik erprobt, deren Anwendungsgebiete bislang kaum die Steuerungsrekonfiguration adressieren. Die vorliegende Arbeit zeigt eine Möglichkeit auf, das Wertschöpfungspotential von semantischen Technologien für wissensbasierte Assistenzlösungen zu nutzen. Die genannten Aspekte berücksichtigend, lautet die zu beantwortende Frage daher:

Wie können semantische Technologien in der Produktionstechnik genutzt werden, um die Steuerungsrekonfiguration komplexer Automatisierungsprozesse zu optimieren?

Neben der grundsätzlichen Konzeption eines Gesamtsystems erfordern insbesondere der Aufbau und die Integration des Wissensmanagementsystems sowie die Entwicklung der Assistenzlösung die Beantwortung weiterer Teilfragen:

- Wie kann die Steuerungsrekonfiguration mithilfe einer Assistenzleistung optimiert werden?
- Wie können wissensbasierte Entscheidungsunterstützungssysteme (EUS) anwendungsspezifisch gestaltet werden?
- Wie können entwickelte EUS in bestehende Steuerungsarchitekturen der Produktionsanlagen integriert werden?
- Wie kann bestehendes Expertenwissen beim Anwender in ein Wissensmanagementsystem integriert werden?

Zur Lösung dieser Frage wird die Lösungshypothese aufgestellt, dass sich durch die Verwendung und Kombination

- von Optimierungsalgorithmen der Graphentheorie,
- aus dem Engineering abgeleiteter Steuerungsinformationen über den Aufbau der Prozesskette und Informationsmodelle der Prozesskomponenten,
- von vorhandenem Expertenwissen und
- Industriestandards zur Modellierung roboterbasierter Prozesse

integriert in ein produktionssystemübergreifendes Wissensmanagementsystem die Rekonfiguration der Steuerung automatisierter Produktionsprozesse signifikant vereinfachen lässt.

Vor diesem Hintergrund sind Ziele dieser Arbeit die Konzeption eines Assistenzsystems zur wissensbasierten Steuerungsrekonfiguration, die Evaluation der Methoden der Graphentheorie für eine Entscheidungsoptimierung und die Integration des Expertenwissens sowie die Realisierung beider Aspekte in einer prototypischen Implementierung am Beispiel eines roboterbasierten Glasscheibenkomplettierungsprozesses.

3.2 Vorgehensweise der Arbeit

Modus operandi

Basierend auf der abgeleiteten Forschungsfrage werden in Kapitel 4 die Ergebnisse einer Studie über Strategien zur Optimierung der Steuerungskonfiguration roboterbasierten Automatisierungsprozesse vorgestellt und die Anforderungen an eine wissensbasierte Assistenzlösung abgeleitet. Zur Anforderungsanalyse werden neben einer branchenfokussierten Systemanalyse bestehende Herausforderungen beim Einsatz von Wissensmanagement- und Assistenzsystemen untersucht. Der Fokus liegt dabei auf den Herausforderungen der eingeschränkten Möglichkeit und Bereitschaft zur Abbildung des Expertenwissens (Know-how) und dem Aufwand zur Modellierung und Integration des Systems parallel zu bereits bestehenden Systemdatenquellen wie z. B. Simulationstools und Dokumentationen.

Anschließend wird die angestrebte Vorgehensweise zur Gestaltung eines Assistenzsystems zur wissensbasierten Steuerungsprozesskonfiguration dargestellt, welche die Inhalte der Kapitel 5 und 6 zusammenfasst und in [MUEL23a], [MUEL23b] und [KLUG23] beschrieben wurde. Ein wesentlicher Aspekt der Lösungshypothese umfasst die Konzeption des semantischen Wissensmanagementsystems (A), welches in Kapitel 5 als ein zentraler Punkt dieser Arbeit vorgestellt wird.

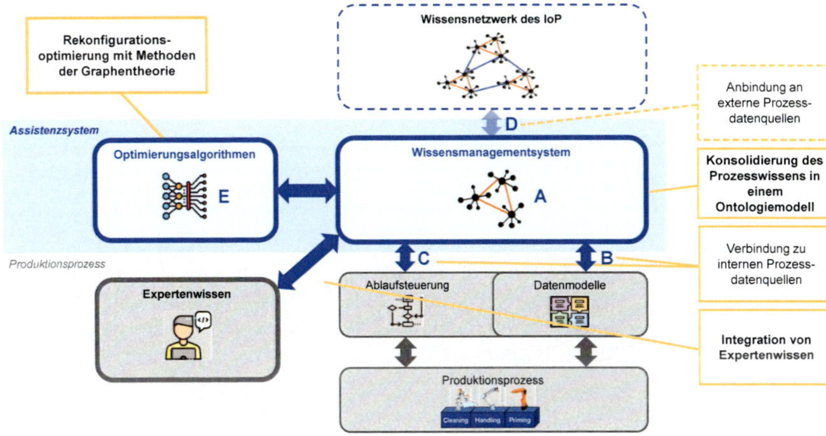

Abbildung 3.1: Lösungsvorgehensweise zur Entwicklung eines Assistenzsystems für wissensbasierte Steuerungsrekonfiguration

Solution approach for the development of an assistance system for knowledge-based control process reconfiguration

Basierend auf den Erkenntnissen aus Kapitel 4 werden Anforderungen an ein wissensbasiertes Assistenzsystem definiert. Auf Basis der Anforderungsbeschreibung wird die Modellspezifikation des Wissensmanagementsystems (WMS) als Kern der Assistenzlösung vorgenommen (A). Dafür werden bestehende Ansätze zur semantischen Modellierung roboterbasierter Prozesse analysiert, wie z. B. in Kapitel 2 erläuterte CORA-, MARCO- und SUMO-Konzepte, deren Schnittstellen identifiziert und als Systemgrundlage verwendet. Darüber hinaus wird in diesem Kontext die Einbindung des vorhandenen Expertenwissens in das zu entwickelnde System übergreifend betrachtet, indem der Anwender das Ontologiemodell des Prozesswissens individuell gestalten kann. Darauffolgend werden die Anbindungsmöglichkeiten des Systems an prozessinterne Datenquellen untersucht (B und C). Von großer Bedeutung ist dabei die Evaluation der Integrationsmöglichkeiten der entwickelten Prozessschnittstelle mit den OPC-UA-Informationsmodellen des Produktionsprozesses und bestehenden ORDBMS (B). Ontologien, die auf dem *Web Ontology Language (OWL)*-Standard basieren, können eine formale Semantik und eine optimale Suchfunktionalität liefern; daher wird im Rahmen dieser Arbeit eine Transformation von OPC-UA-Informationsmodellen zu dem zu entwickelnden semantischen Wissensmanagementsystem betrachtet. Anschließend wird die Anbindung des Wissensmanagementsystems an die bereits bestehende Steuerungslogik bzw. Prozesskette untersucht (C). Bei der Betrachtung der Integration der Steuerungsprogramme wird der Fokus auf die Verarbeitung der Ablaufstruktur und Signale einer übergreifenden Prozessteuerung gelegt. Abschließend wird ein Ausblick auf eine Integrationsmöglichkeit des Wissensmanagementsystems in ein künftiges übergreifendes semantisches Netzwerk des *Internet of Production* gegeben (D).

Durch die Aggregation produktionssystemübergreifender Daten aus Prozesssteuerung, Datenmodellen und erfahrungsbasiertem Wissen ergeben sich neue Potenziale für die Optimierung der Rekonfiguration der Produktionsprozesssteuerung, welche bisher mangels Vernetzung relevanter Datenquellen und semantischer Ausdruckskraft vorliegender Informationen nicht ausgeschöpft werden konnten. Insbesondere durch die Verwendung von Methoden der Graphentheorie und der *Operations Research* (OR) eröffnen sich neue Möglichkeiten für problemspezifische Optimierung der Lösungssuche wie z. B. die automatisierte Ableitung notwendiger Prozessparameter bei einer Produkt- oder Prozessveränderung. Daher widmet sich Kapitel 6 den Methoden der Graphentheorie zur Optimierung mit Knowledge-Graphen (E). Dabei kommen drei verschiedene Verfahren zur Anwendung: gemischt-ganzzahlige lineare Optimierung (MILP), Künstliche Neuronale und Bayes'sche Netze. Die Kombination aus dem WMS mit ausgewählten Optimierungsalgorithmen ergibt das wissensbasierte Assistenzsystem als Ziel dieser Arbeit, dargestellt in Abbildung 3.1.

Nach Diskussion unterschiedlicher Ansätze erfolgt die Applikation auf einen passenden Anwendungsfall, den in dieser Arbeit der zuvor beschriebene roboterbasierte Klebstoffauftragsprozess darstellt. Modellierte Zusammenhänge werden mittels ausgewählter Optimierungsalgorithmen analysiert und deren Beitrag zum anwenderunterstützenden EUS wird bewertet. Zur Validierung (Kapitel 7) des konzipierten Rahmenwerks wird eine prototypische Implementierung anhand des o. g. Anwendungsbeispiels realisiert. Hierzu wird der Demonstrator IoP-AC (*Internet of Production Automation Cell*) weiterentwickelt, der den Komplettierungsprozess der Automobilseitenscheibenfertigung abstrahiert darstellt. Die heterogene Steuerungsarchitektur, die auf verschiedenen Kommunikationsprotokollen (u. A. OPC UA und MQTT) in zwei Varianten (heterogen und fähigkeitsbasiert) umgesetzt wird, soll anhand der vorgestellten Konzepte um ein entscheidungsunterstützendes Assistenzsystem zur wissensbasierten Steuerungsrekonfiguration erweitert werden. Diese Realisierung wird anschließend evaluiert und diskutiert.

Die Arbeit schließt mit einer Zusammenfassung und einem Ausblick für sich ergebende Fragestellungen in Forschung und Industrie in Kapitel 8. Die Grundlage dieser Arbeiten bilden insb. die Ergebnisse in CRD-B.2-4 und CRD-A2 des Exzellenzclusters "Internet of Production" und Erfahrungen aus parallel durchgeführten Industrie- und Forschungsprojekten im Themenfeld Industrie 4.0.

4 Anforderungsanalyse

Requirement analysis

In diesem Kapitel werden zwei Aspekte behandelt: Zum einen werden die Ergebnisse einer Studie präsentiert, die im Rahmen dieser Arbeit unter Anwendern roboterbasierter Automatisierungsprozesse durchgeführt wurde. Hierbei werden aktuelle Assistenzlösungen zu programmiertechnischen Rekonfiguration der Prozesse untersucht und die daraus resultierenden Anforderungen an eine wissensbasierte entscheidungsunterstützende Assistenzlösung aufgeführt. Zusätzlich werden Erkenntnisse aus Industriekooperationen und branchenübergreifenden Expertengesprächen einbezogen.

4.1 Ausrichtung und Randbedingungen der Studie „Herausforderungen der Steuerungskonfiguration roboterbasierter Prozesse“

Focus and marginal conditions of the study

Die durchgeführte Studie hat zwei wesentliche inhaltliche Schwerpunkte: *Einsatz von Assistenzsystemen* und *Verwendung von semantischen Technologien* in der Steuerungsrekonfiguration roboterbasierter Prozesse. Es existieren bereits Studien auf diesem Gebiet, wie z. B. die Studien von [PAWL11], [HAUF14], [GRET14]. Jedoch sind diese veraltet und/oder konzentrieren sich ausschließlich auf den Einsatz von Wissensmanagementsystemen in Unternehmen. Darüber hinaus gibt es Studien zum Einsatz von semantischen Technologien in Unternehmen, wie z. B. [EGE15] oder Analyse deren Potentiale in [HENN21], jedoch sind aktuell keine Studien verfügbar, die den Einsatz von semantischen Technologien als Grundlage multifunktionaler Assistenzsysteme betrachten.

Die Studie wird qualitativ in Form eines strukturierten Interviews nach [HUSS13] gestaltet und besteht aus folgenden Teilen:

- Allgemeine Unternehmens und Produktinformationen;
- Produktionstechnische Details zum betrachteten roboterbasierten Automatisierungsprozess;
- Assistenzsysteme;
- Wissensmanagement;
- Einsatz semantischer Technologien.

Für die Befragung warn die Beantwortung der folgenden Fragestellungen von besonderer Bedeutung:

- **Wie häufig** muss der Prozess neu eingestellt / **rekonfiguriert** werden?

- Was sind die **Gründe für die Rekonfiguration** eines Prozesses (Produktwechsel, Prozessstörung, Produktfehler etc.)?
- Gibt es **Verbesserungspotential in** den für die Rekonfiguration geplanten Stillstandzeiten und dem **Rekonfigurationsaufwand** (Personalaufwand, Ressourcenaufwand)?
- Wie ist das **Vorgehen bei der Rekonfiguration** von Steuerungsprozessen (festgelegt/individuell, mit/ohne vorläufige Simulation)?
- Wenn Assistenzsysteme zur Rekonfiguration von Steuerungsprozessen eingesetzt werden, woran liegt deren **Assistenzleistung** (z. B. visuelle Darstellung der Zusammenhänge, Lösungsvorschläge)?
- Wie hoch soll das **Niveau der Expertise** / Qualifikation / Erfahrung des Ingenieurs sein, der die Rekonfiguration vornimmt?
- Wie wird die **Integration des Expertenwissens** in bestehende Assistenztools umgesetzt?
- Werden bereits **semantische Technologien in den Automatisierungsprozessen** eingesetzt und wenn ja, für welchen Zweck?

Aus den formulierten Forschungszielen wurden als Zielgruppe für die Befragung Experten aus produzierenden Unternehmen festgelegt, welche aktiv an der Steuerungskonfiguration automatisierter Prozesse beteiligt sind. Nach der Erstellung des Fragebogens wurden Unternehmen kontaktiert, welche für die Studie in Frage kommen. Für die Beantwortung dieser Fragen wurden zahlreiche Unternehmen mit repräsentativer Branchenrelevanz befragt, die ihre Produktion automatisieren. Die Befragungsquote betrug 10 %: Es wurden über 130 potenziell passende Unternehmen kontaktiert, woraus sich zwölf Interviews mit Experten aus der Produktion ergaben. Befragt wurden Experten aus einer Vielzahl von Unternehmen mit unterschiedlichen Größen, darunter kleine und mittlere Unternehmen mit weniger als 500 Mitarbeitern, größere Unternehmen mit 500 bis 2000 Mitarbeitern und Großunternehmen mit mehr als 2000 Mitarbeitern. Die befragten Experten kamen aus Unternehmen verschiedener Industriebranchen, darunter Automobil, Chemie und Kunststoffverarbeitung.

4.2 Allgemeine Studienergebnisse

Die Fragebögen der Interviews wurden in die Teile 1 bis 5 aufgeteilt, welche im Folgenden vorgestellt werden.

4.2.1 Teil 1: Allgemeine Angaben zum Unternehmen und Interviewpartnern

Im Rahmen der Studie wurden die befragten Unternehmen zunächst anhand der untersuchten Produktionsprozesse klassifiziert, um die Anforderungen an Assistenzsysteme zu differenzieren. Dadurch ergaben sich fünf Kategorien:

- *Roboterbasierte Klebetechnik*: Es wurden drei Unternehmen mit mind. ca. 18.000 und max. ca. 50.000 Mitarbeitern befragt, die in der Produktion Roboter zum vollautomatisierten Klebstoffauftrag auf Produkte einsetzen. Der roboterbasierte Klebstoffsauftrag steht aufgrund der Vielzahl der vorhandenen

Zusammenhänge zwischen den chemischen und physischen Prozessparametern im Mittelpunkt dieser Arbeit.

- *Roboterbasiertes Schweißen:* Es wurden drei Experten aus den Unternehmen aus KMU (ca. 25 Beschäftigte) und großen Unternehmen (GU) mit ca. 10.000 Beschäftigten befragt.
- *Allgemeine Prozessautomatisierung:* Es wurden Experteninterviews mit großen (ca. 50.000 Mitarbeiter) Herstellern von Mobilitätslösungen und Pharmabedarf durchgeführt.
- *Verfahrenstechnik:* Ein befragtes Unternehmen ist im Bereich des Anlagenbaus mit Fokus auf Verfahrenstechnik angesiedelt und produziert Automatisierungslösungen für Getränke-, Life-Science- und Lebensmittelindustrien.
- *Kunststoffverarbeitung:* Zwei befragte Unternehmen der Größe zwischen ca. 300 und 700 Beschäftigten sind auf Kunststoffverarbeitung spezialisiert.

4.2.2 Teil 2: Produktionstechnische Details zum Fertigungsprozess

Gründe für die Rekonfiguration

Der **Produktwechsel** wurde als Grund für eine Rekonfiguration am häufigsten genannt (KMU: 100 %, GU: 57 %), der im besten Fall unter einer möglichst geringen Veränderung der bestehenden Produktionsanlage geschehen solle. Am Beispiel vom roboterbasierten Klebstoffauftrag kann das bedeuten, dass die Roboterzellen baulich unverändert bleiben und lediglich durch eine neue Programmierung der Prozessparameter auf den neuen Prozess abgestimmt werden. Um den (Re-) Konfigurationsaufwand gering zu halten, ist neben der Notwendigkeit für eine anpassungsfähige Hardware des Produktionssystems auch die Anpassungsfähigkeit der Prozesssoftwarearchitektur nicht zu vernachlässigen.

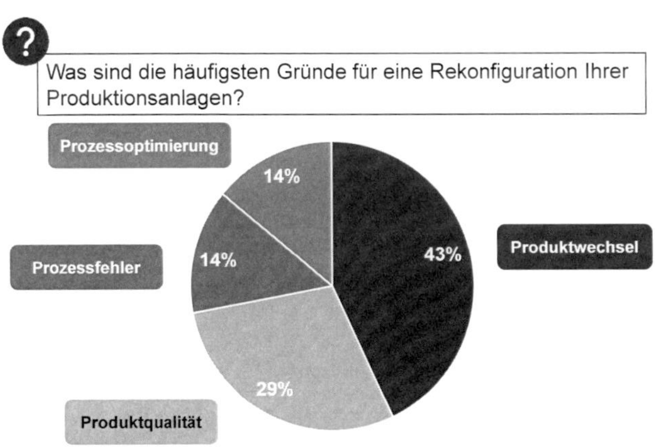

Abbildung 4.1: Gründe für eine Rekonfiguration der Produktionsanlagen

Reasons for a reconfiguration of a production plant

Ein weiterer häufig genannter Grund für die Rekonfigurationen sind aufgedeckte Produktmängel, die aufgrund von **Prozessfehlern** entstehen; darauf wird im Folgenden näher eingegangen.

Ziele der Rekonfiguration im weiteren Verlauf des Anlagenlebenszyklus können zum einen die **Erhöhung der Anzahl an produzierten Produkten** und zum anderen **eine Veränderung der Anforderungen an die Qualität** der Produkte (KMU 50 %, GU ca. 30 %) der Grund für eine Veränderung der eingestellten Prozessparameter sein. Abbildung 4.1 veranschaulicht die Ergebnisse der Umfrage.

Konfigurationsaufwand, Komplexität, Stillstandzeiten

Unabhängig von der Größe des Unternehmens sehen alle befragten Experten eindeutig Verbesserungspotential bei der Komplexitätsbewältigung der Konfiguration von Produktionsprozessen, um v. a. Stillstandzeiten zu verringern. Der Konfigurationsaufwand ist dabei hauptsächlich von der **Komplexität der Prozessparameter**, die insb. beim roboterbasierten Klebstoffauftrag sehr hoch ist, und der eingesetzten Anlage abhängig. Aus den Interviews ging die Erkenntnis hervor, dass die Möglichkeit der Offline-Programmierung die Konfigurationsstillstandzeiten im Vergleich zu Online-Programmiermethoden senken kann. Beispielhaft hierfür ist der roboterbasierte Schweißprozess bei der Fertigung von Fräswalzen zu nennen, bei dem die Konfigurationszeiten bei einem Online-Programmierverfahren bis zu zwei Wochen betragen können, während Offline-Programmierung laut einem befragten Experten ca. die Hälfte der Zeit in Anspruch nimmt. Dennoch besteht laut den Expertenaussagen auch in der Offline-Programmierung erhebliches Verbesserungspotential in Form von menschzentrierten Assistenzlösungen.

Darüber hinaus spielt die **Komplexität der Bauteile** bei der Dauer der Konfiguration des Prozesses eine größere Rolle. Ein Beispiel hierfür stellt der betrachtete Prozess des Laserschweißens dar, bei dem die Komplexität der Teile im Wesentlichen die Anzahl der benötigten Probeläufe nach der Offline-Konfiguration bestimmt.

Bei dem Beispiel des roboterbasierten Klebeprozesses in einem der großen Unternehmen wurde der **Einfluss des Mitarbeiters** auf die Komplexitätsbewältigung der Konfiguration betont. Wenn viele neue Mitarbeiter da sind oder die Fluktuation im Unternehmen hoch ist, dann ist das Know-how häufig nicht ausreichend vorhanden, um die Konfigurationen so schnell wie möglich durchzuführen. Somit ergibt sich die Notwendigkeit für wissens- bzw. erfahrungsbasierte Assistenzsysteme, die die Mitarbeiter bei der Konfiguration mit Lösungsvorschlägen unterstützen können. Aus einem anderen Interview mit einem großen deutschen Technologiekonzern für Automatisierungslösungen geht hervor, dass sich aus schnell erlernbaren und intuitiven Programmierinterfaces wesentliches Potential zur Reduktion der Komplexität der Konfiguration ergibt.

In allen befragten Unternehmen sind Experten mit einem großen Erfahrungsschatz erforderlich, um die Produktionsanlagen zu rekonfigurieren. In den großen Unternehmen sind es in den meisten Fällen interne Experten mit dem nötigem Know-how, während in kleineren Unternehmen teilweise externe Dienstleister gebraucht werden, die sich innerhalb kurzer Zeit in den konkreten Prozess einarbeiten müssen. Dadurch wird die Notwendigkeit hervorgehoben, Tools zur Verfügung zu stellen, die diese Einarbeitung ermöglichen.

Prozessfehler

Eine gemeinsame Erkenntnis aus allen Interviews lautet, dass die **Identifikation der Ursachen** für die im Prozess aufgetretenen Fehler die höchste Rekonfigurationszeit in Anspruch nimmt. Eine Expertenaussage hierzu lautet: „Stillstandzeiten sind nicht das größte Problem, sondern Fehlproduktionen. Diese Fehler werden erst beim Folgeprozess erkannt. Eine frühere Erkennung von Prozessfehlern stellt ein großes Potential dar, um Ausschüsse zu verringern“. Fehler können in allen Phasen der Inbetriebnahme ((Re-)Konfiguration) auftreten und haben verschiedene prozessspezifische Ursachen. Die Identifikation der Fehlerursachen erfordert ein genaues Verständnis des Anwenders hinsichtlich der Zusammenhänge der Prozessparameter, da vorhandene Assistenzlösungen meist nicht die Funktionalität der Lösungsvorschläge besitzen. Die häufig (90 %) genannten Gründe hierfür sind mangelnde Erfassung und Verknüpfung von Prozessdaten.

4.2.3 Teil 3: Wissensmanagement

Art des Expertenwissens und die Speicherungsmethode

Laut allen befragten Experten liegt ein Großteil des Expertenwissens implizit bei den zuständigen Mitarbeitern. Eine strukturierte Erfassung von Erfahrungswissen in Wissensmanagementsystemen gibt es in keinem der befragten Unternehmen: Jedes befragte Unternehmen nutzt lediglich herkömmliche Dokumente (Word, Excel etc.), um das Prozesswissen der Mitarbeiter festzuhalten. Für das Laserschweißverfahren wurde ein Assistenzsystem (WeldGuide) auf Basis des Erfahrungswissen entwickelt, das den Experten bei der Konfiguration des Schweißprozesses unterstützt (s. Teil 4). Für den Anlagenbau mit roboterbasierter Klebetechnik werden laut Befragten Onlinetrainings zwecks Wissensweitergabe an neue Mitarbeiter eingeführt. Darüber hinaus wurde in diesem Unternehmen ein Konfigurator eingeführt, der auf Basis der eingegebenen Anforderungen und Rahmenbedingungen der zu produzierenden Produkte eine Empfehlung für mögliche Konfigurationslösungen der Anlage gibt. Dieser Konfigurator basiert zum größten Teil auf dem gespeicherten Erfahrungswissen über die jeweiligen Klebeprozesse. Beispielhaft steht dafür folgendes Zitat: "Wenn die Anfrage des Kunden eintrifft, bekommt man die 3D-Daten des neuen Bauteils, welche in das Simulationstool der Fertigungssoftware eingespielt werden. Daraus werden direkt die Roboterbahnen konfiguriert und eine Roboterprogrammierung festgelegt, eine sogenannte Offline-Simulation. Diese wird dem Spezialisten mitgegeben, der zu dem Kunden auf die Anlage fährt. Der Mitarbeiter spielt das Update auf die Maschinen und führt Testfahrten und Optimierungen durch." Des Weiteren wird in drei befragten Unternehmen das Wissen in Form von einheitlichen Protokollen über geschehene Prozesse gespeichert, wie z. B. bei der Befüllung und Bedruckung von Infusionsbehältern in Form sog. „Instandhaltungs-Geschehens-E-Mails“, die

Aufschluss über vergangene Prozessstörungen geben. Diese stellen eine manuelle Dokumentation durch den zuständigen Mitarbeiter dar. Darüber hinaus wird das Expertenwissen in Form von kommentiertem Code in der Software gespeichert.

Interesse an der Speicherung des Expertenwissens

All die befragten Experten haben Interesse bekundet, weitere Möglichkeiten zur Speicherung des Expertenwissens aufzudecken und in der eigenen Produktion einzusetzen. Dabei können jedoch Interessenkonflikte entstehen. Während beispielsweise Werkzeugmaschinenhersteller Interesse daran haben, Erfahrungswissen der Kunden aus der Produktion mit der Maschine abzugreifen, will der Kunde jede Gelegenheit vermeiden, dieses produktionsrelevante Wissen an Wettbewerber zu verlieren. Als Ziel der Wissensspeicherung wird von einer Mehrzahl der Befragten insbesondere das Lernen aus Fehlern betont. Darüber hinaus soll das Wissen so gespeichert werden, dass die gewonnenen Erkenntnisse auf andere Prozesse übertragbar sind. Dafür hebt ein Kunststofftechnikhersteller die Notwendigkeit der strukturierten Erfassung von Erfahrungswissen hervor.

Einen der wesentlichen Treiber des Verlustes von Expertenwissen stellt laut den meisten Befragten die Fluktuation bzw. das Abwandern von Mitarbeitern dar. Dadurch wird die These nochmals bestätigt, dass das Expertenwissen zu einem erheblichen Teil lediglich in den Köpfen der Mitarbeiter gespeichert wird. Die Auswirkungen des Abwanderns von Personal wurden bei den befragten Unternehmen als unterschiedlich schwerwiegend eingeschätzt. In großen Unternehmen besteht die Möglichkeit, das fachliche Wissen „redundant“ zu verteilen, sodass mehrere Mitarbeiter durch den permanenten Austausch über eine ähnliche fachliche Kompetenz und Expertise verfügen, die nicht durch das Abwandern von einem Mitarbeiter verloren geht. In kleineren Unternehmen hingegen kann das Abwandern eines erfahrenen Experten, der häufig alleine auf seinem fachlichen Gebiet vertreten ist, einen stark spürbaren Verlust an Know-how im Unternehmen nach sich ziehen.

Herausforderungen im Wissensmanagement

Der Aufwand bei der Speicherung des Expertenwissens stellt für 57 % der Befragten die größte Hürde für den Einsatz von Wissensmanagementsystemen dar. 100 % der Befragten finden v. a. die Komplexität im Umgang mit der Gesamtheit des Wissens zu hoch.

Die Aussagen über die Komplexität des Abrufens von Wissen unterscheiden sich in Abhängigkeit des Vorhandenseins von Erfahrungen im Umgang mit Wissensmanagementsystemen und der Strukturierung des Wissens im System. Darüber hinaus wird eindeutig die Relevanz einer zuverlässigen Dokumentation der Produktionsgeschehnisse betont, die häufig aufgrund fehlender Zuverlässigkeit der Mitarbeiter nicht ausreichend gegeben ist.

4.2.4 Teil 4: Assistenzsysteme

Verwendete Assistenzsysteme

Die befragten Experten brachten Beispiele für Assistenzsysteme, die v. a. dafür ausgelegt sind, visuelle Assistenz bei der Konfiguration von Produktionsprozessen leisten zu können. Im Bereich der Klebetechnik kommt z. B. meistens ein Assistenztool zum Einsatz, mit dessen Hilfe Bauteil, Roboter und Roboterzelle in 3D nachgebildet werden können, sodass man das entstandene Modell als Grundlage für die Konfiguration der Steuerung nutzen kann. Das Tool bietet somit Funktionalitäten des Kollisionstests, der Ermittlung von Taktzeiten und der Überprüfung von Roboterkinematik. Es bietet noch keine Lösungsvorschläge für Konfigurationen, indem es eine Kombination notwendiger Parameter herausgibt o. ä., wobei an dieser Entwicklung bereits gearbeitet wird. Des Weiteren gibt es für die Planung der Anlage beim roboterbasierten Kleben einen Anlagenkonfigurator, in den die Eckdaten des Prozesses (Bauteilmaße, Material, Bearbeitungsprozess) eingegeben werden können, um eine Empfehlung für mögliche Anlagenkomponenten (Roboter, Werkzeuge) zu geben.

Für die Konfiguration des betrachteten Laserschweißprozesses wird ein visuelles Prozessführungssystem verwendet, das in der Lage ist, Echtzeit-Schweißinformationen auf das Werkstück zu projizieren, um den Bediener bei der genauen Ausführung des Schweißvorgangs zu unterstützen. Somit stellt das Tool ein Beispiel für ein sensorisches Assistenzsystem dar, das die visuelle Wahrnehmung des Anwenders unterstützt, jedoch keine kognitive Entscheidungsunterstützung leistet (s. Kap. 2.2.3).

Assistenzleistungen in Form von Prozesssimulationen werden bereits bei 70 % der befragten Unternehmen eingesetzt. Der Prozess des Spritzgießens wird z. B. vor dem Bau des Spritzgießwerkzeugs simuliert, wodurch eine Visualisierung eines sonst nicht einsehbaren Prozesses im geschlossenen Werkzeug ermöglicht wird. Darüber hinaus werden Qualitätsüberwachungssysteme flächendeckend eingesetzt, die in den Augen der befragten Experten zu Assistenzsystemen zählen. Ein Beispiel hierfür stellt die optische Nahtüberwachung bei einem Schweißprozess dar. Bei diesen Systemen werden jedoch lediglich die Fehler dokumentiert, während deren Ursachen nicht vom System erkannt werden.

Zusammenfassend lässt sich festhalten, dass die in den Unternehmen eingesetzten Systeme meist lediglich visuelle Unterstützung der Konfiguration leisten. Darüber hinaus gehören diese zu der sensorischen bzw. wahrnehmungsunterstützenden, jedoch kaum zu der kognitionsunterstützenden Assistenz.

Darstellen von Prozessparameterzusammenhängen

Kontextbasierte Verknüpfung von Prozessparametern bildet die Grundlage für wissensbasierte Assistenzsysteme. Aus den Experteninterviews kam hervor, dass die Zusammenhänge initial in den Simulationstools abgebildet werden.

Die befragten Experten sind sich einig, dass die Abbildung der Prozessparameterzusammenhänge unzureichend bleibt. Meistens ist dafür zum einen komplexen Sensorik zur Erfassung der Daten notwendig, zum anderen Wissensmanagementsysteme zur Speicherung der erfassten Daten und des dazugehörigen Wissens des Prozessbedieners. Solche Systeme sind aktuell in der Industrie kaum anzutreffen. Im Bereich der Schweißtechnik kommen laut Expertenaussagen sensorbasierte Assistenzleistungen häufig zum Einsatz, z. B. zur Erkennung von Stromschwankungen, die jedoch ein Beispiel für Online-Assistenz darstellen.

Roboterbasierte Klebeprozesse zählen laut Experten zu den komplexesten Automatisierungsprozessen hinsichtlich (Re-)Konfiguration. Meistens können hier die Zusammenhänge, wie beispielsweise die Temperatur- und Druckabhängigkeit des Klebstoffaushärtens nicht zur Zufriedenheit der Ingenieure abgebildet werden, sodass Try-and-Error-Methodiken bei der Konfiguration verwendet werden. Im Bereich des Spritzgießens können die Parameter vergleichsweise besser überwacht werden: So kann beispielsweise in den Anlagen, welche über Sensoren für die Werkzeuginnendruckmessung verfügen, über den Zusammenhang des Staudrucks und der Viskosität des Kunststoffes im Prozess die Temperatur automatisiert geregelt werden. Die Parameter neben der Temperatur blieben hier jedoch unberücksichtigt und müssen ebenso nach dem Try-and-Error-Prinzip eingestellt werden.

Ebenfalls in der Verfahrenstechnik muss der Anlageningenieur die Zusammenhänge der Parameter vor der Konfiguration der Maschine abschätzen können und dementsprechend die Regelungssysteme einstellen. Zur Identifikation der Zusammenhänge wird dabei die statistische Methode „Design of Experiments“ eingesetzt. *Design of Experiments* (DOE) ist ein systematischer Ansatz, bei die Gesamtheit der Faktoren identifiziert wird, die einen Einfluss auf das zu untersuchende System haben können. Im Fall einer Prozesskonfiguration können diese Faktoren beispielsweise Prozessparameter und -einstellungen oder Umweltbedingungen sein. Das Ziel des DOE besteht darin, eine Reihe von Experimenten zu gestalten, bei denen die möglichen Einflussfaktoren systematisch in deren Werten variiert werden, um die Auswirkungen verschiedener Konstellationen auf das Ergebnis zu beobachten. Durch die Anwendung statistischer Methoden wie z. B. DOE können Muster, Trends und signifikante Faktoren identifiziert werden [KLEP20]. Nichtsdestotrotz bleibt DOE eine zeit- und ressourcenintensive Methode mit einem wesentlichen Verbesserungspotential.

Potentiale von Assistenzsystemen

Alle befragten Experten sehen großes Potential im Einsatz von kognitionsunterstützenden Systemen zur Reduktion des Konfigurationsaufwands bei der Offline-Programmierung der Automatisierungsprozesse. Eine mögliche Verbesserung durch Assistenzsysteme könnte z. B. darin bestehen, dass die Anzahl der Probeläufe nach der Rekonfiguration reduziert wird. Bei offline programmierten Prozessen sind die Stillstandzeiten für die Rekonfiguration bereits gering, jedoch können diese durch eine Reduktion der Probeläufe noch wesentlich reduziert werden, um den Kostenfaktor zu senken. Ein weiteres Optimierungspotential der Rekonfiguration durch Assistenzsysteme könnte in der Einführung neuer Produktvarianten bestehen, indem auf die Erfahrung von ähnlichen Produkten zurückgegriffen werden kann.

Darüber hinaus besteht laut mehreren Experten Verbesserungspotential darin, die Handhabung der Assistenzsysteme für den Anwender zu vereinfachen. Der Umgang mit den meisten der im Rahmen der Studie betrachteten Systemen erfordert eine gründliche Einarbeitung und tiefe Prozess- und Steuerungskenntnisse, um das Tool effektiv nutzen zu können. Der Einsatz von intuitiveren Assistenzsystemen soll laut 30 % der Befragten die Offline-Programmierung vereinfachen und beschleunigen. Darüber hinaus besteht das Potential der Assistenzsysteme zur Verkürzung der (Re-) Konfigurationszeiten darin, dass die Prozessdaten automatisiert in das System eingebunden werden. Dafür ist die Integration des Assistenzsystems in bestehende IT-Architektur des Unternehmens, was in wenigen Fällen in großen Unternehmen, jedoch kaum in den kleinen Unternehmen der Fall ist.

Integration von Expertenwissen in Assistenzsysteme

Die Integration von Expertenwissen in bereits bestehende Assistenzsysteme bleibt für alle befragten Unternehmen eine Herausforderung. Das in Teil C beschriebene Programm zur Konfiguration von Schweißprozessen WeldGuide bietet z. B. keine direkten Eingabemöglichkeiten für das neu gewonnene Wissen, basiert jedoch auf dem zuvor eingespeicherten Erfahrungswissen der Prozessanwender. Im Beispiel des roboterbasierten Klebstoffauftrags werden die Prozess- und Versuchsdaten in Datenbanken gespeichert, sodass das menschliche Expertenwissen nur implizit durch die Struktur und Zusammenhänge der Dateneinträge in der Datenbank vorhanden ist. Die verwendeten Assistenzsysteme zur Konfiguration beziehen sich auf diese Datenbanken, sodass die Integration des Expertenwissens in diese als gering eingestuft werden kann.

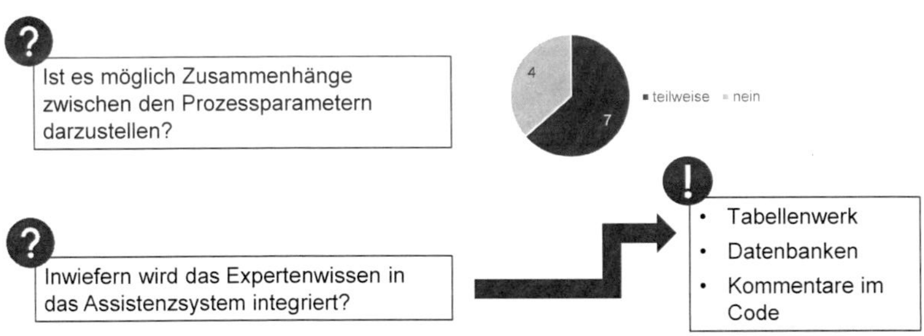

Abbildung 4.2: Teilergebnisse der Studie zu eingesetzten Assistenzsystemen

Partial results of the study on assistance systems used

Des Weiteren erwähnen zwei Experten, dass das menschliche Expertenwissen in Form von kommentiertem Code im Assistenzsystem gespeichert wird. Dazu ist jedoch eine Software-Struktur des Assistenzsystems notwendig, die Kommentare im Code zulässt.

Zusammenfassend lässt sich festhalten, dass das Expertenwissen bei keinem der befragten Unternehmen aktiv in vorhandene Assistenzsysteme integriert wird oder werden kann. Abbildung 4.2 fasst die Kernergebnisse des Umfrageteils zu den in den befragten Unternehmen eingesetzten Assistenzsystemen zusammen.

4.2.5 Teil 5: Einsatz semantischer Technologien

Aus den durchgeführten Experteninterviews geht hervor, dass der Einsatz semantischer Technologien in der Produktion noch wenig verbreitet ist: Lediglich einer der befragten Experten aus einem GU gibt an, zu wissen, worum es sich bei semantischen Technologien handelt und welche Potentiale diese Technologie bietet. Gleichzeitig gibt es in mehreren Unternehmen Bestrebungen, vorhandene Maschinendaten mit Kontext anzureichern, indem die Zusammenhänge zwischen den Prozessparametern aufgestellt werden. In einem der befragten Unternehmen mit fast 40.000 Mitarbeitern werden bereits semantische Technologien für rechtliche Sachverhalte, wie z. B. Produktdaten und Konformitäten einsetzt. In diesem Unternehmen gibt es ebenso bereits Versuche, semantische Technologien für die Konfiguration von Produktionsprozessen einzusetzen.

4.3 Allgemeine und funktionale Anforderungen an ein wissensbasiertes Assistenzsystem

General and functional requirements to a knowledge-based assistance system

Im Folgenden sollen die Gesamtergebnisse der Studie diskutiert werden, aus denen die allgemeinen und funktionalen Anforderungen an wissensbasierte Assistenzsysteme abgeleitet werden. Dafür werden die Anforderungen in zwei Kategorien zusammengefasst: Anforderungen an die Wissensmanagementkomponente (als Kern des zu entwickelnden Assistenzsystems) und Assistenzsysteme. Die einzelnen Merkmale der Wissensmanagement- und Assistenzsysteme werden in Anlehnung an das Kano-Modell [SAUE00] in Basis- und Begeisterungsmerkmale aufgeteilt. Dabei wird eine Vereinfachung getroffen, indem Leistungsmerkmale nicht definiert werden. Darüber hinaus werden die Merkmale in funktionale und nichtfunktionale Anforderungen aus dem Requirements-Engineering aufgeteilt. Funktionale Anforderungen sind dabei zuständig für die Festlegung des Funktionsumfangs des auszulegenden Systems. In Anlehnung an [OBDE17] werden in dieser Arbeit die Qualitätsanforderungen und Randbedingungen zu nichtfunktionalen Anforderungen zusammengefasst. Qualitätsanforderungen beeinflussen maßgeblich die Systemauslegung, indem sie die gewünschte Systemqualität festlegen. Randbedingungen sind eher als Einschränkung zu verstehen und lassen sich sowohl bzgl. des Systems als auch bzgl. des Systementwicklungsprozesses festlegen [CHEM13].

Anforderungen an das Wissensmanagement im Assistenzsystem

Die Speicherung und ggf. Weitergabe von vorhandenem Expertenwissen wird von allen Befragten zweifellos als eine wichtige Anforderung an ein wissensbasiertes Assistenzsystem angesehen. Die Hälfte der Befragten bewertet diese Eigenschaft als ein Basismerkmal des Assistenzsystems, während die andere Hälfte darin einen Grund zur Begeisterung sieht. Die Speicherung von Expertenwissen wird unabhängig von der Größe des beteiligten Unternehmens als eine kritische fehlende Eigenschaft angesehen, wodurch die These bestätigt wird, dass Wissensmanagementsysteme noch kaum Zugang in deutsche Unternehmen gefunden haben.

Die Möglichkeit zur Ableitung neuer Prozessparameterzusammenhänge stellt ein eindeutiges Beispiel für ein Begeisterungsmerkmal für den Großteil der Befragten dar. Diese Erkenntnis geht Hand in Hand mit der in den durchgeführten Interviews bestätigten Hypothese, dass die aktuell am Markt vorhandenen Assistenzsysteme kaum auf neue Prozesserkenntnisse hinweisen können. Herausfordernd bei der Umsetzung der Anforderung bleibt die Schaffung des Vertrauens des Assistenzsystemanwenders in die neu generierten Zusammenhänge. Die meisten befragten Experten geben zu, die automatisch abgeleiteten Erkenntnisse der Assistenzsysteme überprüfen zu wollen. Daraus ergibt sich die Notwendigkeit der Transparenz der Assistenzsystemwirkweise.

Des Weiteren gehört die Möglichkeit der Speicherung der Gesamtheit des vorhandenen Prozesswissens in eine einheitliche Datengrundlage den Begeisterungsmerkmalen des zu entwickelnden Assistenzsystems. Aus den Interviews geht hervor, dass in der Konfiguration eines Automatisierungsprozesses häufig viele Mitarbeiter involviert sind, die sich zudem in mehreren Datensystemen auskennen sollten, da das Wissen nicht einheitlich gespeichert wird, sondern in Bruchteilen an unterschiedlichen Orten abliegt. Eng verbunden mit dieser Anforderung ist die gewünschte Eigenschaft der Wissensmanagementsysteme, externe Wissensquellen einzubinden. Darunter verstehen die befragten Experten vor allem prozessinterne Datenquellen wie z. B. die Struktur der Steuerungsablaufkette.

Weitere Begeisterungsmerkmale bzw. gewünschte Eigenschaften von Wissensmanagementsystemen sind ein intuitives User-Interface und die Möglichkeit der Schulung von Mitarbeitern. In anderen Worten sollen die Wissensmanagement- bzw. auch Assistenzsysteme menschzentriert bleiben, sodass die Mitarbeiter im vollen Umfang von diesen profitieren können, jedoch nicht ersetzt werden. Im Gegensatz zu vollautomatisierten Systemen ist die Unterstützung und Führung des Anwenders der Sinn von Assistenzsystemen (s. Kapitel 2.2).

Darüber hinaus stellt die Maschinenlesbarkeit des Wissens ein Begeisterungsmerkmal für die meisten Befragten dar. Darunter wird verstanden, dass das Expertenwissen, das heutzutage meistens lediglich bei den Mitarbeitern verbleibt (s. o.), in eine digitale Medienform transformiert wird.

Zusammenfassend lässt sich festhalten, dass die Wissensmanagementkomponente des Assistenzsystems vor allem folgenden Eigenschaften aufweisen soll:

- Möglichkeit zur Speicherung des Expertenwissens (Basis/Begeisterung);
- Einheitliche Datengrundlage (Begeisterung);
- Möglichkeit zur Ableitung neuer Prozesszusammenhänge (Begeisterung);
- Möglichkeit zur Speicherung der Gesamtheit des Prozesswissens, samt Einbindung externer Wissensquellen (Begeisterung);
- Benutzerfreundlichkeit in Form von einem intuitiven User-Interface und Nutzung des Wissensmanagementsystems zu Schulungszwecken (Begeisterung);
- Digitalisierung/Maschinenlesbarkeit des vorhandenen Wissens (Begeisterung).

Die überwiegende Anzahl der Begeisterungsmerkmale über den Basismerkmalen bestätigt die These, dass Wissensmanagementsysteme in Unternehmen noch kaum angekommen sind. Diese Systeme werden noch nicht als selbstverständlich, sondern als eine Innovation angesehen und positiv betrachtet.

Anforderungen an Assistenzsysteme

Die Funktionalität des Assistenzsystems, Prozesskonfiguration bzw. -programmierung zu vereinfachen, stellt den Rückmeldungen zufolge die am meisten gewünschte Eigenschaft dar. Auffällig ist die Tatsache, dass diese Systemeigenschaft keinem der Befragten gleichgültig ist. Eng damit verbunden sind die Möglichkeit zur Verringerung des Konfigurationsaufwands, der Stillstandzeiten, des Wartungsaufwands und der Fehler bei den Inbetriebnahmen. Diese Assistenzsystemeigenschaften sind Begeisterungsmerkmale der wissensbasierten Assistenzsysteme in den Augen von 60 % der befragten Experten, wobei die Möglichkeiten zur Verringerung des Konfigurationsaufwands und der Stillstandzeiten ebenfalls zu den Basismerkmalen gezählt werden können. Erwähnenswert ist die Unabhängigkeit dieser Aussagen von der Größe des Unternehmens: Sowohl KMU als auch große globale Unternehmen haben den Umfrageergebnissen nach noch nicht das bestehende Verbesserungspotential in der Reduktion der konfigurationsbedingten Stillstandzeiten ausgeschöpft. Trotz der Erkenntnis, dass die Stillstandzeiten bei offline programmierten roboterbasierten Prozessen deutlich geringer sind als bei online programmierbaren Prozessen, besteht auch hier Handlungsbedarf, insb. in kostenintensiven Produktionen wie z. B. in der Automobilproduktion [SCHU20b].

Übereinstimmend mit den Ergebnissen der Anforderungsanalyse zur Wissensmanagementkomponente haben ein intuitives User-Interface und eine geringe Bedienkomplexität einen größeren Wert in den Augen der Experten und zählen zu den Begeisterungsmerkmalen, wobei sich geringe Bedienkomplexität an der Schwelle zu Basismerkmalen befindet. Die Wichtigkeit der Menschzentrierung des zu entwickelnden Assistenzsystems wird hierdurch nochmal bestätigt.

Weitere Begeisterungsmerkmale sind die Verknüpfung von Prozessparametern im System und die darauf aufbauende Eigenschaft des Assistenzsystems, Lösungsvorschläge für die Konfiguration zu generieren. Aus den Ergebnissen der Studie folgt, dass diese Funktionalität in den in den Unternehmen vorhandenen Assistenzsystemen kaum vorhanden ist. Diese Eigenschaft geht Hand in Hand mit der Möglichkeit des Assistenzsystems, weitere Automatisierungspotenziale des zu konfigurierenden Produktionsprozesses aufzudecken, die 80 % der Experten zu einem Begeisterungsmerkmal zählen. Lösungsvorschläge des Assistenzsystems, die auf den logisch verbundenen Parameterzusammenhängen basieren, ermöglichen das Aufdecken neuer Automatisierungspotenziale und somit ggf. auch eine folgende automatische Prozessoptimierung. Automatische Prozessoptimierung stellt für die Hälfte der Befragten ein Basis-, für die andere Hälfte der Befragten ein Begeisterungsmerkmal des Assistenzsystems dar. Im Rahmen dieser Arbeit wird diese Systemfunktionalität als eine mögliche Erweiterung der aufzubauenden Systemarchitektur angesehen und wird daher nicht explizit verfolgt.

Eine weitere begeisternde Systemeigenschaft ist die Möglichkeit der Integration des Assistenzsystems in bereits bestehende IT-Architekturen des Unternehmens. Laut einem der Befragten kann dadurch erst die Gesamtheit des vorhandenen Prozesswissens abgebildet werden. Darüber hinaus ermöglicht die Einbindung in bestehende Systeme die Nutzung vorhandener APIs und Schnittstellen, z. B. zu den Datenbanken mit historischen Daten über vergangene Prozesse, wodurch der Erfahrungstransfer auf neue Prozesse ermöglicht wird.

Die Möglichkeit zur Speicherung des Expertenwissens zählt ebenfalls laut den Expertenmeinungen zu den Begeisterungsmerkmalen des Assistenzsystems und wird daher als Kernbestandteil dieser Arbeit angesehen (s. o.).

Darüber hinaus wird die Simulation des zu konfigurierenden Prozesses im Assistenzsystem als Basismerkmal angesehen. Diese Eigenschaft ist bereits in den meisten betrachteten, bereits anwendbaren Systemen wie z. B. WeldGuide integriert und steht daher nicht im Fokus dieser Arbeit.

Aus den beschriebenen Erkenntnissen ergibt sich folgende Zusammenfassung notwendiger Systemeigenschaften, aufgeteilt in Basis- und Begeisterungsmerkmale:

- Unterstützung bei der Prozesskonfiguration und -programmierung (Begeisterung);
- Lösungsvorschläge für die Konfiguration (Begeisterung);
- Verringerung des Konfigurationsaufwands (Begeisterung + Basis);
- Integration in bestehende Systeme (Begeisterung);
- Verringerung der Stillstandzeiten und Fehler bei der Inbetriebnahme (Begeisterung);
- Logische Verknüpfung von Prozessparametern (Begeisterung);
- Integration von Expertenwissen (Begeisterung);

- Benutzerfreundlichkeit durch ein intuitives User-Interface und geringe Bedienkomplexität (Begeisterung).

4.4 Zusammenfassung und Bewertung der Anforderungsanalyse

In diesem Kapitel wurden wesentliche Voraussetzungen basierend auf den Ergebnissen einer durchgeführten Industriestudie bestehend aus Experteninterviews und einer Analyse relevanter Veröffentlichungen beschrieben und erörtert. Es konnten zahlreiche funktionale und nichtfunktionale Aspekte sowohl für die Wissensmanagementkomponente als auch für den Aufbau eines wissensbasierten Assistenzsystems abgeleitet werden. Bei der Auswertung ist zu beachten, dass viele funktionale Anforderungen erst aus der spezifischen Anwendung entstehen und daher nur teilweise allgemein formuliert werden können. An dieser Stelle sollen daher diese spezifischen Anforderungen nicht weiter detailliert werden.

Eine Zusammenfassung der Gesamtergebnisse der Umfrage ist in Tabelle 4.1 zu finden, in der die Anforderungen in Basis- und Begeisterungsmerkmale und funktionale und nicht funktionale Anforderungen unterteilt sind.

Tabelle 4.1: Zusammenfassung und Bewertung aller Anforderungen

Summary and evaluation of all the solution requirements

Anforderungen	Basis / Begeisterung	funktional (f) nicht-funktional (nf)
Wissensmanagement		
Speicherung Expertenwissen		f
Einheitliche Datengrundlage		nf
Ableitung neuer Prozesszusammenhänge		f
Speicherung Prozesswissen (inkl. externe Wissensquellen)		f
Benutzerfreundliches User-Interface		nf
Digitalisierung des vorhandenen Wissens		f
Assistenzsysteme		
Unterstützung bei der Prozesskonfiguration		f
Lösungsvorschläge für die Konfiguration	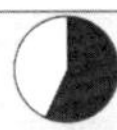	f
Verringerung Konfigurationsaufwand		nf
Integration in bestehende Systeme		nf
Verringerung der Stillstandzeiten (bei Inbetriebnahme)	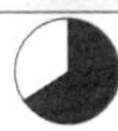	nf
Logische Verknüpfung von Prozessparametern		nf
Integration von Expertenwissen		f
Benutzerfreundliches User-Interface		nf

5 Konzeptentwicklung eines ontologiebasierten Wissensmanagementsystems

Auf Basis der Analyse der aktuellen Ansätze ontologiebasierter Entscheidungsunterstützungssysteme in der Forschung und Industrie sowie einer durchgeführten Studie zur Herleitung der Anforderungen bildet die Konzeption eines Wissensmanagementsystems den Schwerpunkt dieser Arbeit. Dazu wird zunächst die Spezifikation der Gestaltung (des Designs) des zu entwerfenden Wissensmanagementsystems (A in Abbildung 3.1) in Kapitel 5.1 vorgestellt. Darauf folgt eine Beschreibung der Anbindungsmöglichkeiten an prozessinterne Informationsquellen (B und C) in Kapitel 5.2. Abschließend wird in Kapitel 5.3 ein Ausblick auf Integrationsmöglichkeiten in übergreifende Wissensnetzwerke gegeben.

5.1 Spezifikation und Design des Wissensmanagementsystems – A

Specification and design of the knowledge management system

Basierend auf den Erkenntnissen vorangegangener Kapitel wird die Modellspezifikation des Wissensmanagementsystems (WMS) als Kern der Assistenzlösung vorgenommen. Die Vollständigkeit, Granularität und der Problembezug der Informationen, die im WMS abgebildet sind, beeinflussen maßgeblich die Güte der Optimierungsleistung, die darauf basiert. Eine unvollständige oder überbestimmte Datengrundlage stellt einen wahrscheinlichen Grund für falsche Optimierungsergebnisse dar und soll vermieden werden. Zur Bildung einer geeigneten Grundlage für die Assistenzlösung werden Anforderungen an die Gestaltung eines ontologiebasierten WMS identifiziert, die im Folgenden beschrieben werden.

- *Standardisierung:* Das zu entwickelnde WMS soll auf bestehenden Standards aufbauen, die in Kapitel 2 vorgestellt worden sind. Durch einen standardisierten Aufbau wird die Verwendbarkeit für eine größere Anzahl der Anwendungsfälle verwandter Domänen ermöglicht.
- *Modularität:* Die Wiederverwendbarkeit wird ebenfalls durch einen modularen Aufbau des Systems begünstigt, indem die Module unterschiedliche Funktionalitäten bzw. Eigenschaften des Systems abbilden und anwendungsspezifisch zusammengestellt werden können.
- *Integrationsschnittstellen*: Für eine nahtlose Einbindung in die bestehende IT-Architektur des Unternehmens, deren Relevanz im Stand der Technik und Forschung betont wurde, soll das zu entwickelnde WMS über verschiedene Schnittstellen verfügen. Das System soll in der Lage sein, sowohl eine Anbindung an prozessinterne als auch an prozessexterne Informations- bzw. Wissensquellen zu haben.
- *Optimierungseignung*: Die Struktur des WMS, das als Grundlage für ein kognitives EUS verwendet wird, soll eine für die Optimierungsalgorithmen der Assistenz geeignete Struktur besitzen.

- *Kontextabhängige Granularität*: Das WMS soll den vorliegenden Anwendungsfall (hier: den Kontext) in einer Detailtiefe beschreiben, die für die Datengrundlage der Optimierung genau ausreicht und diese nicht übersteigt. Eine viel zu hohe oder eine viel zu niedrige Detailtiefe machen ein Wissensmodell ungeeignet als Datengrundlage für ein Optimierungsproblem, dadurch, dass das Modell entweder überdimensioniert oder unvollständig beschrieben wird.
- *Möglichkeit zur Einbindung vom Expertenwissen*: Das Wissensmanagementsystem soll über eine Möglichkeit verfügen, das vorhandene Expertenwissen abzubilden, wobei dieses Wissen als problemrelevant annotiert und validiert werden soll.
- *Erweiterbarkeit:* Zwecks Aktualität und Wiederverwendbarkeit soll das Wissensmanagementsystem durch neues Wissen in Form von Modellmodulen, neuen Metainformationen und neuen Datenpunkten erweiterbar sein.

Die zentralen Anforderungen der *Modularität, Erweiterbarkeit, kontextabhängigen Granularität und Einbindung in bestehende Wissensstrukturen* können dadurch erfüllt werden, dass das WMS in die in Kapitel 2.4 beschriebene Ontologienhierarchie eingebunden wird. Dadurch ergibt sich die Struktur des Gesamtsystems, die in Abbildung 5.1 gezeigt wird. Die Bestandteile des WMS sind in blau dargestellt und den notierten Unterkapiteln zugeordnet.

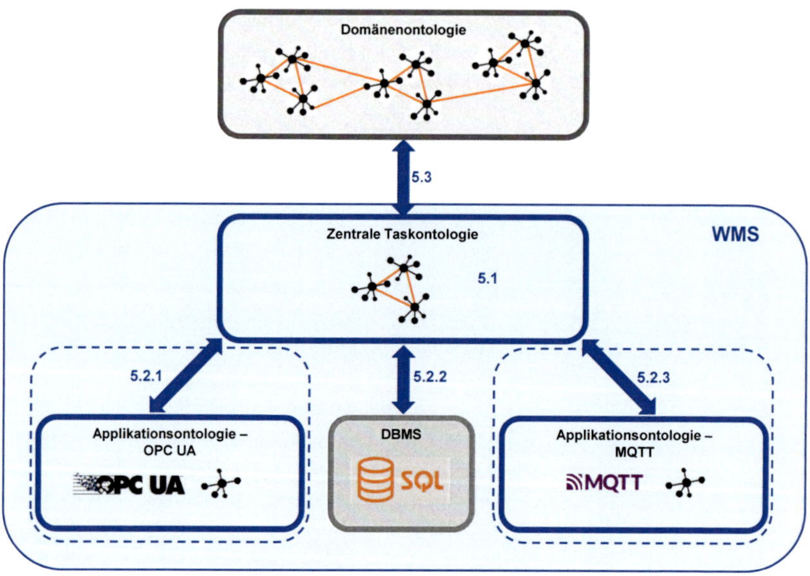

Abbildung 5.1: Architektur des Wissensmanagementsystems

Architecture of the knowledge management system

Das Kernstück des Wissensmanagementsystems bildet die zentrale Taskontologie, die einer bestimmten Aufgabe (engl. *Task*) zugeordnet ist, nämlich der Assistenz bei der Offline-Programmierung eines roboterbasierten Prozesses. Die Taskontologie basiert auf Applikationsontologien für dazugehörige Anwendungen (engl. *Application*), die im Fall eines roboterbasierten Prozesses Schnittstellen zu prozessinternen Datenquellen wie z. B. vorhandenen Datenbanken, Prozessketten und Informationsmodellen darstellen, wie in Kapitel 5.2 näher erläutert wird. Darüber hinaus verfügt die zu entwickelnde Taskontologie über Schnittstellen zu höher angesiedelten Domänenontologien, die in Kap. 5.3 beschrieben werden.

Mit dem beschriebenen Aufbau wird die *Modularität* erreicht, indem das WMS aus mehreren unabhängigen, aber zusammenhängenden Modulontologien besteht. Dem System können weitere Module hinzugefügt werden, z. B. im Fall der Anbindung von neuen prozessinternen Wissensquellen, sodass das System erweiterbar ist. Die Trennung der vorhandenen Daten in aufeinander aufbauende Ebenen ermöglicht die *Granularität* und problembezogene *Kontextabhängigkeit* der Module (Ontologien) des Gesamtsystems, sodass diese den mindestnotwendigen Detailgrad an Informationen haben, diesen jedoch nicht durch überflüssige Informationen übersteigen. Diese Informationen können in den Ontologien anderer Level abgebildet werden, zu denen sie gemäß deren Inhalt gehören. Die *Einbindung in bestehende Wissensstrukturen* wird durch die horizontal ausgerichteten Schnittstellen der Taskontologien zu den Applikations- und Domänenontologien angestrebt. Der Aufbau der zentralen Taskontologie wird in Kapitel 5.1.1 beschrieben.

5.1.1 Aufbau der zentralen Taskontologie

Bei der Gestaltung der Taskontologie als zentralen Bestandteil des WMS sollen insb. die Anforderungen der *Standardisierung, Optimierungseignung und Möglichkeit zur Einbindung des Expertenwissens* zu berücksichtigen, da diese im Aufbau des Gesamtsystems nur unzureichend abgebildet werden können. Dafür wird eine auf den Standards SUMO, CORA, POS und TIME Ontologien basierende Ontologie entwickelt.

Der Aufbau der Ontologie wird mithilfe der verwendeten Standards (s. Kapitel 2.4.4) in folgende Beschreibungsmodelle unterteilt:

- Allgemeine Komponentendefinitionen (SUMO);
- Roboterbasierte Prozesse (CORA);
- Komponentenbewegung (POS);
- Zeitliche Abhängigkeiten (TIME);
- Anwendungsspezifische Modellerweiterungen (z. B. Klebeprozesskomponenten).

Im Folgenden werden die Modellbestandteile der zentralen Taskontologie im Detail vorgestellt.

Allgemeine Komponentendefinitionen mit SUMO

Die Task-Ontologie baut auf der *Suggested Upper Merged Ontology* (SUMO) auf, die allgemeine Definitionen und Vokabular enthält und als Grundlage für domänenspezifische Ontologien verwendet wird [NILE01], [LIPP20]. Mithilfe von SUMO ist es möglich, durch einheitlich definierte Begriffe eine wiederverwendbare

Basis für verschiedene domänen- bzw. anwendungsfallspezifische Ontologien zu schaffen [PEAS02]. Der Aufbau der SUMO-Ontologie ist in Abbildung 2.10 zu sehen.

Beschreibung eines roboterbasierten Prozesses mit CORA

Wie in Kapitel 2.4.3 beschrieben, bildet SUMO eine allgemeine Grundlage für eine wiederverwendbare Ontologie auf, die durch ein domänenspezifisches Ontologiemodul erweitert werden muss, um für einen Anwendungsfall aus dem Bereich Produktionstechnik verwendet werden zu können. Ziel dieser Arbeit ist eine domänenspezifische Beschreibung roboterbasierter Prozesse, daher wird als Erweiterung der SUMO-Ontologie der *Core Robotics and Automation (CORA)*-Standard gewählt. Dabei werden die in Kapitel 2.4.3 beschriebenen wesentlichen Klassen von SUMO um domänenspezifische CORA-Klassen Robotic System, Device, Robot und Robot Group erweitert, wie in Abbildung 5.2 dargestellt.

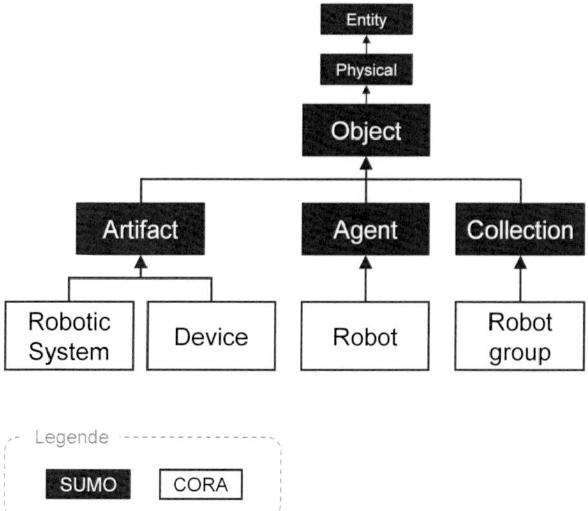

Abbildung 5.2: SUMO- und CORA-Module der Taskontologie

SUMO and CORA modules of the task ontology

Beschreibung der Bewegungsabläufe mit POS

Des Weiteren wird die zentrale Taskontologie um die Konzepte der *Positioning (POS) Ontology* erweitert (s. Abbildung 5.3). Durch die Einführung des *PositionMeasure* wird die Klassifikation eingeleitet. Diese Klasse spezifiziert die *PhysicalQuantity* und beschreibt, dass ein Objekt an einem bestimmten Messpunkt platziert ist. Ein Objekt kann dabei beliebig viele Messpunkte haben und sowohl Positionspunkte (quantitative Messung) als auch Positionsregionen (qualitative Messung) beinhalten [IEEE15]S. 28-30]. Jedem Positionspunkt wird ein spezifisches Koordinatensystem zugeordnet, das ebenfalls eindeutig dem dazugehörigen Objekt zugeordnet ist [FIOR15], S. 7f.]. Laut [FIOR15] ist häufig eine Transformation dieser Koordinaten mit

Transformationsmatrizen notwendig, z. B. zwecks Umrechnung von einem lokalen auf ein globales Koordinatensystem.

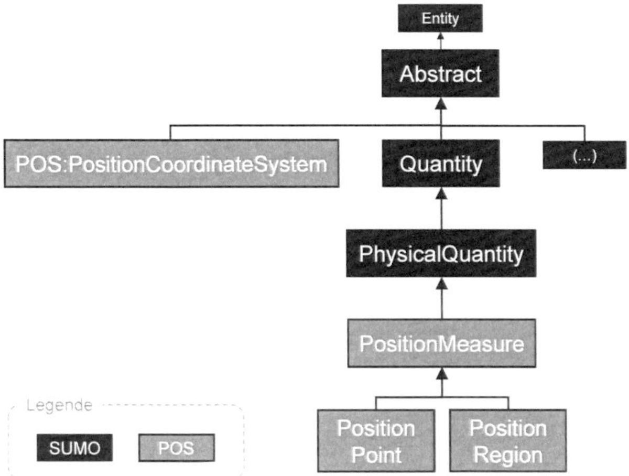

Abbildung 5.3: SUMO- und POS-Module der Taskontologie

SUMO and POS modules of the task ontology

Beschreibung der zeitlichen Abhängigkeiten mit TIME

Bei der Integration der TIME in die Task-Ontologie (s. Abbildung 5.4) ist erheblich, dass die Logik der Überklassen der Ontologie, die überwiegend aus dem SUMO-Konzept stammen, nicht verletzt wird. Durch die Tatsache, dass die Zeit keine inhärenten räumlichen Merkmale besitzt, wird sie der Kategorie *Abstract* zugeordnet. Die Klasse *temporalEntity* wird als übergeordnete Klasse in der TIME-Ontologie ebenfalls unter *Abstract* eingeordnet. Die Unterklassen stellen somit eine zeitliche Instanz und ein zeitliches Intervall dar. Die Klasse *ProperInterval* ist eine Unterklasse des Intervalls.

Das Intervall erweitert das Konzept einer Instanz und ermöglicht die Integration von Beschreibungen der Instanzen in Intervalle. Diese werden daraufhin als Subklasse des *ProperIntervalls* dargestellt. Das *ProperInterval* repräsentiert ein spezifisches Intervall, das die grundlegende Funktionalität jedes Prozesses beschreibt und diesen in weitere Intervalle aufteilen kann. Darüber hinaus ist das *DateTimeInterval* eine weitere Subklasse des Intervalls, die das Datenformat *DateTime* gemäß der ISO 8601 ins Modell integriert. Jede der vorgestellten Subklassen verfügt über mindestens eine Relation in Form einer *Object*- oder einer *Datatypeproperty*. Dabei beschreibt die

ObjectProperty Beziehungen zwischen Objekten und die *DataProperty* ordnet den Objekten konkrete Literale als Datenpunkte zu.

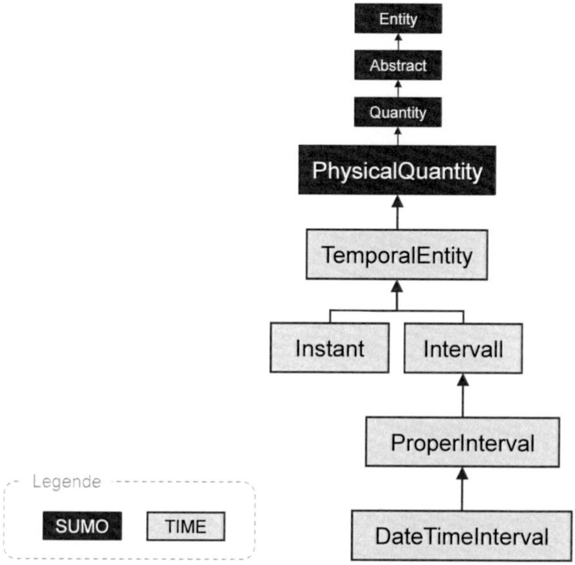

Abbildung 5.4: SUMO- und TIME-Module der Taskontologie

SUMO and TIME modules of the task ontology

Im Gegensatz zu SUMO, CORA und POS verfügt TIME über Objekt- und Datenrelationen. Die im Rahmen dieser Arbeit relevante Objektrelationen sind *after, before*, *hasBeginning*, *hasEnd*, *intervalAfter*, *intervalBefore* und *intervalContains*, die wie folgt definiert sind:

- *time:hasBeginning* zeigt auf eine Instanz und verdeutlicht den Startzeitpunkt eines Intervalls;
- *time:hasEnd* zeigt auf eine Instanz und verdeutlicht den Endzeitpunkt eines Intervalls;
- *time:intervalAfter* verknüpft zwei Intervalle und verdeutlicht, dass das Subjekt nach dem Objekt abläuft;
- *time:intervalBefore* verknüpft zwei Intervalle und repräsentiert die Inverse von *time:intervalAfter*;
- *time:intervalContains* gibt an, dass ein Intervall ein weiteres Intervall beinhaltet;
- *time:intervalDuring* repräsentiert die Inverse von *time:intervalContains*;
- *time:intervalEquals* bedeutet, dass zwei Intervalle einen identischen Start- und Endzeitpunkt besitzen.

Zwecks der Modellierung von zeitlichen Abhängigkeiten in Produktionsprozessen wird eine anfängliche erweiterbare Grundstruktur benötigt. Dazu wird im Rahmen dieser

Arbeit der Produktionsprozess wie folgt betrachtet: Jeder Produktionsprozess kann in separate Bestandteile unterteilt werden, wie z. B. in den Prozessen involvierte Roboterzellen, denen bestimmte Funktionen zugeordnet sind. Als Beispiel der Modellierung wird eine Roboterzelle mit einer Gesamtfunktion „Montage“ betrachtet, die einen Roboter enthält, der im Zuge seiner Funktion eine fügende Bewegung ausführt. Diese Bewegung ist dabei ein unabhängiger Prozess, der dem übergeordneten Prozess, der Gesamtfunktion „Montage“ der Roboterzelle, zugeordnet werden kann. Diese Struktur wird somit zu einer hierarchischen Prozessarchitektur und kann mit untergeordneten Prozessinstanzen modelliert werden. Die Hierarchie wird mithilfe der Relationen *intervalContains* und deren Inversen *intervalDuring* aus der TIME-Ontologie gebildet. Jeder Prozess jeder Hierarchiestufe verfügt über einen Startzeitpunkt und einen Endzeitpunkt. Die oberste Hierarchiestufe wird mit Instanzen für den Beginn und das Ende des Gesamtprozesses verknüpft. Alle weiteren Prozesse untergeordneter Hierarchiestufen repräsentieren Start- und Endzeitpunkte der Teilprozesse. Jeder dieser Instanzen wird anschließend ein Zeitstempel über die Beziehung *time:second* oder *time:inXSDDateTime* zugewiesen. Die Erweiterbarkeit der Struktur wird dadurch gewährleistet, dass weitere Bewegungsprozesse sowohl nacheinander, parallel, sich überschneidend als auch sich beinhaltend dargestellt werden können, sodass die Abbildung einer Vielfalt möglicher Prozessabfolgen abbildbar ist.

Abbildung 5.5 zeigt die Struktur der beschriebenen zeitlichen Modellierung des Prozesses.

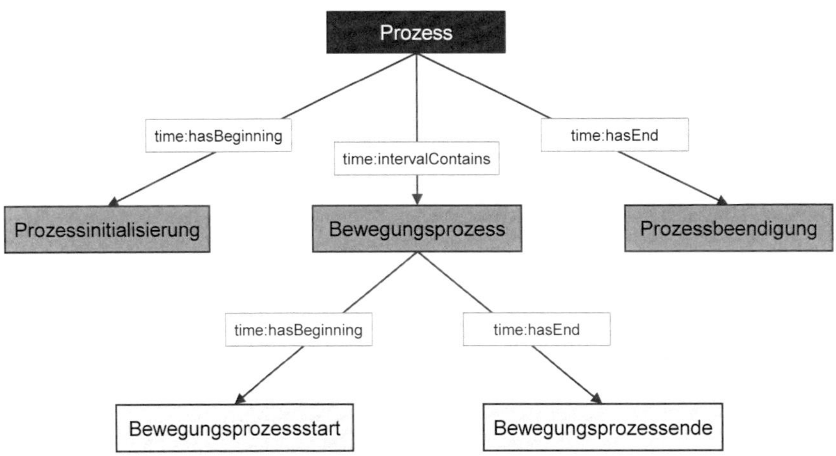

Abbildung 5.5: Zeitliche Prozessmodellierung

Time process modeling

Als Ergebnis der Zusammenführung beschriebener Konzepte semantischer Modellierung ergibt sich die Architektur der übergreifenden Taskontologie für Beschreibung roboterbasierter Automatisierungsprozesse, die in Abbildung 5.6 dargestellt ist.

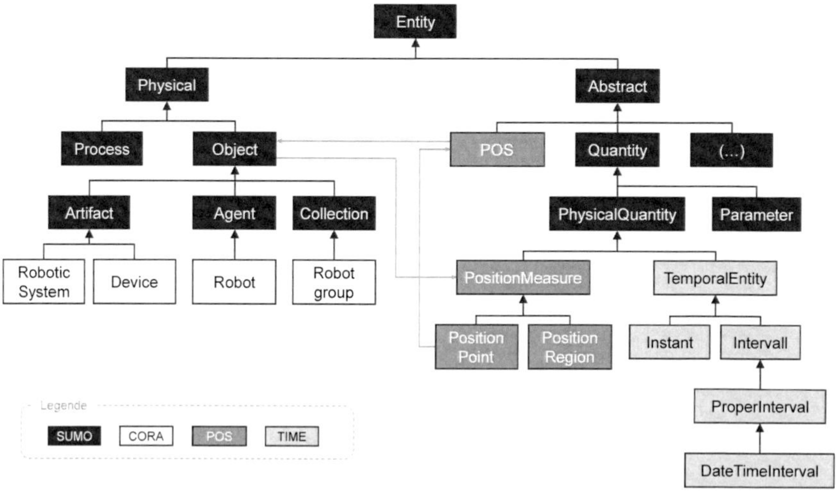

Abbildung 5.6: Modularchitektur der zentralen Taskontologie des WMS

Modular architecture of the central task ontology of the Knowledge Management System (KMS)

Durch die Verwendung der oben beschriebenen Standards – SUMO, CORA, POS und TIME – entspricht die aufgestellte Modellierungsarchitektur der Ontologie den in Kapitel 5 aufgestellten Anforderungen der *Standardisierung, Modularität, kontextabhängigen Granularität und Optimierungseignung*. Durch die Verwendung des SUMO-Standards wird eine allgemeine Beschreibung der Komponenten ermöglicht, die generelle Modellierungsregeln der Ontologien berücksichtigt und eine domänenunabhängige Grundstruktur der Ontologie bereitstellt. Durch die Erweiterung der SUMO-Grundstruktur mit CORA- und POS-Modellelementen wird eine domänenspezifische Darstellung roboterbasierter Prozesse aus der Sicht der Automatisierungstechnik ermöglicht. Durch die Verbindung der allgemeingültigen SUMO- mit den domänenspezifischen CORA-Konzepten und Begriffen wird eine zweckgebundene, anwendbare, jedoch durchgängig theoretisch kohärente Modellierungsbasis ermöglicht. Eine ergänzende Beschreibung zeitlicher Abhängigkeiten durch Konzepte der TIME-Ontologie gewährleistet die Eignung der Modellbasis für zeitbasierte Optimierungen, die in Kap. 6 näher betrachtet werden. Zusammenfassend wird mit einer nach den beschriebenen Standards gebildeten Taskontologie eine Modellierungsbasis zur Beschreibung roboterbasierter Automatisierungsprozesse geschaffen, die, dadurch, dass sie den o. g. Modellierungsanforderungen entspricht, als Grundlage für ein entscheidungsunterstützendes Assistenzsystem herangezogen werden kann.

Des Weiteren sollen die Anforderungen der *Erweiterbarkeit und der Möglichkeit der Einbindung von Integrationsschnittstellen und Expertenwissen* im Aufbau des ontologiebasierten Assistenzsystems berücksichtigt werden. Durch die Erweiterbarkeit der zentralen Taskontologie wird gewährleistet, dass unterschiedliche

Anwendungsfälle aus dem Bereich roboterbasierter Automatisierungsprozesse abgebildet werden können. Die Erweiterbarkeit wird durch eine Ergänzung der Ontologie mit anwendungsspezifischen Klassen und Objektrelationen ermöglicht, wie z. B. Klebeprozessfehlerursachen, die für das Anwendungsbeispiel dieser Arbeit relevant sind und in Kapitel 7 im Rahmen der prototypischen Implementierung näher beschrieben werden. Die Möglichkeit der Einbindung von Expertenwissen wird insb. vor dem Hintergrund der zu definierenden Assistenzleistung des ontologiebasierten Systems relevant und wird in Kapitel 6 erläutert. Die Integration der Schnittstellen des WMS an prozessinterne Daten- und Informationsquellen basiert zum einen auf der Anbindung datenquellenspezifischer Applikationsontologien, zum anderen auf einer direkten Verbindung der zentralen Taskontologie mit vorhandenen Datenmanagementsystemen (s. Abbildung 5.1). Die beschriebene Integration stellt einen zentralen Bestandteil des Architekturentwurfs dar und wird in nachfolgendem Kapitel 5.2 näher betrachtet.

5.2 Anbindungsmöglichkeiten an prozessinterne Informationsquellen

Connection options to process intern information sources

Zur Konzeptionierung der Anbindungsmöglichkeiten der zentralen Taskontologie an prozessinterne, assistenzrelevante Informationsquellen sollen diese zunächst aus automatisierungstechnischer Sicht identifiziert werden. Prozessinterne Datenquellen sollen dem WMS die Informationen liefern können, die zur Programmierung der Steuerung eines roboterbasierten Prozesses notwendig sind. Darüber hinaus soll das zu entwerfende Assistenzsystem in bereits bestehende IT-Architektur der Produktion integrierbar sein, sodass die Datenquellen idealerweise in der IT-Architektur verortet sein sollen. Aus der Gesamtmenge vorhandener Prozessdaten werden im Rahmen dieser Arbeit folgende Datenelemente als relevant (zwingend notwendig) für die Grundlage des WMS betrachtet:

- *Beschreibung der Hard- und Softwarekomponenten der Anlage*: Das Wissen über die im Automatisierungsprozess vorhandenen Hard- und Softwarekomponentenzusammenhänge lassen Aussagen über notwendige Variablenveränderungen zu.
- *Historische Prozessdaten*: Die Informationen über bereits stattgefundene Prozesse, zeitliche Verläufe der zu analysierenden Prozessgrößen wie z. B. Geschwindigkeits- und Trajektorienverläufe, bilden eine Basis für optimierende Funktionalitäten des zu entwerfenden Assistenzsystems.
- *Dynamische (aktuelle) Prozessdaten*: Das Wissen über den aktuellen Prozesszustand in Form von Informationen über die ausgetauschten Steuerungssignale und Kommunikationsnachrichten und den Zustand der Prozessvariablen trägt zu einem besseren Prozessverständnis bei, auch wenn die Assistenzleistung erst offline stattfindet.

Basierend auf den identifizierten, für die Rekonfiguration der Prozesssteuerung erheblichen internen Datenarten sollen die Anbindungsmöglichkeiten der Quellen dieser Daten konzipiert werden. Dafür muss eine Auswahl zwischen vorhandenen Technologien zur Übermittlung, Modellierung und/oder Speicherung der identifizierten Datenarten getroffen werden. Diese Technologien werden als stellvertretend für den Umgang mit historischen, dynamischen und komponentenbeschreibenden Daten in roboterbasierten Prozessen angenommen. Somit wird gewährleistet, dass sich die zu entwerfenden Schnittstellen des ontologiebasierten Assistenzsystems zur Integration in verschiedene roboterbasierte Prozesse der heutigen Produktion eignen.

Die Schnittstellen zu den identifizierten internen Prozesswissensquellen können auf zwei Arten gestaltet werden (s. Abbildung 5.1): als Applikationsontologien oder als eine direkte Verbindung zum Wissensmanagementsystem. Die Entscheidung für die Gestaltung der Schnittstellen basiert auf der Menge und Granularität vorhandener Daten und der Menge an Transformationsmöglichkeiten der Quellen in das Format der Ontologie. Im Rahmen dieser Arbeit werden dynamische und komponentenbeschreibende Daten mithilfe von Applikationsontologien angebunden, während für historische Daten eine direkte Schnittstelle an die Taskontologie des WMS konzipiert wird (s. u.).

Beschreibung der Hard- und Softwarekomponenten des Prozesses

Für die Offline-Programmierung automatisierungstechnischer bzw. roboterbasierter Systeme ist eine genaue Kenntnis der im System vorhandenen Zusammenhänge, inkl. der Parameter und deren Einflüsse auf Soft- und Hardwarebestandteile des betrachteten Prozesses, von großer Bedeutung. Dementsprechend soll das Wissensmanagementsystem als Kern des Assistenzsystems Zugriff auf die im System vorhandene Beschreibung der Hard- und Softwarekomponenten haben.

Die in Kapitel 2 vorgestellten OPC-UA-Informationsmodelle liefern eine angemessene Grundlage, um dem Assistenzsystem die Beschreibung der vorhandenen Komponenten zur Verfügung zu stellen, s. Kap. 2.3.2. Daher wird im Rahmen dieser Arbeit der Schwerpunkt zur Beschreibung der Prozesskomponenten auf OPC-UA-Informationsmodelle gelegt. Darüber hinaus eignet sich das OPC-UA-Kommunikationsprotokoll zur Abbildung dynamischer Prozessdaten (s. u.), sodass eine Schnittstelle des Wissensmanagementsystems an die im Prozess vorhandenen OPC-UA-Daten sowohl einen Zugriff auf dynamische Prozessdaten als auch eine Beschreibung der Prozesskomponenten liefert. Schnittstellen zu weiteren (PLM-) Lösungen zur Komponentbeschreibung, wie z. B. Tecnomatix oder ProcessSimulate, werden im Rahmen dieser Arbeit aufgrund von deren Herstellerabhängigkeit nicht betrachtet, können jedoch aufgrund der Eigenschaften der *Modularität* und *Erweiterbarkeit* des Wissensmanagementsystems bei Notwendigkeit hinzugefügt werden.

Dynamische Prozessdaten

Zur Übermittlung dynamischer Prozessdaten stehen im Rahmen dieser Arbeit zwei aktuell in der europäischen Produktion verbreitete Kommunikationsprotokolle im Fokus: OPC UA und *Message Queuing Telemetry Transport* (MQTT). Diese Standards eignen sich dank deren Differenzen für unterschiedliche Einsätze in der Produktion, sodass eine Betrachtung der Kombination derer eine große Vielfalt an möglichen Anwendungsbeispielen abdeckt [BLOG22], [INGE22]. Aus diesen Gründen werden im Rahmen dieser Arbeit die Schnittstellen des Assistenzsystems zu den beiden erläuterten Kommunikationsprotokollen konzipiert (s. Kapitel 5.2.1 und 5.2.2), um eine Anwendbarkeit des Systems für eine breite Palette an möglichen Anwendungsfällen zu demonstrieren. [INGE22] gibt einen Überblick über die Eigenschaften der beiden Protokolle, sodass deren Vergleichbarkeit ermöglicht wird (s. Tabelle 2.1 im zuvor erläuterten Kapitel zum Stand der Technik).

Historische Prozessdaten

Historische Prozessdaten sind erheblich für Rekonfigurationen, indem diese Aufschluss über vergangene Prozesse und deren Qualität geben können. Wie in Kapitel 2 erläutert, stellen sog. ORDBMS eine der am weitesten verbreiteten Datenspeicherungsmethoden in der Produktionstechnik dar. Aus diesem Grund wird für den Zugriff auf historische Prozessdaten eine auf dem OBDA-Konzept basierende direkte Schnittstelle fürs Wissensmanagementsystem konzipiert, die in Kap. 5.2.3 näher erläutert wird.

5.2.1 Schnittstelle zu OPC-UA-Datenmodellen – B

Die in Kapitel 2 vorgestellte OPC-UA-Architektur ermöglicht sowohl eine Beschreibung dynamischer Prozessdaten als auch eine semantische Modellierung der Hard- und Softwarestruktur eines Produktionsprozesses mithilfe der im Standard enthaltenen Informationsmodelle. Darüber hinaus wird durch den Einsatz von OPC UA herstellerübergreifender Datenaustausch zwischen den Produktionsprozessteilnehmern ermöglicht [OBDE17]. In Kombination mit dem Konzept einer fähigkeitsbasierten Steuerung mit OPC-UA-Skills wird eine deutliche Steigerung der Flexibilität des Produktionsprozesses möglich (s. Kap 2.3.2).

Die vorhandenen Veröffentlichungen im Bereich der OPC-UA-Skills legen den Fokus v. a. auf den erleichterten Austausch von Produktionsteilnehmern [PROF19b], [PROF21]. Zusammenfassend lässt sich daraus festhalten, dass sich der Einsatz von OPC-UA-Skills für flexible Prozesssteuerungen roboterbasierter Prozesse eignet, jedoch bleiben in Bezug auf die Einbindung des Konzepts in wissensbasierte Netzwerke Herausforderungen bestehen. Im Vergleich zu den Ontologien, die auf dem OWL-Standard basieren, ist die Ausdruckfähigkeit der OPC-UA-Modelle geringer, indem sich weniger Datenrelationen darstellen lassen. Darüber hinaus fehlt OPC-UA-Informationsmodellen eine Query-Funktionalität, mit der sich die Modelle auch automatisiert durchsuchen lassen [MUEL23b], [KLUG23], [MUEL23c]. Schlussendlich ist eine direkte Einbindung der Informationen aus einer OPC-UA-Skill-basierten (dt.

fähigkeitsbasierten) Prozesssteuerung in das zu entwickelnde wissensbasierte Assistenzsystem dieser Arbeit nicht möglich.

Aus den ausgeführten Gründen wird in Kapitel 5.2.1 eine Schnittstelle des WMS zu einer OPC-UA-Skills-basierten Prozesssteuerung konzipiert. Dafür wird zunächst die auf OPC-UA-Skills basierende flexible Prozesssteuerungsarchitektur in Kapitel 5.2.1.1 vorgestellt. Anschließend wird die Transformation der Architektur in Kapitel 5.2.1.2 vorgenommen. Die Vorarbeiten für das Konzept sind in [MUEL23c] und [MUEL24a] veröffentlicht worden.

5.2.1.1 Aufbau der OPC-UA-Skills-Architektur

Aufgrund der Tatsache, dass in der Literatur keine eindeutigen Begrifflichkeiten im Bereich der fähigkeitsbasierten Steuerungen existieren, werden die zentralen Begriffe dieser Arbeit aus [MUEL24a] verwendet. Die wesentlichen drei Begrifflichkeiten beziehen sich auf die Fähigkeiten (engl. *Skills*) und sind wie folgt:

- Fähigkeit (engl. *Skill*): Eine Fähigkeit stellt eine gekapselte Funktionalität dar, die durch einen OPC-UA-Server in definierter Form bereitgestellt wird. Fähigkeiten werden in Basisfähigkeiten oder zusammengesetzte Fähigkeiten unterteilt. In dieser Arbeit werden ausschließlich Fähigkeiten verwendet, die einen direkten physischen Bezug haben, wie z. B. das Greifen.
- Basisfähigkeit (engl. *Atomic Skill*): Eine Basisfähigkeit ist eine fundamentale Funktionalität einer Maschine, eines Roboters oder einer Komponente, welche im Sinne von deren Ansteuerung nicht weiter unterteilt werden muss. Ein Beispiel hierfür ist das bereits oben aufgeführte Ein- bzw. Abschalten einer Pumpe.
- Zusammengesetzte Fähigkeit: Eine zusammengesetzte Fähigkeit besteht aus mehreren untergeordneten Fähigkeiten und stellt somit eine komplexere Funktionalität dar, sodass ein mehrstufiges Gebilde ermöglicht wird. Ein Beispiel für eine zusammengesetzte Fähigkeit stellt eine Pick-and-Place-Funktionalität eines Roboters dar.

Zur Umsetzung der Steuerungsarchitektur wird eine Unterteilung der Produktionsanlage in drei Ebenen gewählt: Zelle, Maschinen und Komponenten. Abbildung 5.7 veranschaulicht den Aufbau.

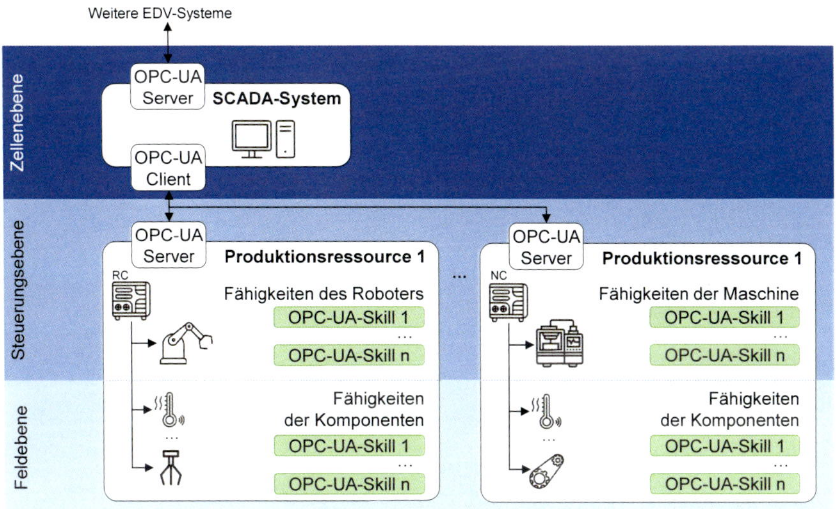

Abbildung 5.7: OPC-UA-Skills-Prozessarchitektur

OPC UA Skills process architecture

Die Zellenebene stellt die oberste Ebene der Prozesssteuerungsarchitektur dar, während der Hauptbestandteil dieser Schicht das SCADA-System ist. Diese Softwarekomponente fungiert als Herzstück der Prozesssteuerung und ist für die Ausführung des Gesamtprozesses zuständig. Hier wird als Schnittstellentechnologie zu anderen Ebenen der Prozesssteuerung und zu weiteren EDV-Systemen in der IT-Architektur des Unternehmens der OPC-UA-Standard verwendet. Auf der mittleren Ebene befinden sich die Produktionsressourcen und die Ebene wird im Rahmen dieser Arbeit als Steuerungsebene bezeichnet, in Anlehnung an die klassische Automatisierungspyramide. Beispielhaft für Objekte auf dieser Schicht sind Roboter, Werkzeugmaschinen oder Transportsysteme, die zu Ressourcen zählen. Jede einzelne Ressource verfügt über einen OPC-UA-Server mit einer mit dem Skills-Konzept kompatiblen definierten Struktur, die im Folgenden erläutert wird. Die Server der Ressourcen beinhalten die von der Ressource, z. B. von einem Roboter oder einer Maschine, bereitgestellten Fähigkeiten und stellen sie als Service dem SCADA-System zur Verfügung. Darüber hinaus fungieren die Produktionsressourcen ebenfalls als OPC-UA-Clients und bieten somit eine Schnittstelle zur Feldebene. In der unteren Schicht sind die restlichen Produktionsteilnehmer abgebildet. Diese Komponenten besitzen keine eigene Steuerung und werden daher den sie steuernden Maschinen bzw. Robotern zugeordnet. Beispiele für Objekte auf der Feldebene sind Greifer oder Sensorsysteme innerhalb der Produktionsanlage. Die Subkomponenten stellen ebenfalls ihre Skills als Services bereit. Sie können direkt vom SCADA-System oder über Ressourcen angesteuert werden.

Zur Realisierung der Steuerung als eine serielle und ggf. parallele Abfolge von verschiedenen Ressourcenfähigkeiten muss ein einheitliches Informationsmodell für

Skills eingeführt werden. Da der in Kapitel 2 vorgestellte *BasicSkillType* aus den Vorarbeiten von [PROF19b] nicht über spezifische Kennzahlen für die Bewertung der Fähigkeiten verfügt, wird dieser entsprechend erweitert.

Erweiterung des OPC-UA-*BasicSkilltypes*

Der in Kapitel 2.3.2 erwähnte *BasicSkillType* ist zum Zeitpunkt der Veröffentlichung dieser Arbeit kein Teil einer *Companion Specification*, sondern wurde im Laufe eines Forschungsprojektes in Kooperation mit der SOArc-VDMA-Arbeitsgruppe entworfen und ist online verfügbar [PROF19a].

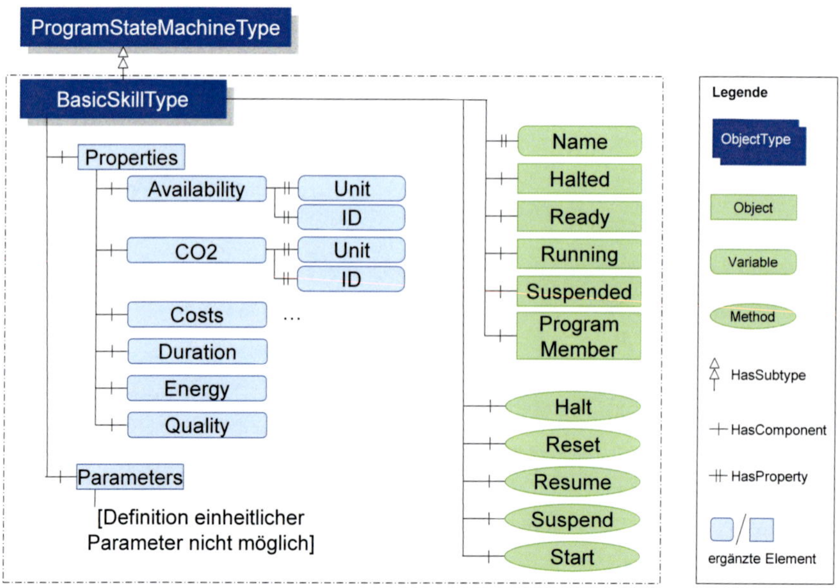

Abbildung 5.8: Erweiterte Struktur des BasicSkillTypes

Extended structure of the BasicSkillType

Zwecks Flexibilisierung der Prozessteuerung wird im Rahmen dieser Arbeit der *BasicSkillType* um Bewertungsmerkmale wie *Availability*, *Costs* etc. erweitert, die für sämtliche Fähigkeiten eine sinnvolle und automatisierte Bewertung ermöglichen (s. Abbildung 5.8). Die Merkmale können als Variablen in OPC UA modelliert werden und erhalten jeweils eine ID zur eindeutigen Identifikation und eine Einheit zur Interpretation der Kennzahlen. Diese beiden Elemente werden als Eigenschaft jedem Merkmal zugewiesen. Die Bewertung eines Prozesses kann daraufhin nach festgelegten Kriterien erfolgen, wobei die Wirtschaftlichkeit, die Nachhaltigkeit und die Qualität gängige Produktionszielgrößen sind.

Einführung des Fähigkeitenkatalogs

Zwecks Entwicklung von Fähigkeiten für roboterbasierte Prozesse wird ein Fähigkeitenkatalog eingeführt. Der entwickelte Katalog gliedert die Fähigkeiten von roboterbasierten Prozessen in die drei Kategorien Roboter, Endeffektor und Roboterzelle (s. [MUEL24a] für die detaillierte Beschreibung). Alle Systemkomponenten werden einer der drei Kategorien zugeordnet und es werden Basisfähigkeiten für diese definiert. Mögliche Beispiele für definierte Basisfähigkeiten sind „Aktivieren“ für eine Pumpeneinheit und „Griff lösen“ für einen Vakuumgreifer. Zur Abbildung spezifischer Produktionsprozesse, wie z. B. des roboterbasierten Klebstoffauftrags als Anwendungsfall dieser Arbeit (s. Kapitel 7), kann die entworfene Basisübersicht um weitere prozessspezifische Fähigkeiten erweitert werden.

Verarbeitung von Bewertungseigenschaften

In Abbildung 5.9 sind die Teilaufgaben eines erweiterten OPC-UA-Skills dargestellt. Zunächst gehören dazu die Bereitstellung der Zustandsmaschine für die Ansteuerung und Überwachung der Skills sowie die Umsetzung der Funktionalität auf der Maschinenebene. Des Weiteren ist in einem Skill die Verarbeitung der Bewertungsmerkmale erforderlich. Dafür werden zunächst die ausgewählten Merkmale nach der in [MUEL24a] vorgestellten Methodik analysiert. Im darauffolgenden Schritt können die Bewertungseigenschaften initialisiert und ermittelt werden. Beispielsweise kann die tatsächlich verbrauchte elektrische Leistung an den OPC-UA-Skill weitergegeben werden. Basierend auf dem Energieverbrauch und dem aktuellen Einkaufspreis der Energie werden anschließend die Kosten der Skill-Ausführung geschätzt.

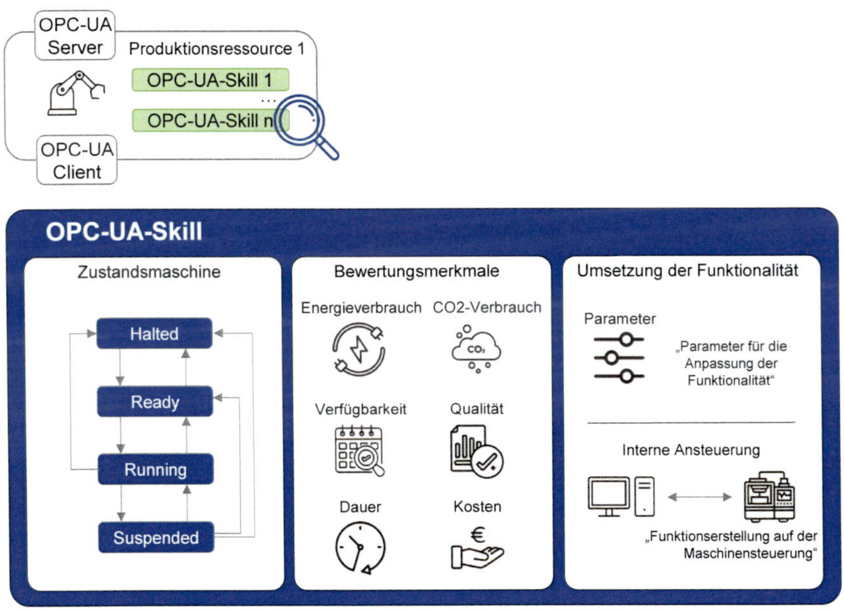

Abbildung 5.9: Teilaufgaben eines erweiterten OPC-UA-Skills

Subtasks of the extended OPC UA Skill

Weitergabe der Bewertungseigenschaften an übergeordnete Fähigkeiten

Die Fähigkeiten der einzelnen Produktionsressourcen sollen flexibel nach dem Baukastenprinzip zusammengestellt werden, sodass auch die Weitergabe der Merkmale an höhere Ausführungsebenen sichergestellt werden kann. Das Konzept für die Übermittlung der ausgewählten Merkmale an einen übergeordneten zusammengesetzten Skill ist in Abbildung 5.10 schematisch dargestellt. Die Basisfähigkeiten werden seitens einer übergeordneten Fähigkeit durch den Aufruf der zugehörigen Start-Methode angesteuert. Nach der Ausführung der bereitgestellten Skill-Funktionalität werden eine Bestätigungsmeldung und die neu ermittelten Bewertungsmerkmale an die zusammensetzte Fähigkeit gesendet. Dort werden die aktualisierten Merkmale mit den vorhandenen abgeglichen und ggf. zusammengesetzt bzw. summiert. Für die quantitativen Eigenschaften Kosten, Dauer, Energie- und CO_2-Verbrauch bedeutet die Zusammensetzung das Aufaddieren der empfangenen Kennzahl auf den bestehenden Wert.

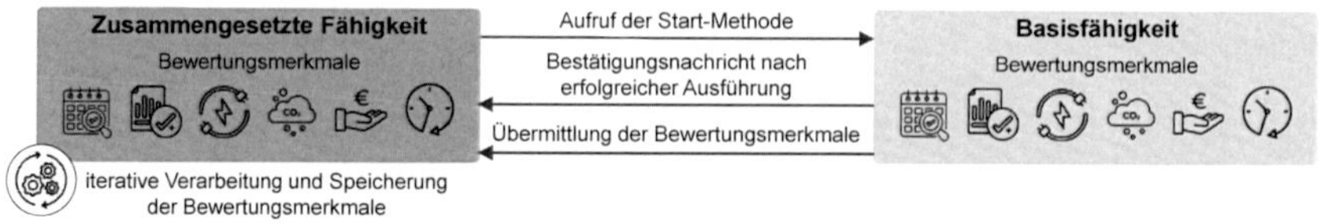

Abbildung 5.10: Übermittlung der Bewertungsmerkmale eines OPC-UA-Skills

Transmission of the assessment characteristics of an OPC UA Skill

Die definierten Bewertungsmerkmale tragen zum Aufbau einer flexiblen fähigkeitsbasierten OPC-UA-Prozesssteuerungsarchitektur bei. Diese Architektur bildet die Hard- und Softwarestruktur eines Automatisierungsprozesses in ausreichender Detailtiefe ab und soll im Weiteren als Grundlage der OPC-UA-Applikationsontologie als einer der Kernbestandteile des WMS (s. Abbildung 5.1) verwendet werden.

5.2.1.2 Transformation der OPC-UA-Skill-Architektur in einen Knowledge-Graphen

Zur Einbindung der OPC-UA-Skill-basierten SCADA-Architektur als eine interne Wissensquelle im Wissensmanagementsystem dieser Arbeit bedarf es einer Transformation der OPC-UA-Informationsmodelle in das Format eines Knowledge-Graphen (RDF). Dafür werden Mapping-Regeln vorgestellt, die im Folgenden vorgestellt werden. Nach der Verwendung der Mapping-Regeln entsteht eine Applikationsontologie mit den Daten der OPC-UA-SCADA-Architektur, die als Teil des Wissensmanagementsystems agieren kann.

Übersetzungsherausforderungen und Schnittstellen zwischen OPC UA und RDF

OPC UA und RDF sind zwei Technologien mit einer Vielzahl an Ähnlichkeiten in den Modellierungsansätzen, jedoch unterschiedlicher Herkunft und Einsatzgebieten. Eines der wesentlichen Ziele der OPC-UA-Architektur ist der standardisierte Datenaustausch zwischen verschiedenen Geräten und Systemen in industriellen Umgebungen, wofür Informationsmodelle verwendet werden sollen. RDF hingegen ist eine Technologie aus dem Bereich des *Semantic Web Stack*, die entwickelt wurde, um Daten im Web darzustellen und auszutauschen, indem sie in einer graphbasierten Form und in einem maschinenlesbaren Format bereitgestellt werden. Die wesentliche Gemeinsamkeit der beiden Formate liegt in der Verwendung einer graphbasierten Struktur bestehend aus Knoten und deren Verbindungen (Kanten). In beiden Modellierungsansätzen erfolgt eine Verbindung zwischen einem *Source Node (Subject)* und einem *Target Node (Objekt)* über eine *Referenz (Prädikat)* (s. Abbildung 5.11). Dabei wird in OPC UA ein spezifisches XML-Format zur Serialisierung verwendet, das nicht direkt mit RDF kompatibel ist, sodass eine direkte Modellübertragung nicht möglich ist [WEIS22] . Daraus ergibt sich die Notwendigkeit für einen Mapping-Service, der die Struktur und Semantik der OPC-UA-Informationsmodelle mittels RDF-Tripels abbildet.

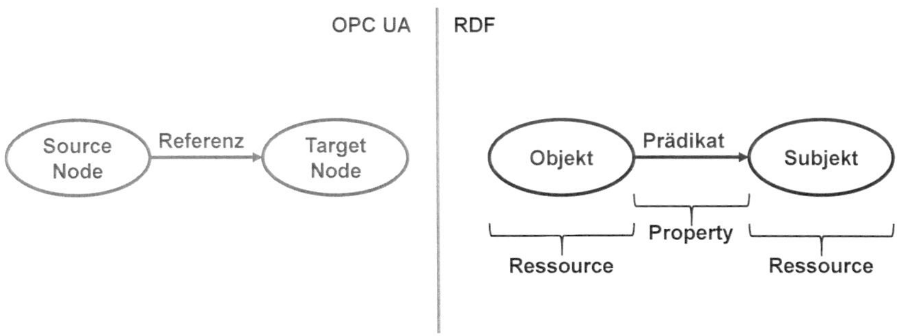

Abbildung 5.11: Gegenüberlegung OPC UA zu RDF

Comparison of OPC UA to RDF

Die Hauptregel für das Mapping ist, dass die OPC-UA-Knoten als *RDF Resources* (Ressourcen) und Referenzen als *RDF Properties* (Eigenschaften) abgebildet werden. Die genaue Umsetzung von OPC-UA-Informationsmodellen in RDF-Modelle hängt von den spezifischen Anforderungen des Systems ab. Eine Herausforderung bei der Übersetzung ist die Komplexität der OPC-UA-Informationsmodelle, die mit der Anzahl der Klassen, Instanzen dieser Klassen und deren Beziehungen und Attributen steigt. Wie bereits in Kapitel 2.3.2 erläutert wurde, basieren alle OPC-UA-Informationsmodelle auf dem umfangreichen OPC-UA-Basis-Informationsmodell, bestehend aus einer Vielzahl von Klassen, die zur Erstellung von Instanzen verwendet werden, mit denen das System modelliert wird. Allerdings wird die Vielfalt aller Klassen in den meisten produktionstechnischen Anwendungsfällen nicht verwendet und würde daher bei der Transformation in RDF-Format den bereits umfangreichen Knowledge-Graphen zwecklos vergrößern. Bei dem Übersetzungskonzept dieser Arbeit werden daher nur die relevanten Klassen betrachtet, also diejenigen, von denen im OPC-UA-Informationsmodell mindestens eine Instanz erstellt wird.

Eine Zusammenfassung aufgestellter Mapping-Regeln ist in Tabelle 5.1 zu finden (für eine detaillierte Beschreibung [MUEL23c]. Anhand der aufgestellten Mapping-Regeln wird beschrieben, welche OPC-UA-Knoten auf welchem Typ von RDF-Ressourcen und -Eigenschaften abgebildet werden.

Dabei wird insbesondere auf die OPC-UA-Knoten der Knotenklassen *Object*, *ObjectType*, *Variable*, *VariableType*, *Method* und *ReferenceType* eingegangen, da diese die Hauptrolle für die Darstellung von OPC-UA-Skills spielen. OPC UA definiert sowohl die Referenzen und Methoden als auch die Objekte und Variablen sowie deren Typen als Knoten. Vor diesem Hintergrund wird die Entscheidung getroffen, die OPC-UA-Referenzen als RDF-Eigenschaften und alle anderen OPC-UA-Knoten als Ressourcen abzubilden. Eine Ausnahme bilden die Knoten, die zur Knotenklasse Variable gehören und durch den *PropertyType*-Knoten typisiert werden bzw. die Instanzen der *PropertyType*-Klasse sind. Mithilfe der Transformationsregeln kann sichergestellt werden, dass die Datenstruktur einer flexiblen, OPC-UA-Skill-basierten Prozesssteuerung in das Format eines Knowledge-Graphen übertragen wird und somit eine Applikationsontologie als Bestandteil der Gesamtarchitektur des WMS aus Abbildung 5.1 bildet.

Tabelle 5.1: Übersicht der OPC-UA zu RDF-Mapping-Regeln

Summary of OPC UA to RDF mapping rules

Regeln		OPC UA	OWL
1	OPC UA Knoten der Knotenklasse ReferenceType werden als owl:ObjectProperty definiert.	ReferenceType	ObjectProperty
2	Die Referenzen, die eine InverseName besitzen, werden über owl:InverseOf mit ihrer umgekehrten ObjectProperty verknüpft.	HasComponent InverseName: ComponnetOf	HasComponent — owl:inverseOf → ComponentOf
3	OPC UA Knoten der Knotenklasse ObjectType und VariableType sind als owl:Class definiert.	ObjectType VariableType	Owl Klasse
4	OPC UA Knoten der Knotenklasse ObjectType und VariableType sind über rdfs:subClassOf als Subklassen von übergeordneten Knoten definiert, mit den sie über SubTypeOf Referenz verbunden sind.	StateMachineType ← BaseObjectType StateVariableType ← BaseDataVariableType	StateMachineType — rdfs:subClassOf → BaseObjectType StateVariableType — rdfs:subClassOf → BaseDataVariableTyp
5	OPC UA Knoten der Knotenklasse Object werden als Instanzen von dem Typknoten definiert, mit dem sie über HasTypeDefiniton Referenz verbunden sind.	Object → ObjectTypes	Instanz — rdf:type → OWL Klasse
6	OPC UA Knoten der Knotenklasse Variable, die nicht von der PropertyType Knoten typisiert sind, werden als Instanzen von dem Typknoten definiert, mit dem sie über HasTypeDefinition Referenz verbunden sind.	Variable → VariableType	Instanz — rdf:type → OWL Klasse
7	OPC UA Knoten der Knotenklasse Variable, die über die Referenz HasTypeDefinition mit der OPC UA PropertyType Knoten von der Knotenklasse VariableTyp verbunden sind, werden als owl:DatatypeProperty abgebildet.	Property → PropertyType	has Property
8	Die Definitionsbereich der DatatypeProperties, die von PropertyTyp typisierte OPC UA Knoten abgebildet sind, werden auf der Klasse gesetzt, mit wem sie über HasProperty Referenz verbunden sind.	StateVariableType — Id Id → PropertyType	hasId — rdfs:domain → StateVariableType
9	Der Wertebereich von DatatypeProperties, die von PropertyTyp typisierte OPC UA Knoten abgebildet sind, wird auf das entsprechende XSD-Datenformate gesetzt abhängig von ihrerm OPC UA Datatype.	Id DataType: String	string ← rdfs:range — hasId
10	Die Value Attributen von OPC UA Knoten der Knotenklasse Variable werden als owl:DatatypeProperty mit dem Name hasValue abgebildet.	CurrentState Value: Ready	CurrentState — hasValue → Ready
11	Die SourceTimestamp Attribute von OPC UA Knoten, die nicht von PropertyType typisiert sind, werden als owl:DatatypeProperty mit dem Name hasSourceTimestamp abgebildet.	CurrentState SourceTimestamp: 20.06.2023 16:43:15.283	CurrentState — hasSource Timestamp → 20.06.2023 16:43:15:283
12	Die SourceTimestamp Attribute von OPC UA Knoten, die von PropertyType typisiert sind, werden als owl:DataTypeProperty mit dem Name has[Name der Property]SourceTimestamp abgebildet.	CurrentState — Id Value:State-Id-2	CurrentState — hasId → Sate-Id-2
13	Für die Bestimmung von URIs von der Resources werden zugehörigen Nodeids verwendet.	CurrentState Node NodeId: ns=4; i=6038	http://wzl.rwth-aachen.de/mlr/ontologien/opcua/cleaner.owl#ns=4,id=6038
14	Die DisplayName Attribute wird als rdf:label abgebildet.	CurrentState Node DisplayName: CurrentState	CurrentState
15	OPC UA Attributen, außer DisplayName, Value und SourceTimestamp, werden als owl:AnnotationProperty abgebildet.	LastTransition Node NodeClass: Variable	Variable

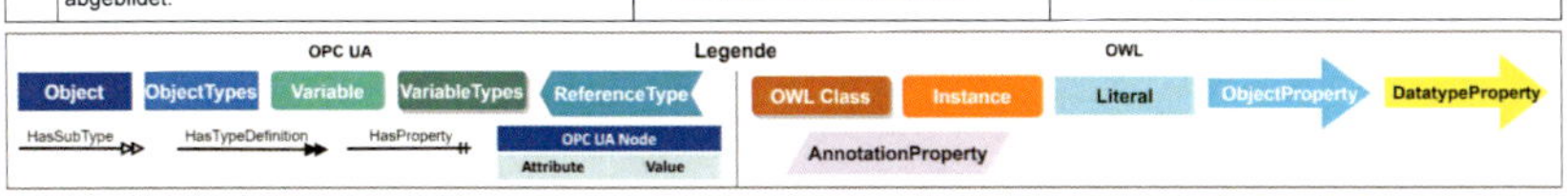

5.2.2 Schnittstelle zu ORDBMS mit historischen Daten – B

Zur besseren Einschätzung vergangener Prozesse und deren Daten und somit einfacheren Rekonfiguration wird im Rahmen dieser Arbeit eine Schnittstelle an historische Prozessdaten konzipiert. Wie in Kapitel 2.3.1 erläutert (s. z. B. [BREC23b]), werden zur Speicherung und Verwaltung historischer Produktionsdaten häufig ORDBMS verwendet, wodurch die Schnittstelle an historische Daten im Kontext dieser Arbeit die Anbindung einer ORDBMS vorsieht. Die Inhalte dieses Unterkapitels sind im Detail in [BREC23b] und [MUEL23a] behandelt und veröffentlicht worden.

Die Anbindung eines ORDBMS an eine Ontologie ist auf zweierlei Weise möglich: mit einem Bottom-up- und einem Top-down-Ansatz. Bei einem Bottom-up-Ansatz wird die Ontologie ausgehend von der Struktur des vorliegenden ORDBMS gebildet, während im Top-down-Ansatz das ORDBMS an die bereits konzipierte Ontologie angeschlossen wird. Im Folgenden werden beide Ansätze im Detail betrachtet.

5.2.2.1 Bottom-up-Ansatz: (Automatisierte) Erstellung der Ontologie aus der Struktur des ORDBMS

Bei einem Bottom-up-Ansatz wird eine Erstellung der verwaltenden Ontologie aus einem vorliegenden ORDBMS angestrebt. Die Vorteile von dieser Methodik sind v. a. die Ähnlichkeit der aufgebauten Ontologie zu der bereits bekannten Datenbank, sodass für den Mitarbeiter keine aufwändige Einarbeitung in neue Strukturen notwendig ist, und die Möglichkeit der Automatisierung der Erstellung der Ontologie, da diese nach logischen eindeutigen Regeln erfolgt, die einem Algorithmus zur Verarbeitung übergeben werden können. Der wesentliche Nachteil des Bottom-up-Ansatzes ist die meistens gegebene Unmöglichkeit, die semantischen Strukturen der Ontologie nach vorhandenen Standards (s. Kap 2.4.2: SUMO, CORA etc.) aufzubauen, da die Datenbanken nach anderen Prinzipien erstellt werden. Aus diesen Gründen eignet sich die Methodik am besten zum Aufbau von anwendungsfallspezifischen, detailreichen Applikationsontologien, die daraufhin an standardisierte Task- bzw. Domänenontologien angeschlossen werden.

Transformationsregeln

In einer objektrelationalen Datenbank werden die Daten nach einem einheitlichen Regelwerk abgespeichert. Dabei werden die Daten in einer Vielzahl von Tabellen abgebildet, die wiederum in weiterführende Schemata eingeordnet sind. Ein solches Schema besteht aus einer beliebiger Anzahl an Tabellen, die nach einem benutzerdefinierten Muster miteinander verbunden sind. Ziel der Transformation einer objektrelationalen Datenbank nach dem Bottom-up-Ansatz ist es, diese vorhandenen Zusammenhänge der Tabellen in der aufzubauenden Ontologie genau abzubilden. Dafür lassen sich zunächst Transformationsregeln nach [BREC23b] aufstellen, die in Tabelle 5.2 dargestellt sind.

Tabelle 5.2: ORDBMS-RDF-Transformationsregeln

ORDBMS to RDF transformation rules

	Transformationsregel	Beispiel
1	**Klassen modellieren Tabellen**	
2	**Primary Keys referenzieren Instanzen**	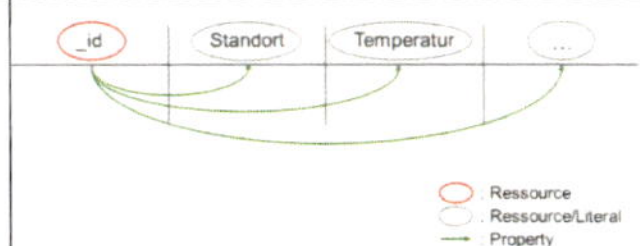
3	**Data Properties verknüpfen Attribute und Primary Keys**	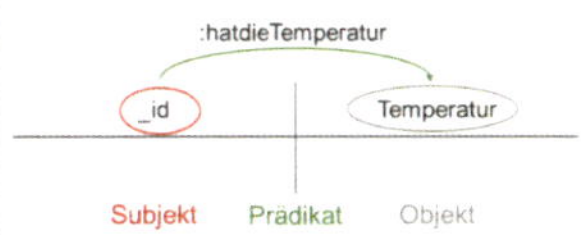
4	**Foreign Keys werden durch Object Properties verknüpft**	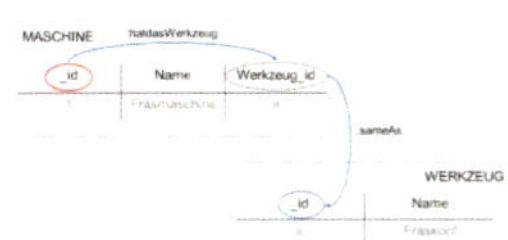

Mapping der Datenbank auf die Ontologie

Mithilfe der oben beschriebenen Regeln wird die Transformation einer objektrelationalen Datenbank in eine (Applikations-)Ontologie ermöglicht, die auch automatisiert stattfinden kann. Die dadurch entstandene Ontologie verfügt über verschiedene Klassen und sowohl *Data-* als auch *Object-Properties*, die die Zusammenhänge der Spalten beschreiben. Jedoch stellen diese lediglich die Strukturelemente der Ontologie dar. Durch die Verwendung von Mappings sollen diese Strukturelemente mit dem DBMS verbunden werden, um den Zugriff auf die gespeicherten Daten zu gewährleisten. Dafür kann die R2RML-Sprache verwendet werden, um die Daten der relationalen Datenbank in das RDF-Schema zu übersetzen und mit der Ontologie zu verknüpfen, wobei für die Mappings die Turtle-Syntax genutzt wird, die eine in der Informatik übliche Serialisierung für Graphen im RDF darstellt [DENG11].

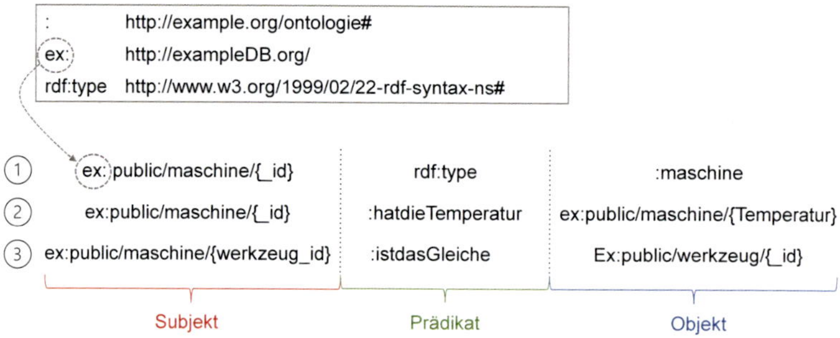

Abbildung 5.12: ORDBMS-RDF-Mapping-Arten

ORDBMS to RDF mapping possibilities

In Abbildung 5.12 werden drei verschiedene Mapping-Arten des Bottom-up-Ansatzes gezeigt: Im ersten Schritt werden Präfixe definiert. Die Verwendung von Präfixen erlaubt einen einfacheren Zugriff auf die URIs der Ressourcen, sodass diese im Präfix gespeichert sind und nicht wiederholt bei jeder Abfrage angegeben werden müssen. Im Beispiel aus Abb. Abbildung 5.12 steht die Abkürzung „ex:" für den URI der vorliegenden Datenbank. Die darauffolgenden Bezeichnungen beziehen sich auf die Struktur der Datenbank und bilden nach einem festgelegten Muster die URI der jeweiligen Spalte. Bei dem Muster werden im ersten Schritt das Schema und die jeweilige Tabelle festgelegt, woran sich die Benennung der zu referierenden Spalte anschließt. Bei dem Subjekt des ersten Mappings handelt es sich somit um die _id der Tabelle MASCHINE, welche in dem Schema „public" der Datenbank „exampleDB" abgespeichert ist.

Beim ersten Mapping in Abbildung 5.12 wird der Primary-Key der beispielhaften Tabelle „Maschine" mit der entsprechenden Ontologieklasse verknüpft. Das Property „:type" ist nach dem RDF-Schema definiert und kennzeichnet in diesem Beispiel die Einträge der Spalte _id aus der Tabelle MASCHINE als Instanz der Klasse Maschine aus der vorher gebildeten Ontologie. Das zweite Mapping behandelt die Verknüpfung mithilfe von *Data Properties*. Hierbei werden der zuvor erstellten Instanz der Klasse Maschine die Attribute der restlichen Spalten der Tabelle zugeordnet. Dafür wird das entsprechende *Data Property* der Ontologie verwendet. In dem vorliegenden Beispiel wird der Maschinenklasse die Temperatur zugewiesen. Hierbei wird die Klasse durch die _id repräsentiert und mit den Einträgen der Spalte Temperatur zur Tabelle verknüpft. Demnach bildet jeder Datensatz der Tabelle als Ergebnis der Mappings ein Statement im RDF-Schema. Im dritten Mapping wird die Verknüpfung mittels *Object Property* angegangen, die einem ähnlichen Schema wie dem des zweiten Mappings folgt. Der Unterschied zwischen den Mappingarten besteht darin, dass zwei Spalten unterschiedlicher Tabellen verknüpft werden. Diese Tatsache soll beim Aufstellen der URIs berücksichtigt werden. Bei dem Beispiel aus Abbildung 5.12 werden die Tabellen WERKZEUG und MASCHINE mit dem dritten Mapping verknüpft.

Mithilfe der vorgestellten Vorgehensweise inkl. Transformations- und Mapping-Regeln können die Tabellen einer objektrelationalen Datenbank in die Struktur einer (Applikations-)Ontologie überführt und mit den entsprechenden URI referenziert werden. Die daraus entstehende Struktur stellt einen RDF-Graphen dar. Diese Form des RDF-Graphen wird *Virtual Knowledge Graph* genannt, da die Daten in der Datenbank bestehen, der der Struktur zugrundeliegende Graph jedoch mit einer URI referenziert werden kann. Die nach diesem Graphen als Vorlage gebildeten Tripel der Datensätze bilden die Grundlage für den Knowledge-Graph der Applikationsontologie. Die Ontologie enthält dabei eine einheitliche Semantik zum Darstellen der Daten und die Information über den Speicherort der Daten (Verweis auf die Datenbank). Um auf die Daten schließlich zuzugreifen, kommuniziert die Ontologie mit dem DBMS mithilfe einer OBDA-Technologie (z. B. ontop, s. Kapitel 7).

Der Nachteil des vorgestellten Bottom-up-Ansatzes zur Anbindung eines ORDBMS an ein Wissensmanagementsystem liegt v. a. in der Unmöglichkeit des Aufbaus auf bestehenden Ontologiestandards wie z. B. CORA und SUMO, da die Strukturen der Datenbank genau nachgebildet werden. Daher eignet sich der Bottom-up-Ansatz gut zum Aufspannen eines Netzwerks an verwandten Datenbanken, die durch Ontologien verwaltet und verbunden werden, jedoch nicht als Grundlage eines Wissensmanagementsystems mit einer Vielzahl weiterer Schnittstellen zu anderen Datenquellen. Zur Lösung dieser Herausforderung wird im Folgenden der Top-down-Ansatz vorgestellt, der im Rahmen dieser Arbeit zur Anbindung eines ORDBMS ans Wissensmanagementsystem verwendet wird.

5.2.2.2 Top-down-Ansatz: Verknüpfung einer standardisierten Ontologie mit einem ORDBMS

Der Top-down-Ansatz der Verknüpfung von ORDBMS zu einer Ontologie bzw. einem Wissensmanagementsystem sieht vor, dass einzelne Spalten bzw. Einträge der Datenbank mit den Objekten der Ontologie verbunden werden, ohne dass die Datenbank komplett in die Ontologiestruktur übersetzt wird. Diese Methodik ist in [MUEL23b] ausführlich beschrieben und veröffentlicht worden.

Zur Verbindung wird eine neue Objektrelation *:hasData* eingeführt, mit der einer vorhandenen Instanz oder Klasse mehrere Werte zugewiesen werden können. Aktuell verbreitete OBDA-Ansätze (wie z. B. ontop, s. Kapitel 7) basieren meistens ebenfalls auf dieser Relation. Die Relation soll am folgenden Beispiel veranschaulicht werden: Es wird angenommen, dass ein Prozess durch einzelne Datenzeilen bzw. Dateneinträge in einer Tabelle eines ORDBMS beschrieben wird. Dabei umfasst die Tabelle fortlaufend nummerierte IDs und jeweils einen Informationstext zu jeder ID. Zur Anbindung des ORDBMS wird für jede Zeile eine neue Instanz mit der Bezeichnung Prozess_{ID} erzeugt und dieser über eine Datenrelation ein Beschreibungstext zugewiesen. Die Anbindung wird dadurch ermöglich, dass der Variable ID im Namen der erzeugten Instanz die ID des jeweiligen Primary-Keys zugewiesen wird. Mithilfe des beschriebenen Mappings wird eine RDF-Zuweisung mit einer SQL-Abfrage verknüpft.

Für die Transformation bedeutet das, dass die Spalten „id“ und „text“ von der Tabelle „table“ extrahiert werden und zeilenweise über die RDF-Zuweisung gemappt werden. Die ersten Zeilen einer solchen Tabelle ergeben sich beispielhaft wie folgt:

$$:Process1 : hasData : Process; : hasText \text{ "Beispieltext1".} \tag{5.1}$$

Im Folgenden werden Mappings beschrieben, die im Rahmen dieser Arbeit relevant sind: das Mapping von Prozesszeitinstanzen und von Bewegungsprozessdaten. Die Auswahl der Daten wird dadurch begründet, dass die Bewegungs- und Trajektoriendaten häufig in ORDBMS gespeichert werden, aufgrund der gebrauchten Speicherintensivität und der mit den Strukturen des ORDBMS einfach darstellbaren Struktur und Zusammenhänge. Darüber hinaus werden historische Zeit- und Bewegungsdaten zur Analyse des Prozesszeitoptimierungspotentials benötigt, sodass diese im Assistenzsystem vorhanden sein müssen.

Mapping der Prozesszeitinstanzen bei der Modellierung von Produktionsprozessen

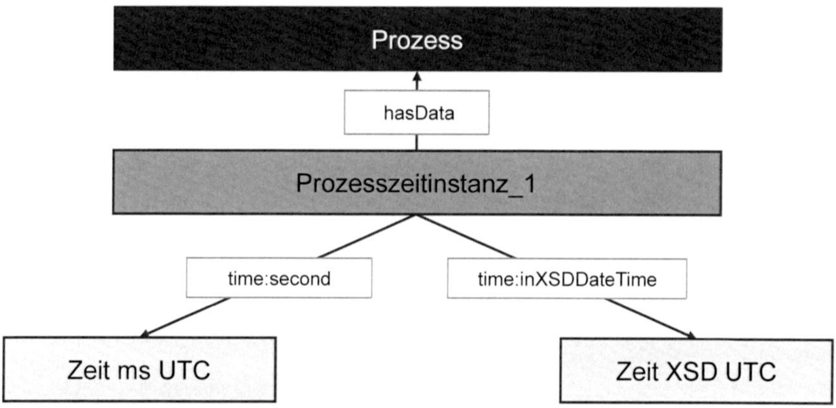

Abbildung 5.13: Mapping von Prozesszeitinstanzen

Mapping of process time instances

Das RDF-Mapping von Prozesszeitinstanzen ist in Abbildung 5.13 anschaulich dargestellt. Zunächst wird die Prozesszeitinstanz über die *:hasData*-Relation mit dem dazugehörigen Prozess verknüpft. Dabei hat die Instanz immer eine feste ID, da eine Prozesszeitinstanz stets aus einer Datenzeile bestehen kann. Anschließend wird der neu erzeugten Instanz unter Nutzung der TIME-Ontologie ein Zeitstempel in Millisekunden UTC und in einem menschenlesbaren Zeitformat UTC zugewiesen. Zu beachten ist hierbei, dass die Objektdatenrelation von der Prozesszeitinstanz zu der Klasse Prozess hinzeigt. Durch diese Modellierungsart wird sichergestellt, dass keine unbeabsichtigten Datenabrufe und Extraktionen getätigt werden. Ein geschulter Anwender / Prozessexperte muss an dieser Stelle in der SPARQL-Abfrage das Subjekt und das Objekt tauschen, um den Datensatz extrahieren zu können. Mit dem beschriebenen Mapping wird eine eindeutige Zuweisung von der Prozesszeit zu einer konkreten Prozessausführung gewährleistet.

Abbildung 5.14 illustriert die vorgestellte Methodik zum Mappen von Bewegungsprozessdaten aus einem ORDBMS in eine Ontologie. Der dargestellte Abschnitt gehört zu der Grundstruktur, die in 5.1 vorgestellt wurde, und basiert auf dem oben beschriebenen *:hasData* Mapping-Konzept.

In Abbildung 5.14 wird die fortlaufende Instanz Bewegungsprozess_{ID} mittels der Relation *:hasData* mit dem übergeordneten Bewegungsprozess verknüpft (von unten nach oben). Somit werden der Instanz Werte für die Position, die Geschwindigkeit, die Beschleunigung, für einen Zeitstempel und für ein menschenlesbares Datum über die Verknüpfung mit der relationalen Datenbank zugeordnet. Dadurch wird der Zugriff auf die Bewegungsprozessdaten jedes einzelnen Prozesses über die *:hasData*-Relation und die dazugehörigen Datenrelationen (*:hasPosition, :time:second* etc., in hellblau) ermöglicht. Diese konzeptionelle Lösung ist simpel in der Umsetzung und für Prozessexperten ohne weitere Erklärungen verständlich, hat jedoch den Nachteil, dass auch die Suche nach einzelnen Datenwerten die gesamte entsprechende Datentabelle mit allen Spalten aufruft, sodass jeder Aufruf sehr ressourcenintensiv ist. Darüber hinaus ist durch diese Art der Umsetzung kaum ein semantischer Rückschluss auf die im Prozess enthaltenen Daten durch SPARQL-Abfragen möglich.

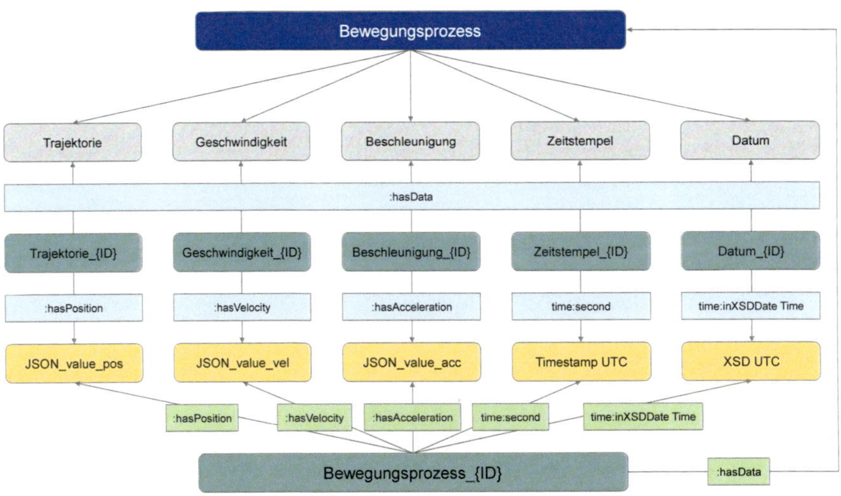

Abbildung 5.14: Mapping der Bewegungsprozessdaten

Mapping of the movement process data

Die Dateneinträge des ORDBMS werden mit gleichnamigen Instanzen und der entsprechenden ID für die Datenzeile über die *:hasData*-Relation verbunden (z. B. Trajektorie mit Trajektorie_{ID}). Anschließend können die Instanzen über die im ersten Schritt definierten Datenrelationen (*:hasPosition, :time:second* etc., in hellgrün) auf die Dateneinträge der Datenbank zugreifen. Somit benötigt das Mapping von Bewegungsprozessdaten fünf zusätzliche Mapping-Verbindungen. Diese Verbindungen ermöglichen das Auslesen einzelner Datenspalten in der Datenbank, ohne dass die anderen Daten mitausgelesen werden und die Abfrage somit rechenintensiv wird.

Durch die vorgestellte Methode können alle benötigten Datenbankeinträge mit entsprechenden Instanzen der Ontologie verbunden werden. Im Rahmen dieser Arbeit wird lediglich die Anbindung von Bewegungsprozessdaten benötigt, die eine Grundlage für die Assistenzfunktionalitäten zur Optimierung der Prozesszeit darstellen, sodass keine weiteren Mappings notwendig sind.

5.2.3 Schnittstelle zu Ablauflogik und dynamischen Prozessdaten – C

Dynamische Daten eines Produktionsprozesses, die die Informationen über den aktuellen Prozesszustand wie den Status der Prozesskomponenten beinhalten, sind erheblich für eine genaue Kenntnis der Prozessablauflogik. Bei offline stattfindenden Rekonfigurationen ist diese Kenntnis für eine korrekte Anpassung der Parameter der einzelnen Prozessschritte notwendig.

Zwecks effizienter und schneller Prozessteuerung sind die im Prozess ausgetauschten Daten häufig „leichtgewichtig“, sodass sie wenige Metadaten beinhalten und somit wenig Speicher benötigen. Wie bereits in Kap. 2.3 und Kap. 5.2 erläutert, stellt das MQTT-Protokoll eines der am häufigsten in der Industrie eingesetzten Kommunikationsprotokolle dar, mit dem die Prozessdaten schnell und nicht speicheraufwändig transportiert werden können. Im Rahmen dieses Kapitels wird daher, ergänzend zu der dynamischen OPC-UA-Datenschnittstelle, die Schnittstelle zu dynamischen MQTT-Prozessdaten konzipiert.

Abbildung 5.15: Bestandteile der MQTT-RDF-Schnittstelle

Components of the MQTT to RDF interface

Die Entwicklung der Schnittstelle wird in drei Lösungskomponenten unterteilt (s.

Abbildung 5.15). Zunächst wird der Abruf von Produktionsdaten betrachtet, die in einem zu entwickelnden semantischen Prozessmodell gespeichert werden. Daraufhin wird der Datensatz des Prozessmodells zu einer Applikationsontologie transformiert und kann mit der zentralen Taskontologie verknüpft werden.

Im Detail betrachtet, beinhalten die einzelnen Lösungskomponenten folgende Funktionalitäten:

- *Zentrale Anwendung:* Die Kernanwendung sollte alle notwendigen Datenstrukturen enthalten, um ein Szenario eines realen industriellen Prozesses zu modellieren. Dazu gehören vorkonfigurierte strukturierte Wissenselemente für jede am Szenario beteiligte Entität und Live-Daten, die zur Laufzeit von der Prozesssteuerung abgerufen werden. Die Anwendung kann mithilfe eines containerisierten Microservice-Designansatzes nach [GANN17] gestaltet werden.
- *Datenerfassung:* Für die Abfrage von Produktionsdaten aus realen industriellen Prozessen werden Datenerfassungsadapter (DEAs) eingeführt, um Live-Daten aus der Prozesssteuerung mit der zentralen Anwendung zu synchronisieren. Diese Komponenten sollten in der gesicherten Umgebung des Prozesses, z. B. in einem isolierten Prozessnetzwerk, laufen und Rohdaten aus verschiedenen (MQTT-basierten) Quellen sammeln.
- *Wissensgenerierung (semantische Anreicherung):* Auf der Grundlage einer detaillierten Prozessspezifikation, die im Datenmodell der zentralen Applikation gespeichert ist, werden die Rohdaten anhand dieser Spezifikation angeordnet und mit Zusammenhängen angereichert, z. B. lässt der Status der eingegangenen Prozesssteuerungsnachrichten auf den aktuellen Prozesszustand schließen. Somit wird ermöglicht, dass Rohdaten in strukturierte Datenpunkte umgewandelt werden und die vorkonfigurierten Wissenselemente mit abgebildeten Live-Daten aus dem realen Prozess-Szenario ergänzen.
- *Datenbereitstellung:* Die aus dem Schritt der semantischen Anreicherung resultierende Menge an strukturierten Daten soll dem Wissensmanagementsystem zur weiteren Nutzung und Verarbeitung zur Verfügung gestellt werden. Dafür werden Datenbereitstellungsadapter (DBAs) verwendet, die die Wissensbasis in das Format eines Knowledge-Graphen (RDF) überführen. Somit wird das semantische Prozessmodel als modulare Applikationsontologie implementiert, die mit der übergreifenden Task-Ontologie verknüpft werden kann.

Der Datenfluss der Schnittstelle wird entsprechend in Abbildung 5.16 dargestellt.

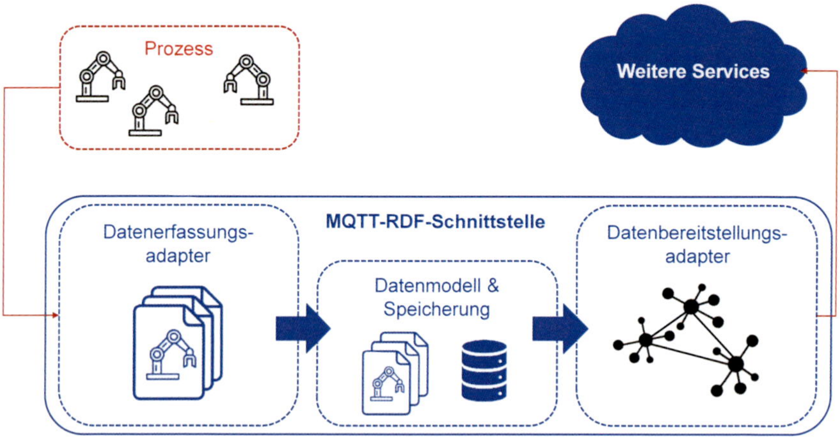

Abbildung 5.16: Datenfluss der MQTT-RDF-Anbindung

Data flow of the MQTT to RDF data connection

Zentrale Anwendung

Die zu entwickelnde Schnittstelle zur Integration dynamischer MQTT-Daten in das Wissensmanagementsystem soll in der Lage sein, Produktionsdaten eines beliebigen industriellen Prozesses möglichst genau abbilden zu können.

Hierfür wird in der zentralen Anwendung ein Prozessdatenmodell basierend auf folgenden Annahmen entwickelt:

1. Ein Prozess ist eine abstrakte Top-Level-Klasse, die aus einer Reihe von Entitäten wie z. B. Roboter als Prozessteilnehmer besteht. Diese Entitäten werden ProcessComponents genannt und stellen Bestandteile des entsprechenden industriellen Prozess-Szenarios dar.
2. Ein *Prozess* besteht aus einer Reihe geordneter *ProcessSteps* (dt. Prozessschritte).
3. Ein Prozessschritt kann von einer ungeordneten Liste von *StepConditions* (dt. Schrittvoraussetzungen) abhängen, die für den Übergang zum nächsten Prozessschritt erfüllt werden müssen.
4. Jede *StepCondition* hat einen bestimmten *ConditionType* (dt. Voraussetzungstyp) und enthält eine Formalisierung der Abhängigkeit in einem Array-Attribut *DependencyConfiguration* (dt. Konfiguration der Abhängigkeit).
5. Jede Ausführung des Prozesses wird in einem Objekt der Klasse *ProcessExecution* gespeichert, das auf den Prozess verweist. Dabei hat jede *ProcessExecution* eine Payload-Eigenschaft, in der alle während der Laufzeit der *ProcessExecution* anfallenden Metadaten gespeichert werden, die nicht einem bestimmten *ProcessStep* zugeordnet werden können.
6. Entsprechend jedem *ProcessStep* eines laufenden Prozesses hat jede *ProcessExecution* eine geordnete Liste von *ProcessExecutionSteps* (dt.

Prozessausführungsschritt). Dabei hat jeder *ProcessExecutionStep* hat eine Liste von Zustandseigenschaften, die den *StepConditions* seines übergeordneten *ProcessSteps* entspricht. Darüber hinaus werden alle Metadaten, die während der Laufzeit des *ProcessExecutionSteps* auftreten und auf semantischer Zugehörigkeit zu diesem beruhen, in einem Payload-Attribut gespeichert.

7. *Process, ProcessComponent, ProcessStep* und *StepCondition* enthalten *kgPayload* Array-Attribute zur Speicherung vordefinierter strukturierter Wissenselemente.

Unter Berücksichtigung der aufgestellten Annahmen ergibt sich ein Prozessdatenmodell zur Abbildung dynamischer Prozessdaten, das in Abbildung 5.17 dargestellt ist.

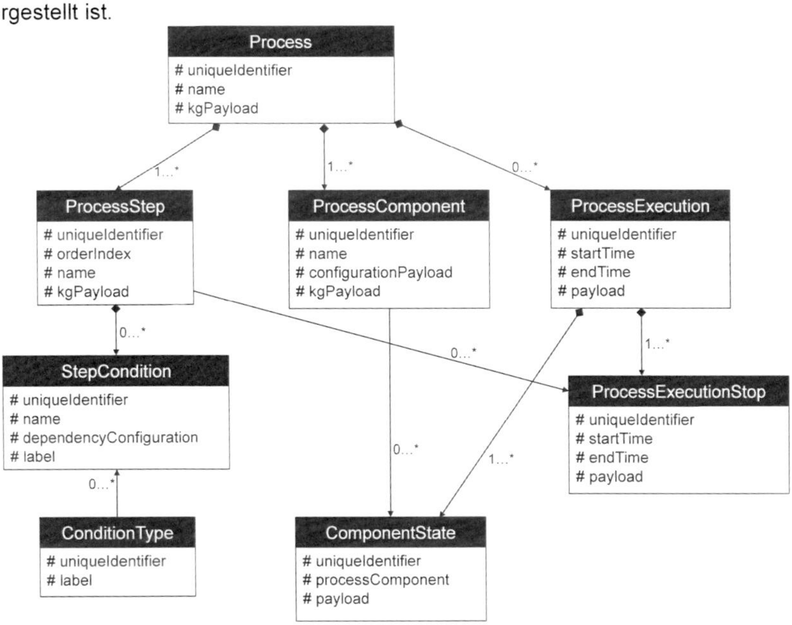

Abbildung 5.17: Prozessdatenmodell zur semantischen Abbildung dynamischer Prozessdaten

Process data model for semantic mapping of dynamic process data

Datenerfassung

Mit dem in Abbildung 5.17 dargestellten Prozessdatenmodell ist es möglich, die im Prozess anfallenden MQTT-Nachrichten, die kaum semantische Auskunft bieten, in einem semantischen Modell mit definierten Zusammenhängen zwischen den einzelnen Datenpunkten darzustellen. Das Bindeglied zwischen dem Prozessdatenmodell und den im Prozess anfallenden realen Daten sind die DEAs, die die (MQTT-)Nachrichten entsprechend dem Prozessdatenmodell verarbeiten und diesem zur Verfügung stellen können. Der modulare Aufbau der

Integrationsschnittstelle lässt die Erweiterung des Knowledge-Graphen um weitere Kommunikationsprotokolle zu. Die notwendige Bedingung dafür ist es, dass die Daten, die über das Protokoll übermittelt werden, eine korrekte Zuordnung zu einem Prozessschritt und seinen Bedingungen beinhalten.

Wissensgenerierung

Die DEAs können die Syntax und einige Aspekte des Kontextes behandeln, wie z. B. die Datenherkunft, und konsolidieren die Daten von ihren Quellen in dem beschriebenen Datenmodell. Daraufhin besteht die Herausforderung, Wissen aus diesen Daten abzuleiten, indem deren Syntax, Kontext und Ursache-Wirkungs-Beziehungen formalisiert werden. Dafür werden zwei Perspektiven der *Wissensgenerierung* in dieser Arbeit entwickelt:

- *Vordefiniertes strukturiertes Wissen* kann durch das Datenmodell gespeichert werden, daher kann jeder Prozess, *ProzessSchritt* und jede ProzessKomponente ein kgPayload-Attribut enthalten. Diese Payloads stellen strukturierte kontext- und domänenabhängige Wissenselemente dar, die mit den Ontologie-Standards SUMO und CORA modelliert werden können. Dadurch entsteht die Grundstruktur der zu entwickelnden Applikationsontologie.
- Die *Auswertung der Live-Daten* anhand des Prozessmodells liefert den dynamischen Teil der Wissensbasis. Zu diesem Zweck enthält das Prozessdatenmodell die Bedingungen für die jeweiligen Prozessschritte, mit denen sichergestellt wird, dass die Schritte korrekt stattgefunden haben. Somit werden alle Live-Daten ausgewertet, die mit den DEAs erfasst werden. Diese Live-Daten über die konkreten Prozessausführungen ergänzen die Grundstruktur der Applikationsontologie und verwandeln diese somit zu einem dynamischen Knowledge-Graphen.

Datenbereitstellung

Nach der Wissensgenerierung kann die entwickelte Wissensbasis mit den DBAs in RDF-Format überführt und dem Wissensmanagementsystem als eine Applikationsontologie zur Verfügung gestellt werden. Die Kommunikation der Ontologien kann daraufhin auf verschiedene Weisen gestaltet werden (s. Kapitel 5.3): durch eine Bridge-Ontologie, durch eine Beschreibung der Zusammenhänge zwischen den Knoten der Ontologien oder durch eine direkte Integration der Applikationsontologie in die Taskontologie als ihren Teil. Die Art der Verbindung soll in Abhängigkeit von dem vorliegenden Anwendungsfall gewählt werden.

5.3 Ausblick auf Integrationsmöglichkeiten in höhere Wissensnetzwerke – F

Outlook on integration possibilities into overarching knowledge networks

Die Relevanz der Integration des zu entwickelnden Assistenzsystems in bereits bestehende Softwarearchitekturen der Produktion wurde in Kapitel 2 ausführlich erläutert. Laut aktuellen Erkenntnissen aus dem Exzellenzcluster „Internet of Production" und anderen europäischen Forschungsinstituten (TU Wien, Universität Stuttgart) gehören dazu künftig auch übergreifende semantische Wissensnetzwerke, die zum Teil auf Ontologien basieren [SAHL21], [STEI19a], [LIPP20]. In der Produktionstechnik haben sich vier unterschiedliche Herangehensweisen am Aufbau solcher Netzwerke gezeigt, um für verschiedene Anwendungen die Informationen in der richtigen Granularität zur Verfügung zu stellen. Diese basieren auf der Ontologienhierarchie, die in Kapitel 2.4 beschrieben wurde und in die das zu entwickelnde Assistenzsystem einzuordnen ist. An dieser Stelle reiht sich dieses Unterkapitel an, in dem ein Konzept für ontologiebasierte Kommunikation zwischen Ontologien unterschiedlicher Granularitätslevels entwickelt wird, das in [MUEL22b] veröffentlicht worden ist.

Für die Gestaltung der Kommunikation zwischen den Ontologien sollen Beziehungen zwischen den Konzepten (Klassen) konzipiert werden, die im Folgenden als Mappings bezeichnet werden. Dabei können die Mappings auf drei Arten gestaltet werden:

- *Kreation* einer neuen Ontologie, die die Konzepte der beiden zu verbindenden Ontologien und deren Mappings beinhaltet. Für ein Wissensnetzwerk einer Produktionsdomäne, in dem die Daten an unterschiedlichen Produktionsassets oder sogar Standorten vorliegen, ist diese Methodik in den meisten Fällen ungeeignet.
- *Integration* der Mappings zwischen den Konzepten in eine der zu verbindenden Ontologien. Mit dieser Methodik liegt die Verantwortung über die Kommunikation vollständig auf einem der Teilnehmer dieser Kommunikation (auf der Ontologie, in der die Mappings gespeichert werden). Somit kann die die Mappings beinhaltende Ontologie als ein konsolidierendes Element agieren, an das andere Ontologien verknüpft werden können, während die zweite Ontologie an sich keine Integrationsmöglichkeiten in weitere Wissensnetzwerke besitzt.
- *Verbindung* zwischen den Ontologien mithilfe einer unabhängigen externen Bridge-Ontologie nach [XU04], in der die Mappings zwischen den Konzepten gespeichert werden. Der wesentliche Vorteil dieser Methodik besteht insbesondere in der Unabhängigkeit der zu verbindenden Ontologien zueinander, sodass die Verbindungen zwischen den Knoten in einem separaten Modell gespeichert sind.

Tabelle 5.3 gibt einen Überblick über die Möglichkeiten der Mappings zwischen verschiedenen Ontologien.

Tabelle 5.3: Möglichkeiten der Mappings zwischen Ontologien

Mapping possibilities between different ontologies

	Möglichkeiten der Ontologienmappings	Beispiel
1	**Kreation einer neuen Ontologie**	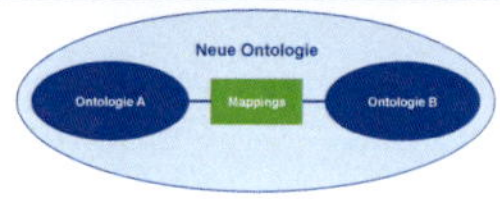
2	**Integration der Mappings in eine der zu verbindenden Ontologien**	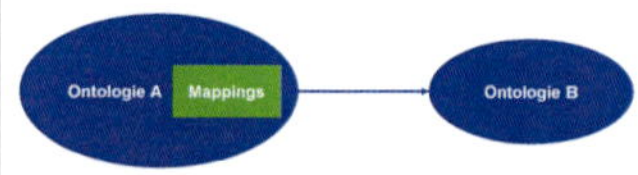
3	**Verbindung mithilfe einer Bridge-Ontologie**	

Neben der Unabhängigkeit der zu verbindenden Ontologien bietet das Konzept der Bridge-Ontologie folgende Vorteile [XU04], [MUEL22b]:

- Geringer Implementierungsaufwand: Die Konzepte der Bridge-Ontologie, die im Folgenden vorgestellt werden, sind einfach und verlangen kein Expertenwissen zur Erstellung, anders als es bei der Integration der Ontologien der Fall ist. Bei der Integration oder Schaffung einer neuen Ontologie sollen die Konzepte in die Grundstruktur der Ontologien passend eingebunden werden, ohne deren Logik zu verletzen, während die Bridge-Ontologie nach einer eigenen überschaubaren Logik aufgebaut wird.
- Robustheit: Im Fall einer Veränderung der zu verbindenden Ontologien, deren Ergänzung oder Veränderung der Klassen, lassen sich die Mappings aufwandsarm korrigieren, indem die Instanzen und deren Attribute in der Bridge-Ontologie angepasst werden.
- Skalierbarkeit: Die Bridge-Ontologie kann erweitert werden, indem neue Instanzen definiert werden.

Aus den vorgestellten Gründen wird die Integration des ontologiebasierten WMS in ein übergreifendes Wissensnetzwerk mit dem Konzept der Bridge-Ontologie gestaltet, das im Folgenden vorgestellt wird.

5.3.1 Aufbau der Bridge-Ontologie

Für die Mappings zwischen den Ontologien bietet die Ontologiesprache OWL die Funktion, innerhalb einer Ontologie über das Property *owl:SameAs* Beziehungen zu Konzepten aus anderen Ontologien herzustellen. Jedoch haben die Ontologien unterschiedlicher Systeme einen unterschiedlichen Aufbau, sodass die Herstellung einer Gleichheitsbeziehung zur Verbindung der Ontologien nicht ausreicht. Darüber hinaus werden die Ontologien in der Produktion unabhängig voneinander gespeichert und genutzt, sodass bevorzugt wird, dass die Mappings nicht innerhalb einer der Ontologien mit der *SameAs*-Beziehung dargestellt werden.

Im Gegensatz dazu beschreibt das Konzept der Bridge-Ontologie nach [XU04] eine eigenständige Ontologie, die ausschließlich dazu verwendet wird, die Mappings zwischen den Klassen zu speichern. Der prototypische Aufbau einer Bridge-Ontologie ist in dargestellt. In der Bridge-Ontologie werden die Mappings als Instanzen von Ontologieklassen dargestellt. In den Klassen werden dabei Informationen über die Art der Beziehung gespeichert.

Für die Mappings wird die Art der Verbindung zwischen den Ontologiekonzepten in zwei Oberklassen unterteilt: *Concept*- und *Relationbridges*. In *ConceptBridges* werden Beziehungen zwischen Konzepten der Datenpunkte (Klassen) beschrieben, während in *Relationbridges* die Beziehungen zwischen den Properties (dt. Eigenschaften) der Ontologien definiert werden. Die Oberklassen werden daraufhin in nach der genauen Art der Beziehung in Unterklassen unterteilt. Bei den *ConceptBridges* definiert [XU04] acht grundlegende Beziehungsmöglichkeiten zwischen den Klassen bzw. Konzepten. In der *BCequal* Klasse werden Mappings zwischen gleichen Konzepten gespeichert, die ggf. unterschiedlich benannt sein können. Mit der *BCdifferent*-Klasse können Beziehungen zwischen unterschiedlichen Konzepten hergestellt werden, mit dem Ziel, den Unterschied in der Verbindung zu betonen. Die Klassen *BCisa* und *BCinstanceof* beschreiben die beiden möglichen Richtungen für hierarchische Beziehungen zwischen Ober- und Unterklassen. *BChasa* beschreibt die Beziehung zwischen dem Teil und dem Ganzen und *BCoverlap* ähnliche, jedoch nicht gleiche Konzepte, die eine gemeinsame Beschreibungsschnittmenge haben. Die Klasse *BCopposed* definiert gegensätzliche Konzepte. Des Weiteren beschreibt die Bridge *BCconnect* Beziehungen über Konzepte, die über einen weiteren Begriff verbunden sind.

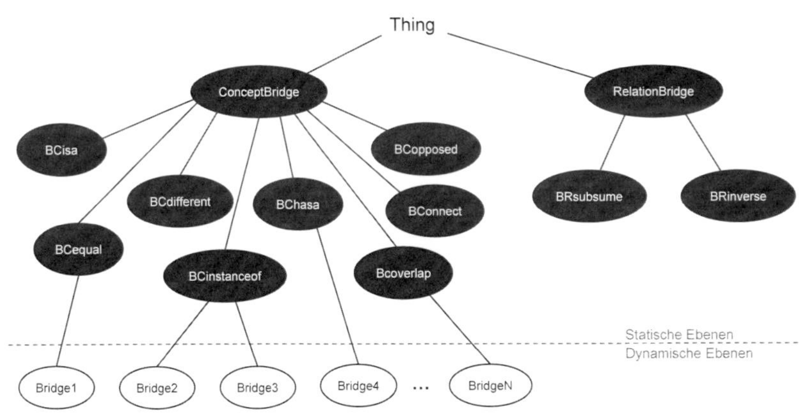

Abbildung 5.18: Aufbau einer Bridge-Ontologie i. A. a. [XU04]

Structure of a Bridge ontology acc. to [XU04]

Die *RelationBridges* werden in zwei Unterklassen aufgeteilt. Die *BRsubsume* Bridge verbindet Beziehungen, die sich zusammenfassen lassen und *BRinverse* beschreibt gegensätzliche *Properties*.

Die Bridge-Ontologie kann durch eigendefinierte Klassen erweitert werden, sodass sie sich einfach skalieren lässt. Die Klassen in der Hierarchie der Ontologie gehören zu der sog. statischen Ebene, die unabhängig von den konkreten Mappings bleibt und die Gesamtstruktur der Bridge-Ontologie abbildet. In der dynamischen Ebene werden die Mappings als Instanzen für einen spezifischen Anwendungsfall gespeichert.

Abbildung 5.19 zeigt ein Beispiel eines Bridge-Mappings, wie zwei unterschiedliche Mappings gespeichert werden können.

```
PREFIX bridge: <http://www.beispiel.de/bridgeontologie#>

bridge:Bridge1    rdf:type              bridge:Bcequal .
bridge:Bridge1    bridge:Ontologie1     „PC“ .
bridge:Bridge1    bridge:Ontologie2     „Computer“ .

bridge:Bridge2    rdf:type              bridge:Bcisa .
bridge:Bridge2    bridge:Ontologie1     „Hund“ .
bridge:Bridge2    bridge:Ontologie2     „Tier“ .
```

Abbildung 5.19: Bridge-Mapping-Beispiel

Example of a bridge mapping

Basierend auf der Bridge-Ontologie als verbindendes Element soll die Kommunikation zwischen den Ontologien aufgebaut werden, sodass die in den beiden Datenmodellen enthaltenen Werte synchronisiert sind. Somit wird die Anbindung des Wissensmanagementsystems an externe Datenquellen wie z. B. übergreifende Wissensnetzwerke mit einem höheren Abstraktionsgrad der Informationen gewährleistet.

6 Optimierungsbasierte Assistenzleistungen für das Wissensmanagementsystem

Das in Kapitel 5 beschriebene wissensbasierte semantische Wissensmanagementsystem soll im Folgenden zur Vereinfachung der Rekonfiguration roboterbasierter Prozesse verwendet werden.

6.1 Einordnung der Optimierungsfälle

Basierend auf den Ergebnissen der interviewbasierten Studie aus Kapitel 4 werden drei Hauptgründe für eine Rekonfiguration identifiziert:

1. Neue Produktvarianten;
2. Prozessfehler;
3. Unzureichende Effizienz des Produktionsprozesses.

In allen beschriebenen Fällen werden menschzentrierte Assistenzleistungen zur Reduktion der Rekonfigurationszeit von befragten Experten befürwortet. Im Rahmen des Kapitels 6 soll das konzipierte Wissensmanagementsystem bzw. der resultierende Knowledge-Graph verwendet werden, um smarte Assistenzlösungen für die drei identifizierten Rekonfigurationsursachen anzubieten.

Per Definition sind Graphen mathematische Modelle zur Beschreibung netzartiger Strukturen in Natur und Technik. Die Bedeutung der Graphentheorie in der Informatik ist sehr groß, v. a. aufgrund der Tatsache, dass viele algorithmische Probleme auf Graphen reduziert werden können [TITT19]. Dementsprechend existiert eine Vielzahl an mathematischen Methoden und Algorithmen, die zur Lösung verschiedener Optimierungsprobleme in Graphen eingesetzt werden können. Darüber hinaus können Graphen parallel zur Optimierung eingesetzt werden, indem deren netzartige Struktur einen Überblick über die Beziehungen der im Optimierungsproblem involvierten Variablen liefert, der Graph selbst jedoch nicht als mathematische Grundlage des Optimierungsproblems agiert. Im weiteren Verlauf wird ein Überblick über eine Auswahl an Optimierungsmethoden gegeben, die in einem Graphen oder im Zusammenhang mit einem Graphen eingesetzt werden können und im Rahmen dieser Dissertationsschrift relevant sind.

Dafür wird eine Auswahl an Algorithmen verwendet, die sich aufgrund der Analyse des Stands der Technik und Forschung als vielversprechend zum Einsatz in Kombination mit semantischen Knowledge-Graphen erweisen. Seit Anfang der 2000er Jahre werden immer häufiger Maschinelles Lernen (ML) und Big Data (BD) in Entscheidungsunterstutzungssystemen (EUS) eingesetzt, wobei sie v. a. zum Ziel haben, Fehler und deren Ursachen automatisiert zu analysieren. Die etablierten Anwendungsfelder dieser Technologien liegen im Bereich der automatisierten Qualitätskontrolle durch Bildverarbeitung, in der Fehlervorhersage (Predictive Maintenance) und Fehleranalyse durch Mustererkennung. Zur Fehleranalyse werden Probleme und Ursachen meistens entweder in Künstlichen Neuronalen Netzen (KNN) (s. Kap. 6.1) oder in Bayes'schen Netzen (Kap. 6.2) modelliert. [MOCK21]

Darüber hinaus lässt sich eine Vielzahl an produktionstechnischen Fragestellungen aus dem Bereich der Produktionsplanung als mathematische Optimierungsprobleme modellieren. Stark vertreten sind dabei sog. Scheduling-Optimierungsprobleme, bei denen eine optimale Anordnung von Aktivitäten unter begrenzten Ressourcen gesucht wird. Die Verbesserung der Prozesszeit zählt zu klassischen Optimierungsproblemen dieser Art [TITT19]. Daher ist Kapitel 6.3 der Evaluation des Einsatzes von MILP-Lösungsalgorithmen (*Mixed Integer Linear Programming*) zur Reduktion der Prozesszeit und der darauffolgenden Übertragung des Optimierungsergebnisses in den Knowledge-Graphen gewidmet.

Zusammenfassend werden folgende Optimierungsmethoden zum Einsatz auf semantischen Knowledge-Graphen im Rahmen des Kapitels 6 evaluiert:

- Künstliche Neuronale Netze (Kapitel 6.2);
- Bayes'sche Netze (Kapitel 6.3);
- MILP-Optimierungsmodell (Kapitel 6.4)

6.2 Prozessanpassungen bei der Einführung neuer Produktvarianten

Process adjustments due to the introduction of new products

Wie in Kapitel 4 erläutert, liegt einer der Hauptgründe für die Steuerungsrekonfiguration eines Produktionsprozesses in der Einführung neuer Produkte bzw. Produktvarianten. Sind in der Produktionsumgebung jedoch keine Tools für die Einflussanalyse der Prozessparameter im Hinblick auf die gewünschte Produktveränderung vorhanden, ist der verantwortliche Prozessexperte auf sein eigenes Prozesswissen und die Try-and-Error Methoden angewiesen, um den neuen Prozess korrekt einzustellen, s. [MUEL24b]. Aufgrund der hohen Anzahl an Prozessparametern und den daraus resultierenden Kombinationsmöglichkeiten an Prozesseinstellungen entsteht bei diesem Vorgehen ein hoher Zeit- und Ressourcenverbrauch, welcher durch eine geeignete Assistenzleistung reduziert oder ggf. sogar vermieden werden könnte.

6.2.1 Grundlagen von EUS auf Basis neuronaler Netze

Künstliche Neuronale Netze (KNN), oder heute verkürzt (wie auch aus dem medizinischen Bereich) bekannt als Neuronale Netze (NN), sind mathematische Modelle und bilden als solche einen Teilbereich des Maschinellen Lernens (ML). Sie sind in ihrer Struktur und Funktionsweise dem eines menschlichen Gehirns nachempfunden, was sich durch das Nachahmen der Art und Weise, wie biologische Neuronen Signale verarbeiten, äußert. (K)NN bestehen aus mehreren Schichten von Knoten, welche biologische Neuronen repräsentieren, und verfügen über eine Eingabeschicht, eine oder mehrere verborgene Schichten und eine Ausgabeschicht. Ähnlich wie bei biologischen Neuronen gehen in einen Knoten mehrere gewichtete Reize der vorgelagerten Neuronen ein. Wird der Schwellenwert des Neurons durch die eingehenden Reize überschritten, wird das Neuron aktiviert. [ZEIL13]

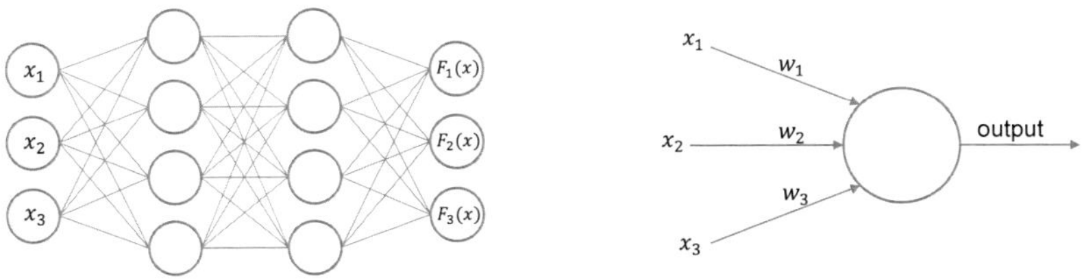

Abbildung 6.1: Beispiel für ein Feedforward-KNN

Example of a Feedforward artificial neuronal network

Bei dem präsentierten NN aus Abbildung 6.1 handelt es sich um ein einfaches Feedforward-Netzwerk, welches mit einem gerichteten und gewichteten Graphen verglichen werden kann. Jedes Neuron einer Schicht ist mit jedem Neuron der darauffolgenden Schicht verknüpft. Die Input-Informationen $x1,..x3$ fließen über die verdeckten Schichten zu den Output-Faktoren $F1(x)$ ... $Fm(x)$. Die Verknüpfung von zwei Neuronen ist über die Gewichtung ${w_{j,k}}^n$ und über den Ausgabewert $a_{j,k}$ des vorgelagerten Neurons definiert. In der Notation steht das n für die betrachtete Spalte, das j für das Neuron der vorgelagerten Schicht und k für das Neuron der nachgelagerten Schicht. Darüber hinaus verfügt jedes Neuron über einen Schwellenwert b, den Bias. Anhand der nichtlinearen Aktivierungsfunktion $\sigma(\cdot)$ eines Neurons werden die Summe der gewichteten Einflüsse mit dem Bias verrechnet und durch den Aktivierungswert ausgegeben. Dementsprechend ergibt sich der Aktivierungswert eines Neurons $\sigma(a_k^n)$, welche das k-te Neuron in der n-ten Schicht beschreibt wie folgt: $a_k^n = \sum_{i=1}^{M} w_{i,k}\, x_i + b$. Über die Definition einer Kosten-Funktion kann das NN trainiert werden. Dem Netzwerk werden Inputwerte x übergeben, von denen die resultierenden Fm(x) bekannt sind. Durch den Abgleich der Output-Werte des NNs mit den gegebenen Fm(x) Werten kann die Leistung des Netzes errechnet werden. Da die Gewichtungen des Netzwerkes bei seiner Initialisierung meist willkürlich erstellt werden, ist die Genauigkeit in der Vorhersage des Netzwerkes in den meisten Fällen relativ schlecht. Um die Kostenfunktion des Netzes zu minimieren und damit die Vorhersagegenauigkeit zu erhöhen, wird die Gradient-Descent-Methode angewandt. Dafür berechnet die Methode den Gradienten der Kostenfunktion in Bezug auf die Gewichtungen und Schwellenwerte des Netzwerkes und passt diese Parameter in entgegengesetzter Richtung des Gradienten an. Die Herausforderung bei der Anwendung der Gradient-Descent-Methode liegt in dem Berechnen der partiellen Ableitungen der Kostenfunktion, wenn jede einzelne Gewichtung und jeder Bias beachtet werden müssen. Dieses Problem wird über die Backpropagation gelöst: Der Algorithmus gibt vor, wie die Werte für die letzte Schicht berechnet werden, und geht dann induktiv "rückwärts" durch das Netzwerk, um die partiellen Ableitungen jeder Schicht zu berechnen, bis er die erste Schicht des Netzwerkes erreicht. Darauf basierend werden die Gewichtungen und Biaswerte angepasst und das Netzwerk optimiert. [GUIL18], [BISH06]

Anwendungsgebiete Künstlicher Neuronaler Netze

Der grundlegendste Nutzen von (K)NN besteht darin, dass sie verwendet werden können, um auf Basis von Beobachtungen eine Funktion abzuleiten. Dies ist besonders für Anwendungen nützlich, in denen die Komplexität der Daten es nicht praktikabel macht, eine Funktion selbst zu definieren. Aufgrund der vielseitigen Einsatzmöglichkeiten von (K)NN finden diese in den unterschiedlichsten Branchen und Industriezweigen Anwendung. So bestehen die Möglichkeiten des Einsatzes Künstlicher Neuronaler Netze beispielsweise in der Medizintechnik. Besonders die Mustererkennung in pathologischen Befunden ist dabei ein breit genutztes Feld, um Diagnosen von KNN anfertigen zu lassen. Dabei werden besonders die Klassifizierungseigenschaften von Künstlichen Neuronalen Netzen genutzt, um einen pathologischen Bericht (CT-Scan, Blutwert, Urinprobe) auszuwerten. Aufgrund der großen Datenmenge in der Produktion haben sich KNN als ein geeignetes Analysetool für produzierende Unternehmen etabliert. Dabei variieren die Anwendungsmöglichkeiten von einer Qualitätskontrolle und Predictive Maintenance durch KNN bis hin zu einer KNN-basierten Prozesskontrolle. [HYUN01]

In der Vergangenheit wurden bereits einige Versuche unternommen, das Feld von KNN mit dem eines ontologiebasierten Wissensmanagements zu verbinden. Daraus sind unterschiedliche Ansätze entstanden. [XUE21] versuchten, mehrere Ontologien anhand von NN zusammenzuführen. [BENA19] verfolgen den Ansatz, Konzepte und Individuen einer Ontologie in einen niedrig-dimensionalen Vektor umzuwandeln, damit diese als Input für Maschinelles Lernen in Form von Künstlichen Neuronalen Netzen genutzt werden können.

6.2.2 Vorgehensweise

Der Aufbau der entscheidungsunterstützenden Assistenzleistung auf Basis von KNN lässt sich gemäß dem geforderten Funktionsumfang in drei Hauptkomponenten einordnen – der Prozessdefinition, dem Erstellen eines KNN zur Parametereinflussanalyse und dem Abfragen des Künstlichen Neuronalen Netzes (s. Abbildung 6.2).

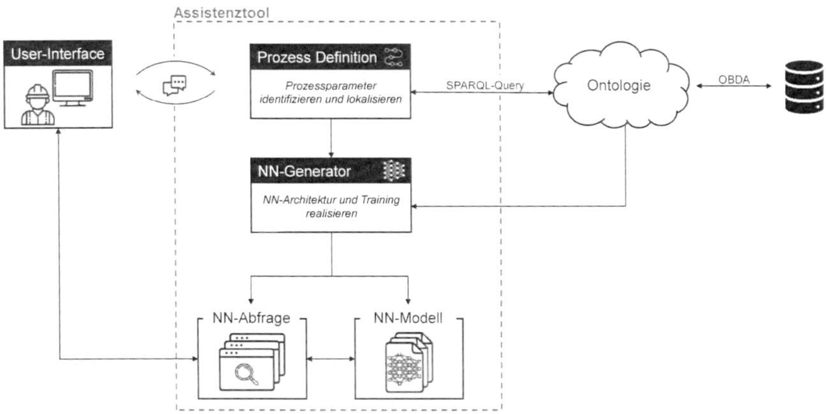

Abbildung 6.2: Bestandteile der KNN-basierten Assistenzleistung

Components of an artificial neural network-based assistance service

Zwecks der Identifikation und Definition des zu analysierenden Produktionsprozesses aus der Vielzahl an vorliegenden Daten in dem konzipierten WM wird die *Prozessdefinition* eingeführt. Hierbei wird dem User über ein Interface die Möglichkeit gegeben, den relevanten Prozess in der Ontologie zu lokalisieren und relevante Input- und Output-Parameter zu definieren. Die Eingaben des Users werden in Form einer SPARQL-Abfrage an den Knowledge-Graphen des WMS weitergeleitet, welches die notwendigen Daten über eine OBDA-Schnittstelle aus den entsprechenden Datenbanken extrahiert. Während die Prozessdefinition die nötigen Informationen über die Architektur und den Aufbau des Künstlichen Neuronalen Netzes an die zweite Komponente des Assistenzsystems bereitstellt, den *KNN-Generator,* dienen die extrahierten Daten als Trainingsgrundlage für den Algorithmus. Der dritte Bestandteil des Assistenzsystems beinhaltet das Abspeichern des prozessspezifischen *KNN-Modells* und der damit verbundenen *Abfragefunktion*. Durch die individuelle Definition des Prozesses ist es notwendig, für jedes erzeugte KNN eine eigene Abfragefunktion zu erstellen, was automatisch durch den *KNN-Generator* erfolgt. Im Folgenden werden die einzelnen Schritte näher erläutert.

Prozessidentifikation und -definition

Die Prozessdefinition dient in erster Linie dazu, die umzustellende Produktionsanlage digital anhand der relevanten Kenngrößen zu beschreiben. Dafür ist es notwendig, alle Parameter, die einen Einfluss auf das Prozessergebnis haben, in dem vorliegenden WMS zu identifizieren. In Abbildung 6.3 ist ein Ablaufdiagramm abgebildet, welches die Prozessdefinition veranschaulicht.

Zunächst wird der grundlegende Produktionsprozess aus dem WMS ausgewählt. Hierfür wird eine standardisierte SPARQL-Abfrage an den Knowledge-Graphen gestellt, um alle vorhandenen Prozesse aufzulisten. Besteht der einzustellende Prozess aus mehreren Unterprozessen, können an dieser Stelle auch mehrere

Prozesse ausgewählt werden, um diese in der Lösung zu kombinieren. Sind alle Teilprozesse ausgewählt und kombiniert, wird eine Anfrage an den KG des WMS gestellt, um sich die mit den einzelnen Prozessen verknüpften Prozessparameter ausgeben zu lassen.

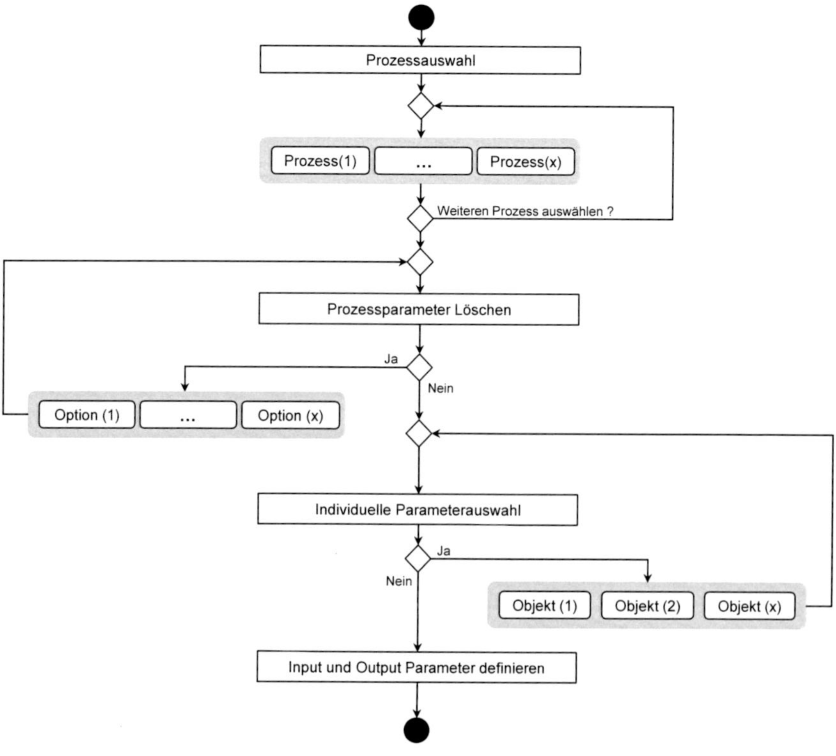

Abbildung 6.3: Ablaufdiagramm der Prozessdefinition

Flow chart of the process definition

Die resultierende Menge an Prozessparametern enthält noch Parameter, welche nicht zwingend einen Einfluss auf das Prozessergebnis haben. Durch die Möglichkeit, einzelne Prozessparameter zu löschen, kann der Experte sein spezifisches Prozesswissen einfließen lassen und die Menge an Prozessparametern erheblich zu minimieren. Je weniger Parameter ohne Einfluss auf das Prozessergebnis, desto besser ist die Genauigkeit des zu trainierenden KNNs.

Im nächsten Schritt können weitere, einzelne Einflussfaktoren in Form von Objekten hinzugefügt werden. Ein Objekt repräsentiert in diesem Zusammenhang eine Produktionskomponente wie z. B. einen Sensor. Dieser Schritt bietet eine weitere Möglichkeit, das Expertenwissen über den Produktionsprozess einfließen zu lassen. So lassen sich dem einzustellenden Prozess weitere Parametereinflüsse hinzufügen, welche nicht im zugrundeliegenden Knowledge-Graphen berücksichtigt wurden.

Im letzten Schritt der Prozessdefinition bestimmt der Anwender aus der Menge an ausgewählten Prozessparametern die Ein- und Ausgangsparameter des einzustellenden Prozesses. Hierbei beziehen sich diese Parameter jedoch nicht auf den Produktionsprozess, sondern auf das Künstliche Neuronale Netz. Der Anwender wählt aus den Prozessparametern jene als Eingangsparameter aus, die er dem Algorithmus in einer späteren Abfrage vorgeben möchte. Als Ausgangsparameter definiert er jene, welche er sich durch den Algorithmus ausgeben lassen möchte.

Erstellung des Künstlichen Neuronalen Netzes

Der *KNN-Generator* ist verantwortlich für die Erstellung des Künstlichen Neuronalen Netzes. Dafür werden zunächst die Angaben bei der Prozessdefinition genutzt, um die Architektur des Künstlichen Neuronalen Netzes vorzugeben. Die deklarierten Eingangsparameter geben die Anzahl an Neuronen in der Input-Schicht des Netzes wieder und die Ausgangsparameter die Anzahl an Neuronen in der Output-Schicht. Darüber hinaus verfügt das Künstliche Neuronale Netz noch über zwei weitere verdeckte Schichten. Die Anzahl der Neuronen in der ersten Schicht bestimmt sich durch die Menge an ausgewählten Prozessparametern und die zweite Schicht ergibt sich durch die Anzahl der Output-Parameter, multipliziert mit dem Faktor zwei (s. Abbildung 6.4). Diese Netzstruktur ist beispielhaft und kann in Abhängigkeit von der Komplexität des vorliegenden Anwendungsfalls angepasst werden.

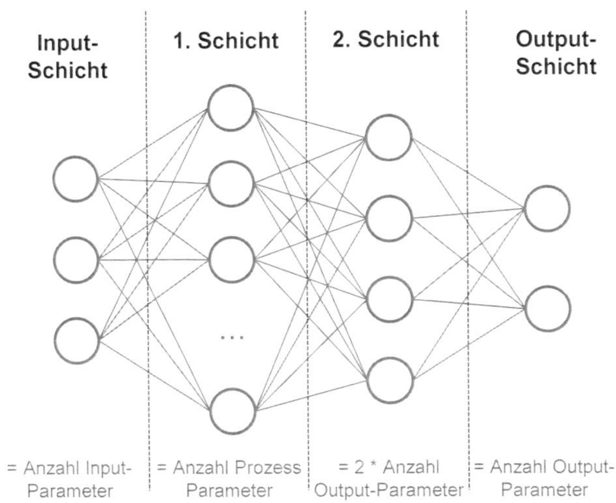

Abbildung 6.4: Struktur des Künstlichen Neuronalen Netzes der Assistenzleistung

Structure of the artificial neural network of the assistance service

Demnach passt sich die Größe des resultierenden Netzes dem definierten Prozess in Form einer variierender Neuronenanzahl an, während die Anzahl der Schichten unverändert bleibt.

Weitere unveränderliche, einzustellende Eigenschaften des KNN wie die Lernrate und die Aktivierungsfunktion können einfachheitshalber voreingestellt und dementsprechend unabhängig von dem untersuchten Produktionsprozess betrachtet werden. Diese Vereinfachung kann vor dem Hintergrund der relativ geringen Komplexität und Größe des WMS getroffen werden.

Die durch die *Prozessdefinition* erstellte SPARQL-Abfrage an den Knowledge-Graphen resultiert in einem Ergebnis, welches alle Vergangenheitsdaten der ausgewählten Prozessparameter beinhaltet. Dieses Ergebnis wird in ein geeignetes Dataframe überführt und dem KNN-Generator zur Verfügung gestellt. Die Daten werden automatisch in Trainings- und Testdaten aufgeteilt, wobei die Testdaten insgesamt 20 % der Gesamtmenge ausmachen. Weitere Trainingseinstellungen wie die Verlustfunktion, die Anzahl der Epochen und der Batch-Größe werden einmalig eingestellt und für alle Modelle übernommen. Anschließend wird das KNN auf Basis der Trainingsdaten trainiert und das trainierte Modell anhand der Testdaten evaluiert. Befindet sich die Genauigkeit des Modells in einem annehmbaren Bereich, wird das resultierende Modell mit entsprechender Benennung abgespeichert.

Parameterabfrage

Aufgrund der individuellen Gestaltung des Künstlichen Neuronalen Netzes muss auch die entsprechende Abfragefunktion auf Grundlage der *Prozessdefinition* und des *KNN-Generators* erstellt werden.

Anhand der *Prozessdefinition* wird die Eingabeaufforderung für den Anwender definiert, welche das Abfragen der notwendigen Eingangsparameter beinhaltet. Die dafür benötigte Information ist demnach die Anzahl der Parameter und die jeweiligen Parameternamen. Bei der resultierenden Abfragefunktion wird der Anwender nacheinander aufgefordert, die Werte für die respektiven Eingangsparameter anzugeben. Von dem *KNN-Generator* erhält die Abfragefunktion die Information über die Benennung des zugrundeliegenden NN-Modells.

Resultierend ergibt sich eine entscheidungsunterstützende Assistenzleistung, die dem Anwender die Möglichkeit gibt, mit einem geringen Aufwand die Parametereinflüsse hinsichtlich des Prozessziels anhand der Vergangenheitsdaten zu analysieren und entsprechend der neuen Produktvariante anzupassen. Zum einen wird dafür das spezifische Wissen des Prozessexperten benötigt, welche Teilprozesse der Produktion von einer spezifischen Produktänderung betroffen sind. Dazu zählt die Identifikation der einstellbaren Prozessparameter und der Sensorwerte, welche Auskunft über das Prozessergebnis geben. Zum anderen wird das Wissen über die Datenmodellierung der Produktionsumgebung benötigt, um die Daten der identifizierten Parameter zu lokalisieren.

6.3 Ursachenfindung für bestehende Prozessfehler

6.3.1 Grundlagen von EUS auf Basis Bayes'scher Netze

Ein Bayes'sches Netz stellt einen gerichteten azyklischen Graphen dar, in dem die Knoten Zufallsvariablen und die Kanten bedingte Abhängigkeiten zwischen den Variablen beschreiben, wobei alle Kanten eine definierte Richtung haben. Jeder Knoten des Netzes verfügt über eine bedingte Wahrscheinlichkeitsverteilung der durch ihn repräsentierten Zufallsvariablen, gegeben durch die Zufallsvariablen an den Elternknoten. Diese Verteilung wird häufig durch eine Normalverteilung repräsentiert. Ein Bayes'sches Netz hat zum Ziel, die gemeinsame Wahrscheinlichkeitsverteilung aller beteiligten Variablen unter Ausnutzung bekannter bedingter Unabhängigkeiten möglichst kompakt zu repräsentieren [NEAP04].

Sind $X_1, \ldots, X_n$ einige der im Graphen vorkommenden Zufallsvariablen, so kann deren gemeinsame Verteilung mit $P(X_1, \ldots, X_n) = \prod_{i=1}^{n} P(X_i | Eltern(X_i))$ berechnet werden. Dabei steht $P(X_1, \ldots, X_n)$ für die gemeinsame Wahrscheinlichkeitsverteilung der Zufallsvariablen $X_1, \ldots, X_n$. Hat ein Knoten keine Eltern, so hat er eine unbedingte Verteilung.

In vielen Fällen ist die Randwahrscheinlichkeit eines Ereignisses von Interesse, die man durch Marginalisierung über alle möglichen Realisierungen x_j im Zustandsraum E_j der Zufallsvariablen X_j erhält [JENS02], [NEAP04].

Falls aus vorliegenden Daten ein Bayes'sches Netz automatisch erzeugt werden soll, in dem die vorhandenen Daten möglichst gut beschrieben sind, so stellen sich zwei mögliche Ausgangssituationen: Entweder ist die Graphenstruktur des Netzes bereits gegeben, sodass man sich nur noch um die Berechnung der bedingten Wahrscheinlichkeitsverteilungen an den Knoten des Netzes kümmern muss, oder es muss neben den Parametern auch eine Struktur eines geeigneten Netzes gelernt werden. Die Verwendung eines vorhandenen Knowledge-Graphen in Kombination mit einem Bayes'schen Netz ermöglicht die Vereinfachung der zweiten Ausgangssituation zu der ersten, sodass die Graphenstruktur nicht gelernt werden muss [JENS02].

Laut aktuellem Stand der Technik und Forschung kommen KNN und BN unter anderem in Bioinformatik, Musteranalyse, Medizin und Ingenieurwissenschaften zur Anwendung [RICH20], [JENS02]. Anders als KNN sind BN in ihrer Struktur meist nachvollziehbar und für den Menschen logisch aufgebaut. Sie werden meist genau dann verwendet, wenn das Vorwissen über ein aufgetretenes Ereignis wie z. B. Prozessfehler vorliegt und das Wissen über kausale (ungleich korrelierte) Verbindungen zwischen Ursache und Wirkung formalisiert wurde (siehe 2.3 zu semantischen Technologien). Der Fokus Bayes'scher Netze liegt auf der Ausnutzung von deren graphischen Strukturen zur Ermöglichung abduktiver und deduktiver Schlüsse, die durch die verschiedenen Inferenzalgorithmen realisiert werden. [RICH20]

EUS zur Fehleranalyse, die BN als mathematische Grundlage verwenden, sind z. B. GeNIe Modeler, BayesServer und UnBBayes. [BAYE23a], [MARC20], [BAYE23b] In den vorhandenen EUS werden BN entweder aus Daten gelernt oder händisch nachgebildet. Falls die Modelle aus Daten gelernt werden, bilden dafür Vergangenheitsdaten die Grundlage. Es werden sowohl das Netz selbst als auch die Parameter des Netzes gelernt. Eine automatische Modellierung des BNs ohne Vergangenheitsdaten ist jedoch aktuell nicht möglich. Darüber hinaus bieten die meisten verfügbaren Tools keine Schnittstelle zu semantischen Modellen bzw. Knowledge-Graphen, sodass sich diese nicht zur Anwendung im Kontext dieser Arbeit eignen.

BN können ebenfalls als semantische Netze aufgefasst werden, die zum probabilistischen Reasoning benutzt werden können. [DENG11, S. 76] Eine OWL-Erweiterung PR-OWL ermöglicht die Darstellung und Speicherung von Ontologien auf herkömmliche Weise im OWL-Format. Darüber hinaus können vorhandene Klassen mit CPDs (kurz für engl. *conditional probability distribution*, dt. bedingte Wahrscheinlichkeitsverteilung) erweitert werden, sodass aus der Ontologie bei Bedarf automatisch ein BN erzeugt wird. Dafür müssen gewisse Kriterien erfüllt werden, wie z. B. Kreisfreiheit, sodass die Ontologie für eine solche Transformation speziell ausgelegt werden soll. [CARV17]

6.3.2 Vorgehensweise

Abbildung 6.5 gibt einen Überblick über die entwickelte Methodik der Nutzung von Bayes'schen Netzen in Kombination mit dem Knowledge-Graphen des Wissensmanagementsystems zur Ursachenfindung möglicher Prozessfehler. Im Folgenden wird die Vorgehensweise der Methodik, die in [MUEL24b] in Detail beschrieben worden ist, näher erläutert.

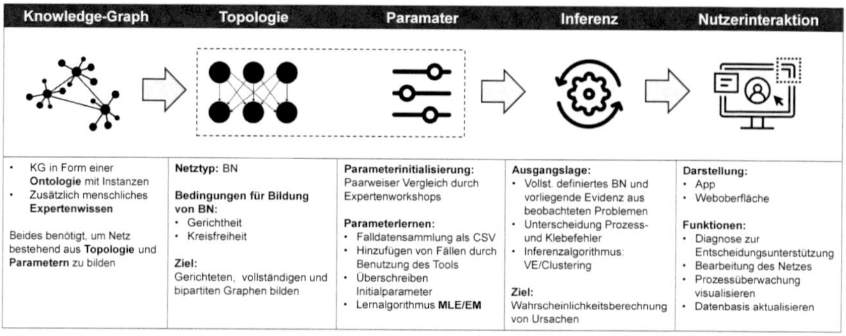

Abbildung 6.5: Methodik zum Aufbau der Assistenzleistung auf Basis von BN

Methodology for developing the assistance service on the basis of Bayesian networks (BN)

Der Aufbau des Diagnosetools ist an den Vorschlag von [UNGE19] angelehnt. Es wird eine Assistenzleistung auf Basis eines Bayes'schen Netzes entwickelt, die aus impliziten Wissensquellen, die im Wissensmanagementsystem aus Kap. 5 verbunden worden sind, explizite Handlungsempfehlungen zur Fehlerbehebung ableiten kann.

Dafür muss die Gesamtheit des Wissens zunächst in Form einer Topologie systematisiert werden. Die Topologie beschreibt dabei den formellen Aufbau des Bayes'schen Netzes. Anschließend werden die Knoten mit Parametern ergänzt, die die Verarbeitung und die Inferenz ermöglichen. Im Folgenden werden Prozess- und Produktfehler vereinfachend als Problem bezeichnet.

Für die Topologie kommen sowohl BN- als auch KNN-Netztypen infrage. In dieser Arbeit wird sich für ein BN entschieden, weil diese in der Praxis, insbesondere in der medizinischen Diagnostik und der Maschinenfehleranalyse, weit verbreitet sind und für den Menschen intuitiv verständlich sind (s. o.). Das BN wird dabei aus dem Knowledge-Graphen des WMS aus Kap. 5 automatisiert abgeleitet. Mithilfe semantischer Datenbeschreibung ist es möglich, im *Knowledge Graph* Ursache-Wirkungs-Beziehungen zu finden und im BN wiederaufzustellen.

Um die Parameter zu modellieren, müssen zur Initialisierung Experten herangezogen werden. Nachdem das BN mit Initialparametern befüllt wurde, besteht die Möglichkeit, dieses mit Produktionsdaten dynamisch zu verbessern. Zum Parameterlernen werden gängige Lernalgorithmen verwendet (s. u.). Erweiterungen des KG um neue Instanzen werden automatisch im BN übernommen und die Parameter neu initialisiert.

Mit den Grundlagen zur Topologie und den Parametern wird die Inferenz konzeptioniert, wofür die Methoden *Variable Elimination* und *Clustering-Algorithmen* in Frage kommen, deren Performance miteinander verglichen wird.

Topologieerstellung

Für eine Transformation von KG zu BN müssen zwei notwendige Bedingungen erfüllt sein: Der als BN darzustellende Graph muss gerichtet und azyklisch sein. Die Gerichtetheit ist grundsätzlich in einem nach OWL- und RDF-Prinzipien erstelltem KG gegeben. In diesem Fall gilt das Subjekt-Prädikat-Objekt-Prinzip bei den Statements und alle Kanten im KG sind in jedem Fall gerichtet, wobei jedoch gerichtete Kreise im KG auftreten können [MABR22]. Das Problem wird in dieser Arbeit mithilfe gerichteter und vollständiger bipartiter Graphen umgangen.

Zur Transformation in ein Bayes'sches Netz wird lediglich die Knotenmenge des KG verwendet, die die im Prozess auftretenden Fehler und deren Ursachen beschreibt. Weitere Klassen des KG werden vernachlässigt. Die Knotenmenge stammt dabei aus einer anwendungsfallspezifischen Erweiterung des KG, da keine der für die Konzeption verwendeten Normen (s. Kapitel 5.1: CORA, SUMO, POS) eine konzeptionelle Beschreibung möglicher Prozessfehler und deren Ursachen enthält.

Um ein auf KG universell einsetzbares Konzept der Assistenzleistung zu entwickeln, werden Relationen zwischen den Instanzen im KG zunächst vernachlässigt. In das aufzustellende BN werden im ersten Schritt die Instanzen und die Klassen ohne die diese verbindenden Kantenbeziehungen übernommen. Die Verbindungen zwischen den Klassen und dazugehörigen Instanzen werden erst im Nachhinein angelegt, wenn die Parameter, oder die CPDs, definiert werden. Aus der resultierenden Knotenmenge aus Klassen und Instanzen wird daraufhin ein vollständiger bipartiter Graph erstellt).

Dafür wird initial angenommen, dass alle Instanzen zu allen Klassen gehören. Diese Annahme wird mit Expertenwissen und Beobachtungen im Laufe der Parameterverbesserung durch Kantengewichtung korrigiert. Nach diesem Prinzip werden alle angelegten Prozessfehler sowie mögliche Ursachen dafür aus dem KG extrahiert und zu einem vollständigen bipartiten Graphen verbunden. Wenn sich der KG verändert, wenn z. B. neue Klassen oder Instanzen dazukommen, wird auch die Problemmenge im BN verändert, sodass der KG vor jeder Inferenz neu analysiert und aktualisiert wird.

Parametermodellierung

Da jeder Knoten im BN eine CPD besitzt, die die Relation zu den Elternknoten beschreibt, kann jede Kante im BN „ein- und ausgeschaltet" werden, indem sie stärker oder schwächer gewichtet wird. Jede Wahrscheinlichkeitstabelle muss dafür zunächst durch händisches Befüllen oder durch algorithmische Verfahren initialisiert werden. Zwecks Integration des vorhandenen Expertenwissens als eins der Ziele des Vorhabens wird im Rahmen dieser Arbeit auf ausreichendes händisches Befüllen konzentriert.

Um die CPDs auszufüllen, werden systematisierte Expertenworkshops verwendet. Dabei wird jede Alternative mit jeder anderen verglichen und als „wahrscheinlicher = 2", „gleichwahrscheinlich = 1 oder „weniger wahrscheinlich = 0" eingestuft. Dann wird für jede Ursache summiert und auf die Gesamtsumme aller Ursachen gewichtet. So erhalt man die relative Bedeutung der Ursache und ihren Rang. Abbildung 6.6 demonstriert die Vorgehensweise.

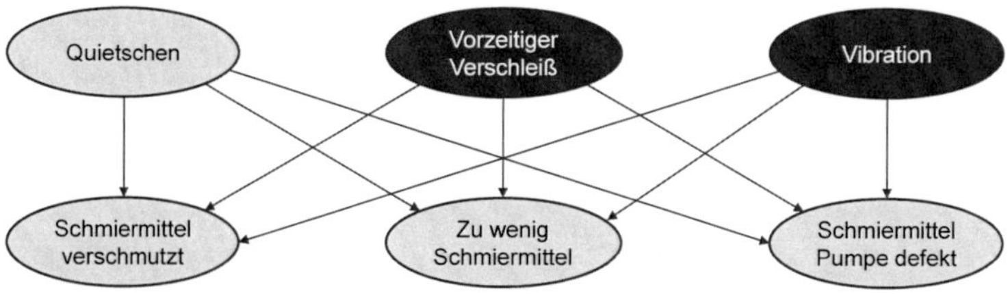

Zeile wahrscheinlicher als Spalte ? Ja=2 Nein=0 Gleich=1	Verschmutzung	Zu wenig Schmier-mittel	Defekte Pumpe	Summe	Rang	Rel. Bedeutung
Verschmutzung	-	1	0	1	2	16,67 %
Zu wenig Schmiermittel	1	-	0	1	2	16,67 %
Defekte Pumpe	2	2	-	4	1	66,6 %

Abbildung 6.6: Parametermodellierung mithilfe einer Wahrscheinlichkeitstabelle

Parameter modelling using a probability table

In Abbildung 6.6 ist ein Beispiel zur Ursachenfindung von Problemen an einer Lagerung dargestellt. Die Kanten zeigen von Problem zu Ursache. Alle Knoten haben die Zustände „wahr“ oder „falsch“. Um die Matrix aufzustellen, wird eine Zustandskombination aus allen möglichen Kombinationen ausgewählt. Die Knoten mit dem Zustand „wahr“ sind dunkelblau markiert. In der Matrix wird nach der wahrscheinlicheren Ursache gefragt, indem der Zeileneintrag mit dem Spalteneintrag verglichen wird. Daraus ergeben sich der Rang und die relative Bedeutung der Ursache für das Problembild. Im dargestellten Beispiel ist die Pumpe mit einer Wahrscheinlichkeit von 66,66 % defekt und mit jeweils einer Wahrscheinlichkeit von 16,67 % ist Schmutz im Schmiermittel oder der Schmiermittelfluss ist zu gering. Dieses Schema wird für alle 2^3 = 8 Kombinationen der Probleme durchgeführt, wodurch sich die Gesamtheit aller Wahrscheinlichkeiten ergibt. Diese Wahrscheinlichkeiten bieten eine belastbare Übersicht über die Bedeutung der Ursachen im relativen Vergleich und erlauben deren Einordung.

Nach der Initialisierung der Knoten wird das Parameterlernen umgesetzt, wozu Falldaten notwendig sind. Beobachtungen können dabei in herkömmlichen Datenspeicherungsformaten wie z. B. CSV-Dateien gespeichert werden. In diesem Konzept wird eine CSV verwendet, bei der die Spaltennamen den Elementen der Gesamtmenge der Knoten im BN entsprechen, sodass sie alle Probleme und Ursachen erhält. Es wird immer genau dann eine Zeile manuell hinzugefugt, wenn eine Problem-Ursache-Kombination beobachtet wurde. Darüber hinaus wird eine Schnittstelle zu dynamischen Datenquellen konzipiert (hier: MQTT) sodass Prozessprobleme automatisch in die Falldatensammlung übernommen werden.

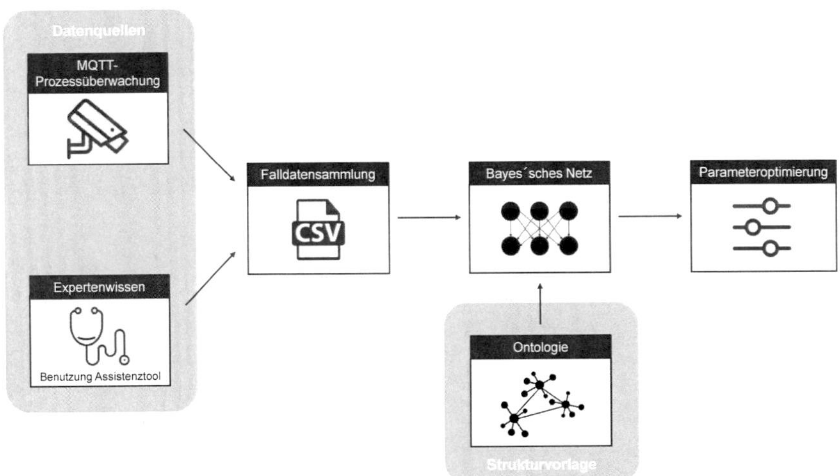

Abbildung 6.7: Datenfluss der Datenerfassung der auf BN basierenden Assistenzleistung

Data flow of the data collection of the assistance service based on BN

Mit den Falldaten werden dann die Parameter algorithmisch aktualisiert und verbessert. Parameterverbesserungen aus den dynamischen Prozessdaten erhalten eine stärkere Gewichtung als die aus den Expertenworkshops, weil diese Daten reale Produktionsprozessdaten abbilden, die nicht durch menschliche Schätzungen verzerrt sind. Mögliche Algorithmen zum Parameterlernen sind z. B. MLE und EM. Die aktualisierten Parameter werden in den CPDs abgespeichert, indem die neuen CPDs die bereits vorhandenen überschreiben. Somit steht für den nachfolgenden Schritt der Inferenz ein vollständiges BN zur Verfügung.

Bei der MQTT-Prozessüberwachung werden Nachrichten der einzelnen Prozesskomponenten, die jeweils Clients sind, empfangen und ausgewertet. Mithilfe der logischen Reihenfolge der Nachrichten und der Zeitintervalle, in denen die Nachrichten empfangen werden, können Rückschlüsse auf Prozessfehler gezogen werden. Die Assistenzleistung wird im Fall eines Prozessfehlers wie z. B. fehlender oder verzögerter Prozessstart automatisch gestartet und nach der Ursache gesucht. Wenn eine Fehlerursache aus Vergangenheitsdaten oder aus der Prozessablauflogik identifiziert werden kann, dann wird die Kombination aus Fehler und Ursache in die CSV-Falldatensammlung eingetragen. Bei neuen Fehlern und neuen identifizierten Ursachen wird der KG erweitert und es werden die neuen Instanzen dem BN nach hinzugefugt. Um die neuen CPDs zu initialisieren, erhalten die Knoten in der CSV eine neue Spalte und alle Zustände der Knoten werden in vorigen Fallen auf „falsch" gesetzt, da angenommen wird, dass diese Fehler nie vorgekommen bzw. beobachtet wurden. Die Vorgehensweise ist in Abbildung 6.7 dargestellt.

Inferenzmechanismus

Bayes'sche Inferenz (BI) umfasst das Schließen oder Schlussfolgern auf Posterior-Verteilungen aus vorhandenen Evidenzen. BI wird angewandt, wenn Handlungsempfehlungen generiert werden müssen bzw. wenn ein Problem vorliegt, das entweder automatisch oder durch einen Prozessbetreiber beobachtet wurde. Die beobachteten Probleme werden als „wahr" markiert. Somit ist von den beteiligten Variablen der Wert bekannt, d. h., es liegt Evidenz vor und es kann mithilfe verschiedener Algorithmen auch die bedingte Wahrscheinlichkeitsverteilung von Fehlerursachen $X_1, \dots, X_n$ mit gegebenen Fehlern $E_1, \dots, E_m$ berechnet (s. o.) und damit Inferenz betrieben werden.

Die für die Inferenz zu verwendenden Algorithmen sind in der Lage, von Vergangenheitsdaten auf momentane Zustände zu schließen. Dazu gehören v. a. die Variable Elimination (VE) und Clustering-Algorithmen, deren Wirkweise u. a. in [DARW03], [LIKA03], [JENS07] nachgelesen werden kann. Diese Algorithmen kommen zum Einsatz, wenn die Graphenstruktur des Netzes bereits gegeben ist, sodass man sich nur noch um die Berechnung der bedingten Wahrscheinlichkeitsverteilungen an den Knoten des Netzes kümmern muss. In dem Fall dieser Arbeit ist die Struktur des Netzes durch den Knowledge-Graphen des Wissensmanagementsystems vorgegeben. Nach dem Abschließen der Inferenz liegen die Wahrscheinlichkeiten der einzelnen Fehlerursachen vor und können sortiert werden.

Nutzerinteraktion

Im letzten Schritt der Konzeption der Assistenzleistung werden die erlangten Erkenntnisse übersichtlich in einer Oberfläche für den Anwender umgesetzt. Im Backend werden die Bayes'sche Inferenz und das Bayes'sche Lernen realisiert. Zusammengefasst umfasst die konzipierte Assistenzleistung folgende Funktionalitäten:

- Möglichkeit der Eingabe aufgetretener Störungen, darauffolgende Sortierung der wahrscheinlichen Ursachen;
- Im Fall einer neuen Prozessstörung: Automatisches oder manuelles Hinzufügen des Problemknotens zum BN und KG des Wissensmanagementsystems inkl. Initialisierung der CPD;
- Automatisches Erkennen von Prozessfehlern, die in der M2M-Kommunikation entstanden sind (durch die konzipierte Schnittstelle zu dynamischen Prozessdaten);
- Speicherung der gesamten Datengrundlage in einer CSV-Datei.

Zusammengefasst bietet das entwickelte Konzept den Rahmen, beliebige Knowledge-Graphen basierend auf OWL-Ontologien in Bayes'sche Netze zu übertragen. Dazu wurde die Struktur des Bayes'schen Netzes als vollständiger, gerichteter, bipartiter Graph definiert, damit die identifizierten Bedingungen von Kreisfreiheit (der Graph enthält keine einfachen Kreise) und Gerichtetheit (alle Graphenkanten haben eine definierte Richtung) eingehalten werden. Außerdem wurde eine objektive Parameterinitialisierung durch paarweisen Vergleich entwickelt, um das Netz zu vervollständigen. In diesem Schritt wird Expertenwissen konserviert. Zudem wurde eine Herangehensweise zur Speicherung von Falldaten entwickelt, um die Parameter zu verbessern und das Expertenwissen digital weiterzuentwickeln. Auch wurde ein Rahmen geschaffen, nach Ursachen für Qualitätsmängel oder Prozessfehler zu suchen, indem eine Handlungsreihenfolge vorgeschlagen wird, die mögliche Ursachen auflistet und sortiert. Zu diesem Zweck wurden Inferenz- und Lernalgorithmen ausgewählt.

6.4 Prozesszeitoptimierung

Mangelnde Prozesseffizienz insb. in Bezug auf Prozesszeiten wurde in den Experteninterviews der durchgeführten Studie (s. Kap. 4) als einer der häufigsten Gründe für eine Rekonfiguration der Prozesssteuerung genannt. Zur Bewältigung dieser Herausforderung bedarf es smarter anwenderzentrierter Assistenzleistung, die auf Basis des konzipierten KG-basierten Wissensmanagementsystems entwickelt wird. Im Gegensatz zu den Assistenzleistungen aus Kapitel 6.1 und 6.2 stellt der KG nicht die Datengrundlage für die Optimierung dar, sondern agiert als ein Bindeglied zwischen dem Optimierungsalgorithmus und den im KG dargestellten Datenzusammenhängen. Der Optimierungsalgorithmus bedient sich einer

Prozessdatenbank als Datengrundlage, die mittels OBDA-Ansatz mit dem KG verbunden ist, sodass die Ergebnisse der Prozesszeitoptimierung (Optimierungspotentiale) mittels KG mir den jeweiligen Variablen in Verbindung gemacht werden können. Diese Variablen können daraufhin entsprechend angepasst werden, um die Prozesszeit auf den gewünschten optimalen Wert zu bringen. Diese Assistenzfunktionalität wird entwickelt, um die Eignung eines KG mit einer OBDA-Schnittstelle als einen flexiblen Wegweiser bzw. Datenkatalog für verschiedene weiterführende Datenoperationen zu demonstrieren.

6.4.1 Parallel Machine Scheduling: Grundlagen

Mathematische Optimierungsprobleme lassen sich in lineare, ganzzahlig lineare, kombinatorische und nichtlineare Probleme unterteilen. Die Klassifizierung verschiedener Optimierungsarten erfolgt durch die Betrachtung der Zielfunktion und der Entscheidungsvariablen. Wenn die Zielfunktion eine lineare Form aufweist, ohne dass quadratische Abhängigkeiten von Entscheidungsvariablen und nur lineare Nebenbedingungen vorliegen, wird dies als lineare Optimierung bezeichnet. Andernfalls handelt es sich um nichtlineare Optimierung. Gemischt-ganzzahlige lineare Optimierung (engl. *Mixed Integer Linear Programming*, kurz MILP) ist ein Teilgebiet der linearen Optimierung, bei dem eine Teilmenge der Entscheidungsvariablen nur ganzzahlige Werte annehmen darf [DOMS07].

Eine Vielzahl von Optimierungsproblemen, bei denen eine optimale Anordnung von Aktivitäten unter begrenzten Ressourcen gesucht wird, können als Schedulingprobleme modelliert werden. Ein Maschinenbelegungsproblem (engl. *Parallel Machine Scheduling*, kurz PMS) ist ein Beispiel für ein MILP-Optimierungsproblem. Bei einem PMS-Problem geht es darum, eine Menge von Jobs auf einer Menge von Maschinen in einer festgelegten Maschinenumgebung unter Berücksichtigung verschiedener zusätzlicher Einschränkungen so zu planen, dass eine Zielfunktion (meistens Zeit) optimiert wird. Das Problem wird als deterministisch bezeichnet, wenn alle Parameter bekannt und fest vorgegeben sind [ANDR01]. In der Maschinenbelegungsplanung sind Probleme mit parallelen Maschinen spezielle Modelle, bei denen mehrere Maschinen einer einzigen Fertigungsstufe parallel arbeiten und n Aufträge bearbeiten müssen. Normalerweise kann jeder Auftrag nur von einer Maschine gleichzeitig bearbeitet werden [DING16].

Eine allgemeine mathematische Formulierung des Modells mit identischen parallelen Maschinen ist in Gleichung 6.1 dargestellt.

$$\min C_{max}$$

$$s.t.$$

$$\sum_{k=1}^{m} x_{jk} = 1 \qquad \forall j = 1, \dots, n \tag{6.1}$$

$$\sum_{j=1}^{n} p_j * x_{jk} \leq C_{max} \qquad \forall\, k = 1, \dots, m$$

$$C_{max} \geq 0$$

$$x_{jk} \in \{0, 1\} \qquad \forall\, j = 1, \dots, n; k = 1, \dots, m$$

Gleichung 6.1 zeigt ein Modell mit dem Ziel der Minimierung der maximalen Produktionsdauer eines jeden Schrittes des Produktionsprozesses. Dafür werden zwei Entscheidungsvariablen und zwei verschiedene Mengen von Aufträgen und Maschinen definiert. Die erste Variable, C_{max}, repräsentiert die maximale Produktionsdauer einer Maschine. Die Hilfsvariable x_{jk} gibt an, ob ein Auftrag j der Maschine k zugeordnet wird. Die Beschränkungen im Modell sehen vor, dass jeder Auftrag genau einer Maschine zugeordnet werden kann und dass die Produktionsdauer jeder Maschine, summiert über die zugeordneten Aufträge, kleiner oder gleich C_{max} sein soll. Durch die beschriebenen Beschränkungen wird gewährleistet, dass der Algorithmus die Produktionsdauer jeder Maschine optimiert und die maximale Auslastung einer Maschine pro Auftrag begrenzt wird. Eine Erweiterung des Modells kann darin bestehen, dass die Produktionsdauern p_j nicht nur vom Auftrag, sondern auch von der Maschine abhängen (nicht identische Maschinen), was die Flexibilität und Komplexität des Modells erhöht [DING16], [YALA21]. Parallelmaschinenplanungsprobleme (PMS) gehören zu den am meisten untersuchten Bereichen in der Planungsliteratur, sodass dafür eine Vielzahl an Lösungsalgorithmen und -Methoden existiert [EDIS13]. Zur programmiertechnischen Umsetzung der Optimierung werden meistens kommerzielle Solver wie CPLEX und Gurobi eingesetzt, die in der Lage sind, Lösungen für eine sehr hohe Anzahl (über 1000) an Aufträgen und Maschinen innerhalb weniger Sekunden bereitzustellen [FANJ19].

6.4.2 Prozesszeitoptimierung mit MILP: Vorgehensweise

Mapping der Bewegungsprozessdaten

Kapitel 5.2.2 beschreibt die Vorgehensweise der OBDA-Verknüpfung einer relationalen Datenbank mit Zeitdaten eines Produktionsprozesses mit einer u. a. nach dem TIME-Konzept aufgestellten Ontologie, die in [MUEL23a] und [MUEL23b] veröffentlicht wurde. Die konzeptionelle Verknüpfung folgt dabei Abbildung 5.14. Zunächst wird die Instanz Bewegungsprozess_{ID} mittels *:hasData* mit dem übergeordneten Bewegungsprozess verknüpft. Daraufhin werden der Instanz Werte für die Position, die Geschwindigkeit, die Beschleunigung, für einen Zeitstempel und für ein menschenlesbares Datum über die Verknüpfung mit der relationalen Datenbank zugeordnet. Dadurch wird ein Zugriff auf die Bewegungsprozessdaten eines beliebigen Prozesses über die *:hasData*-Relation und die zugehörigen Datenrelationen ermöglicht (für Details s. Kapitel 5.2.2).

Aufstellung des Optimierungsmodells

Die auf diese Art konzipierte Schnittstelle zu den dynamischen Zeitdaten eines Produktionsprozesses wird daraufhin mit einem an das *Parallel Machine Scheduling* angelehnten Optimierungsmodell verknüpft. Hierzu wird zunächst das Optimierungsmodell problemspezifisch aufgestellt. Anschließend wird die Datenintegration mit der der Ontologie des Wissensmanagementsystems durchgeführt.

Gleichung 6.2 stellt die mathematische Formulierung des Optimierungsproblems dar. Im Gegensatz zum Standardmodell des PMS minimiert das vorliegende Modell nicht die maximale Produktionszeit pro Maschine, sondern die maximale Gesamtproduktionsdauer. Dafür werden im Modell die Entscheidungsvariablen C_{max}, dpr_p, $dprp_{p,k}$ und $v_{p,k}$ definiert. C_{max} steht dabei für die Gesamtproduktionsdauer, dpr_p für die Gesamtdauer einzelner Prozesse, $dprp_{p,k}$ für die Dauern einzelner Datenpunkte eines Prozesses und schließlich $v_{p,k}$ für die Geschwindigkeit eines Prozesses p zum Datenpunkt k. Die Dauer der einzelnen Datenpunkte und deren Geschwindigkeit werden um jeweils zwei Punkte ergänzt: Ein Punkt steht für das Startsignal und der andere für das Endsignal eines Prozesses.

$$
\begin{aligned}
&\min C_{max} \\
&s.t. \\
&\sum_{p \in Processes} dpr_p \leq C_{max} \\
&\sum_{k \in ProcessPoints_p + 2} dpr_{p,k} = dpr_p && \forall\, p \in Processes \\
&\sum_{k \in ProcessPoints_p} \Delta x_{p,k} \leq dprp_{p,k+1} * v_{\,max,p} && \forall\, p \in Processes \\
&\sum_{k \in ProcessPoints_p} v_{\,p,k+1} \leq a_{max,p} * dprp_{p,k+1} && \forall\, p \in Processes \qquad (6.2) \\
&\sum_{k \in ProcessPoints_p} |v_{\,p,k+1}| \leq v_{max,p} && \forall\, p \in Processes \\
&dpr_{p,0} = 0{,}01 && \forall\, p \in Processes \\
&dpr_{p,k\_last} = 0{,}01 && \forall\, p \in Processes \\
&v_{p,0} = 0 && \forall\, p \in Processes \\
&v_{p,k_{last}} = 0 && \forall\, p \in Processes
\end{aligned}
$$

$$C_{max} \in \mathbb{R}_+ \qquad \forall\, p \in Processes$$

$$dpr_p \in \mathbb{R}_+ \qquad \forall\, p \in Processes$$

$$dpr_{p,k} \in \mathbb{R}_+ \qquad \forall\, p \in Processes, k \in ProcessPoints_p + 2$$

$$v_{p,k} \in \mathbb{R}_+ \qquad \forall\, p \in Processes, k \in ProcessPoints_p + 2$$

Die Gesamtproduktionsdauer stellt die Summe aller Prozessdauern dar. Die Prozessdauern bilden dabei für jeden Prozess eine Summe der Prozessdauern der einzelnen Datenpunkte ab. Zur Berechnung der Prozessdauern werden Randbedingungen (eng. *Constraints*) benötigt. Die wesentliche Annahme lautet, dass lediglich die Trajektorie aus dem realen Prozess nicht beeinflusst werden kann, weil der Bewegungsablauf fest vorgegeben ist. Der Geschwindigkeits- und Beschleunigungsverlauf sind wiederum anpassbar, dadurch, dass die Parameter für die maximale Geschwindigkeit und Beschleunigung aus dem KG bzw. dem Prozess abgeleitet werden.

Die erste Randbedingung besagt, dass die absoluten Veränderungen einer Trajektorie zwischen jeweiligen Datenpunkten durch die Dauern dieser Datenpunkte geteilt und durch die maximal mögliche Geschwindigkeit in diesem Prozess begrenzt werden. Diese Bedingung ermöglicht, dass das Optimierungsmodell die Roboterbewegung mit höchster Geschwindigkeit zu jedem Zeitpunkt zulässt. Zur Abbildung der Tatsache, dass die Höchstgeschwindigkeit zunächst erreicht werden muss und die Linearität gegeben sein muss, wird eine weitere Bedingung zur Begrenzung der Beschleunigung eingeführt. Hier wird die Differenzgeschwindigkeit als Hilfsvariable zwischen den Datenpunkten $k+1$ und k durch die Dauer des Datenpunktes geteilt. Somit kann die Beschleunigung approximiert berechnet werden, ohne die notwendige Linearität des Modells zu verletzen. Des Weiteren wird kongruent zur Geschwindigkeitsbegrenzung die berechnete Beschleunigung durch die maximale Beschleunigung begrenzt. Des Weiteren wird der Betrag der vorhin erläuterten Hilfsgeschwindigkeit mit der maximalen Geschwindigkeit eines Prozesses begrenzt. Schließlich müssen die eingangs erwähnten Initiierungs- und Endsignale mit einer Dauer von zehn Millisekunden belegt werden und die Hilfsgeschwindigkeit zum Zeitpunkt des Startens wird als Null angenommen.

Nachdem ein Prozess abgeschlossen wurde und somit eine Datengrundlage in einer relationalen Datenbank abgelegt wurde, kann der Optimierungsalgorithmus anhand der Datengrundlage ausgelöst werden. Der Schritt der Datenextraktion (Ablegen der Daten in die Datenbank) wird an dieser Stelle nicht näher betrachtet, da diese stark vom vorliegenden Anwendungsfall der Arbeit abhängt (s. dafür Kap. 7).

Extraktion der Prozessreihenfolge

Anschließend wird eine Prozessreihenfolgenextraktion mittels der *time:intervalAfter*-Objektrelation und SPARQL durchgeführt. Die extrahierten Daten beschreiben dabei zunächst lediglich die Beziehung zwischen einem Intervall und dem Folgeintervall (s.

Kapitel 5.2.2). Um die Prozesse in die richtige Reihenfolge zu bringen und anschließend speichern zu können, wurde ein Algorithmus für alle *time:intervalAfter*-Objektrelationen entwickelt. Somit wird eine automatisierte Erkennung einer möglichen Veränderung der Prozessreihenfolge ermöglicht. Der erkennende Algorithmus läuft in zwei Stufen ab:

1. Im ersten Schritt werden alle vorläufigen Prozesse mit den nachfolgenden Prozessen verglichen. Der erste Prozess ist dabei der initiale Prozess ohne Vorgänger und wird in einer Liste als erster Eintrag gespeichert.
2. Im zweiten Schritt wird mit der *time:intervalAfter*-Objektrelation das nachfolgende Element abgefragt und ebenfalls der Liste hinzugefügt. Die Abfrage wird wiederholt, bis keine Elemente mehr aufzufinden sind.

Nach dem Durchlauf des Algorithmus entsteht die Prozessreihenfolgenliste. Da der Knowledge-Graph so ausgelegt wurde, dass Hauptprozesse weitere Teilprozesse inkludieren können (s. Kapitel 5), jedoch nicht selbst in Prozessen inkludiert sind, müssen *time:intervalContains*-Beziehungen im Intervall nicht berücksichtigt werden.

Export vorhandener Prozessdaten

Im nächsten Schritt werden die Prozessdaten aus der relationalen Datenbank mithilfe des OBDA-Ansatzes analog zu dem Vorgehen für die Optimierung extrahiert. Diese werden dann dazu genutzt, um die Gesamtprozessdauer als Summe der Prozessdauern der Einzelprozesse darzustellen sowie den realen Geschwindigkeitsverlauf abzuleiten.

Ableitung des Optimierungspotentials

Der Status der Optimierungsnotwendigkeit wird schließlich ermittelt, indem die Gesamtproduktionszeiten der optimierten Betrachtung der nicht optimierten Produktionszeit gegenübergestellt werden. Insofern die optimierte Produktionszeit eine Verbesserung bewirkt, wird der nächste Schritt eingeleitet und die Empfehlung zur Optimierung ausgegeben.

Ausgabe einer Optimierungstabelle

Bei einem Optimierungsbedarf wird eine dreispaltige Tabelle angelegt, die Informationen zu dem zu optimierenden Prozess, den prozessbeeinflussenden Parametern und dem Steuerungssystem enthält. Mithilfe der Tabelle wird es für den Systemanwender ermöglicht, die zu optimierenden Parameter zu identifizieren, die Einfluss auf das Optimierungspotential haben. Diese Tabelle wird erzeugt, indem in SPARQL die *:hasInformation*-Relation genutzt wird, um alle Parameter zu finden, welche Informationen zu den Prozessinstanzen bieten. Anschließend werden diese Parameter mit der *:iscontrolledby*-Relation nach kontrollierenden Entitäten durchsucht. Durch den Reasoner, der durch den Ontop-Endpoint aktiviert werden kann, können ebenfalls die inversen Beziehungen zu *:controls*-Relationen gefunden werden, sodass eine vollständige Ausgabe aller am Optimierungspotential beteiligten Parameter möglich wird.

Ausgabe der Optimierungsparameter

Nach Darstellung der Tabelle bekommt der Anwender die Möglichkeit, die Parameter nach den einzustellenden Werten zu durchsuchen, die über eine weitere SPARQL-Abfrage abgerufen werden können. Dazu dient die *:hasConstraint*-Relation im KG des Wissensmanagementsystems. Diese Relation ermöglicht die Suche nach Beschränkungen mithilfe der zu optimierenden Parameter. Insofern ein Parameter mehrere Beschränkungen hat, wird nach dem Maß der höchsten Sicherheit entschieden: Wenn z. B. eine Geschwindigkeitseinschränkung sowohl durch Herstellervorgaben als auch durch die Greiferauslegung vorliegt, wird die strengere Einschränkung zur Entscheidung verwendet.

Zusammengefasst ermöglicht die entwickelte Assistenzleistung eine automatisierte Ableitung von Handlungsempfehlungen für die Prozesszeitoptimierung. Dafür werden zunächst die Prozessdaten in eine relationale Datenbank extrahiert und via eine OBDA-Schnittstelle mit dem KG des Wissensmanagementsystems verbunden. Die Datenbank bildet eine Datengrundlage zur Lösung eines aufgestellten PMS-Minimierungsproblems, woraus Optimierungspotentiale für die Reduktion der Prozesszeit abgeleitet werden können. Durch SPARQL-Anfragen an den KG können die Prozessparameter abgeleitet werden, die zur Einlösung des Optimierungspotentials angepasst werden müssen. Darüber hinaus wird ein Hinweis auf das Steuerelement gegeben, mit dem die jeweiligen Parameter zu justieren sind.

6.5 Zwischenfazit

In Kapitel 6 wurden Grundlagen dreier Graphenoptimierungsmethoden samt den jeweiligen Vorgehensweisen zum Aufbau einer Assistenzleistung in Kombination mit dem KG des Wissensmanagementsystems vorgestellt, mit dem Ziel, deren Eignung für die Anwendung zu bewerten. Eine Übersicht der qualitativen Bewertung ist in Tabelle 6.1 dargestellt.

Tabelle 6.1: Qualitative Bewertung der Optimierungsmethoden

Qualitative evaluation of the optimization methods

Algorithmus	Komplexität	Ressourcen-aufwand	Erweiterbarkeit	Generalisierbarkeit	Integration Expertenwissen
MILP-Optimierungsalgorithmus	◕	◑	◕	◕	◔
Bayes´sche Netze	◑	◕	◕	◑	◕
Neuronale Netze	◕	◑	◕	◑	◑

Die Anwendung von Optimierungsmethoden in Kombination mit dem KG (s. Kap. 6.3, MILP), ohne dessen Graphenform als Datengrundlage zu verwenden, erweist sich als eine Methode, die sich ohne großen Aufwand auf weitere Anwendungsfälle übertragen lässt. Eine notwendige Bedingung dafür ist jedoch das Vorhandensein einer OBDA-Schnittstelle zu einer standardgemäß erstellten, erweiterbaren Ontologie. Der

Optimierungsalgorithmus kann in Abhängigkeit von dem zu lösenden Optimierungsproblem gewählt werden.

Bei einer Verwendung von KG zur Initialisierung von einem Bayes'schen Netz müssen notwendige Bedingen wie Gerichtetheit und Kreisfreiheit eingehalten werden, sodass der Ressourcenaufwand zur Verwendung der Methode höher einzustufen ist. Darüber hinaus ist eine objektive Parameterinitialisierung erforderlich, bei der die Integration des Expertenwissens stattfindet.

Die Implementierung der Assistenzleistung in Kombination mit einem KG ist komplex, jedoch erweiterbar auf weitere Anwendungsfälle.

7 Prototypische Implementierung

Prototypical implementation

Dieses Kapitel behandelt die Umsetzung des wissensbasierten Assistenzsystems in Form einer prototypischen Implementierung. Dazu wird zunächst ein Anwendungsfall aus der PKW-Karosseriemontage vorgestellt: der Prozess der roboterbasierten Automobilseitenscheibenkomplettierung samt der Klebstoffapplikation. Für die Assistenz bei der Rekonfiguration des vorgestellten Prozesses wird das semantische Wissensmanagementsystem mit den gemäß Kapitel 5 konzipierten Schnittstellen an relevante bestehende Prozessdatenquellen umgesetzt. Anschließend werden drei prototypische Assistenzleistungen nach den in Kapitel 6 beschriebenen Methoden implementiert. Alle Teillösungen werden in einem übergreifenden Demonstrationsszenario zusammengefasst. Die abschließende Evaluation erfolgt durch den Abgleich mit den in Kapitel 4.4 definierten Anforderungen.

7.1 Anwendungsfall: Komplettierungsprozess in der Herstellung von Automobilseitenscheiben

Die Automobilindustrie, getrieben durch hohen Wettbewerb, Anspruch auf Premiumqualität und Streben nach Nachhaltigkeit, stellt die Hersteller und OEMs vor große Herausforderungen. Dazu gehört u. a. die steigende Variantenvielfalt: Bis zu 70 Komponentenvariationen können auf einer Linie gefertigt werden. Daraus folgt die Notwendigkeit häufiger manueller und zeitaufwändiger Rüstvorgänge, die einen wesentlichen Kostentreiber für die OEM darstellen. Gleichzeitig wird eine hohe Anlagenresilienz und Robustheit der Prozesse gefordert, woraus die Notwendigkeit für häufige händische Prozessanpassungen resultiert.

Zur Demonstration und Evaluation wurde ein Prozess der Automobilseitenscheibenproduktion didaktisch reduziert umgesetzt, der in [BREC18] zunächst beschrieben und dessen Teil als Grundlage der prototypischen Implementierung in [BUCH23] verwendet wurde. Der Gesamtprozess besteht aus zwei Phasen, die in Abbildung 7.1 sind. In der ersten Phase der Vorbereitung werden die Scheiben nach Erhalt des Auftrags zunächst zugeschnitten und mit einem schwarzen Siebdruck am Rand versehen. Anschließend werden sie in einem Ofen über einen längeren Zeitraum erhitzt. Die Geometrie der Scheiben wird dabei durch Freiformflächen beschrieben. Abschließend werden die Scheiben vorübergehend in ein Zwischenlager gebracht, bis sie schließlich zur zweiten Phase der Komplettierung transportiert werden. Nachdem die Vorbereitung abgeschlossen ist, werden die Scheiben ihren Varianten entsprechend komplettiert, was in der automatisierten Produktionslinie stattfindet. Danach kommen die Scheiben in ein weiteres Zwischenlager, um in einem Batch zum Kunden geliefert werden zu können.

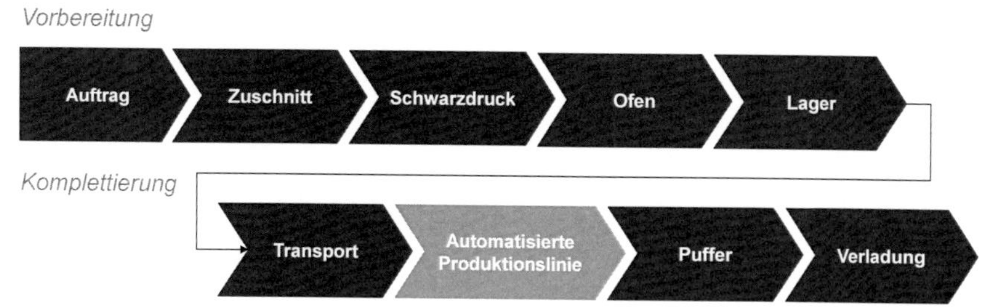

Abbildung 7.1: Produktion von Automobilseitenscheiben

Production of automotive side windows

Im Fokus dieser Arbeit steht die automatisierte Produktionslinie des Komplettierungsprozesses, die wie folgt aufgebaut ist: Nachdem die Vorbereitung abgeschlossen ist und das Transportmaterial von der Scheibe entfernt wurde, erfolgt die Angleichung der Ecken mithilfe eines Plasmaschneiders, wie in Abbildung 7.2 dargestellt. Anschließend wird die Scheibe von einem Handlingsroboter in ein Werkstückträgerkarussell platziert. Im ersten Schritt des Karussells wird eine vordefinierte Kontur von einem Roboter gereinigt (*Cleaning*), gefolgt von der Applikation einer Grundierung oder eines Klebstoffs (*Priming*) durch einen anderen Roboter. Die überschüssige Grundierung wird von einem weiteren Roboter abgesaugt. Anschließend erfolgen eine erneute Reinigung und Grundierung. Danach nimmt der Handlingsroboter die Scheibe erneut auf und platziert sie auf einem weiteren Werkstückträger, wo anschließend die Dichtungsmontage stattfindet. Schließlich durchläuft die Scheibe eine Qualitätskontrolle.

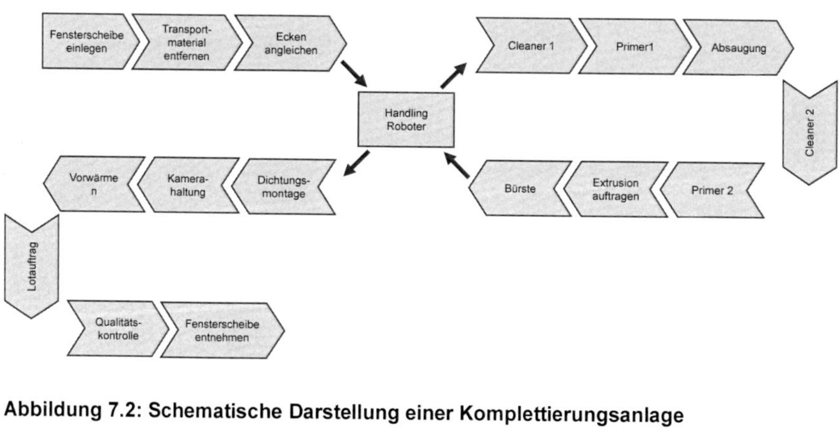

Abbildung 7.2: Schematische Darstellung einer Komplettierungsanlage

Schematic representation of a completion system

Vor dem Hintergrund, dass die Scheiben unterschiedlicher Hersteller unterschiedliche Abmessungen haben und die verschiedenen Varianten unterschiedliche Klebstoffapplikationsvorgaben mit sich bringen, muss die Anlage häufig rekonfiguriert werden. Das bedeutet, dass die Steuerprogramme der Roboter in der Linie abhängig von der herzustellenden Variante angepasst werden müssen, was heutzutage meistens manuell passiert (kein selbstoptimierender, sondern menschzentrierter Prozess). Derzeit werden dafür aus den CAD-Daten Schablonen mit markierten Punkten erstellt. Diese Punkte dienen dem Anlagenbediener als Orientierungshilfe für das erneute Einrichten der Roboter. Der Anlagenbediener steuert jeden Punkt der Schablone nacheinander an und speichert die entsprechenden Positionen im Steuerungsprogramm. Dieser Ablauf muss sowohl bei jedem Rüsten der Anlage als auch nach längeren Betriebszeiten wiederholt werden, da aufgrund der prozessbedingten Schwankungen am Produkt (mit einer zulässigen Toleranz von bis zu 2 mm) die Roboter aufgrund ihrer Kinematik eine höhere Präzision beim Anfahren dieser Punkte benötigen. Andernfalls könnten die Roboter die Scheibe möglicherweise nicht mehr berühren oder sie sogar beschädigen, was zu einer Beeinträchtigung der Produktqualität führen würde.

Darüber hinaus stellen geometrische Abweichungen eine große Herausforderung im Prozess dar, welche durch den thermischen Biegeprozess entstehen und zu Prozessstörungen und Qualitätseinbußen führen können. Konventionelle Industrieroboter können diese Abweichungen in den meisten Fällen nicht ohne zusätzliche Sensorik selbstadaptiv ausgleichen. Daraus ergibt sich die Notwendigkeit der manuellen Rekonfiguration des Prozesses im Fall einer Prozessstörung, die zeitaufwändig ist [BREC18].

7.1.1 Demonstrationsprozess *Internet of Production Automation Cell*

Zur Demonstration und Evaluation des entwickelten Assistenzsystems am beschriebenen Anwendungsfall der Glasscheibenkomplettierung wird das *IoP Automation Cell (IoP-AC)*-Demonstrationsszenario im Werkzeugmaschinenlabor der RWTH Aachen eingesetzt (s. Abbildung 7.3). In diesem Szenario ist die automatisierte Produktionslinie als Teilprozess der Komplettierung didaktisch reduziert ungesetzt. Die Hauptaufgabe der Produktionslinie besteht darin, den Klebstoff vollautomatisch auf die vorgegebene Trajektorie auf der Seitenscheibe gemäß den variantenspezifischen Vorgaben zu applizieren. Wie in Abbildung 7.3 dargestellt, besteht der Teilprozess aus den Stationen *Lager*, *Cleaning*, *Priming* sowie *Handling*.

In der Station des Cleanings wird der Vorgang der Reinigung der Klebstofftrajektorie durch einen kollaborativen Roboter (Kuka LBR iiwa) ausgeführt. Dies ist erforderlich, um sicherzustellen, dass weder Schmierstoffe noch Staub aus der Fertigung oder Lagerung der Scheibe die Festigkeit der Klebstoffverbindung negativ beeinflussen. Mit einer an seinem Endeffektor angebrachten Reinigungsapparatur fährt der Roboter kraftgeregelt über die Glasscheibe. Die Bewegungsbahn wird durch das Roboterprogramm festgelegt und basiert auf den Konstruktionsdaten. Die Abläufe der Cleaner-Station werden durch die Kombination der Robotersteuerung und einer angebundenen SPS (Speicherprogrammierbare Steuerung) gesteuert. Die SPS des Cleaners ist auch mit einem Näherungsendschalter zur Erkennung der Scheibe und einer vakuumbasierten Klemmvorrichtung verbunden. Die Klemmung erfolgt durch das Öffnen und Schließen eines Druckluftventils. Gleichzeitig zur Prozessausführung in der Station werden die Bewegungsinformationen im digitalen Schatten des Prozesses gespeichert.

Der Transport der Glasscheibe zwischen Lager, Reinigung und Klebstoffapplikation wird vom Handling-Roboter übernommen. Hierbei kommt ein UR5- mit einem dazugehörigen CB3-Robotercontroller von *Universal Robots* zum Einsatz. Der Roboter verfügt über einen Vakuumgreifer mit drei Saugnäpfen, der durch die analogen Ein- und Ausgänge, die in die Robotersteuerung integriert sind, aktiviert oder deaktiviert wird.

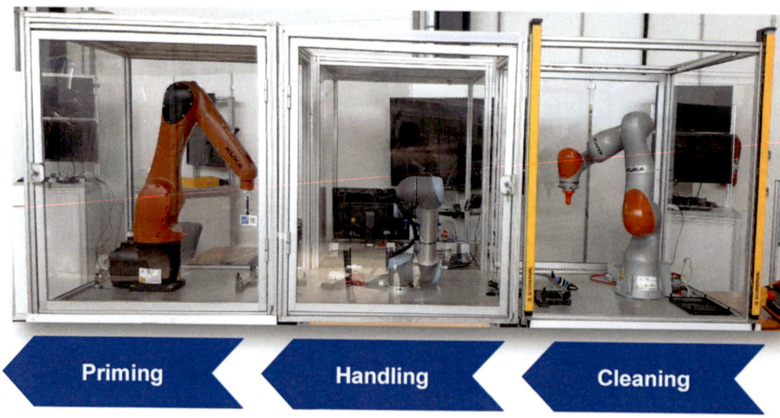

Abbildung 7.3: Demonstrationsprozess *Internet of Production Automation Cell* (IoP-AC)

Demonstration process Internet of Production Automation Cell (IoP-AC)

Der abschließende Schritt des Teilprozesses wird in der Primer-Station realisiert. Diese besteht hauptsächlich aus einem *KUKA KR6 R900 fivve*-Roboter und einem angebrachten Klebstoffapplikationssystem. Die während des Cleanings abgelegten Trajektoriendaten werden in der Priming-Station verwendet, um den Klebstoff auf die gereinigte Arbeitsbahn der Glasscheibe aufzutragen. Durch die Verwendung der Messdaten aus dem vorherigen Schritt kann bei der Klebstoffapplikation proaktiv auf geometrische Abweichungen der Schiebe reagiert werden. Zusätzlich ist die Primer-Einheit mit einer Klemmvorrichtung zur Fixierung der Scheibe und einem Näherungssensor zur Objekterkennung ausgestattet. Zur Steuerung des Roboters, des Klebstoffapplikationssystems und der Klemmvorrichtung wird eine *TwinCAT Soft-SPS* eingesetzt, die auf einem *Beckhoff C6015*-Industrie-PC läuft. Der Roboter ist über das X44-Bus-Interface und das EL6695-1001-Brückenmodul mit der externen Kommunikationsschnittstelle verbunden. Die Verbindung zur TwinCAT SPS erfolgt über Ethernet. Abschließend wird die verarbeitete Scheibe im Lager abgelegt, das sich in Abbildung 7.3 hinter der Handling-Station befindet.

7.1.2 Steuerungsarchitektur des Prozesses

Der IoP-AC-Demonstrationsprozess beruht auf einer Steuerungsarchitektur, die aus zwei Varianten besteht: eine heterogene IIoT- und eine standardisierte fähigkeitsbasierte Prozessteuerungsarchitektur. Diese Unterscheidung hat zum Ziel, zwei häufig in der Industrie vorkommende Fälle abzubilden, die wie folgt beschrieben werden können:

1. Heterogene IIoT-Prozesssteuerungsarchitektur: Dieser Fall stellt eine realitätsnahe, historisch gewachsene IIoT-Prozesssteuerung dar, die auf verschiedenen gängigen IIoT-Kommunikationsprotokollen (MQTT und OPC UA) basiert.
2. Standardisierte fähigkeitsbasierte Prozesssteuerungsarchitektur: Es wird eine konsistent strukturierte, einzig auf dem von RAMI 4.0 empfohlenen OPC-UA-Kommunikationsstandard basierende fähigkeitsbasierte Prozessteuerung aufgebaut.

In beiden Fällen wird die Steuerungsarchitektur sowohl auf niedrig performanter Hardware wie Microcontrollern als auch auf Industrie PCs als sog. Edge-Devices implementiert. Diese übernehmen alle steuerungstechnischen Aufgaben und ermöglichen eine Kommunikation in Hochsprachenebene.

Heterogene IIoT-Prozesssteuerungsarchitektur

Abbildung 7.4 demonstriert den Aufbau der heterogenen IIoT-Prozessteuerungsarchitektur. Als zentrales Bindeglied wird ein Switch genutzt, welcher alle Netzwerkteilnehmer untereinander kommunizieren lässt. Von dem Switch ausgehend existiert ein Gateway zur Kommunikation mit dem Internet sowie eine Anbindung zu mehreren Geräten. Die lokale Kommunikation in der ersten Ebene nach dem Switch wird durch Microcontroller und einen Industrial PC realisiert. Auf übergeordneter Ebene befindet sich die zentrale Prozesssteuerungseinheit, die über MQTT-Nachrichten und eine gezielte Veränderung der OPC-UA-Variablen den Prozess steuert. Die Prozesssteuerung kommuniziert mit den Microcontrollern der Cleaner- und der Handling-Stationen und dem Industrial PC der Primer-Station. Die Initialisierungsbefehle und andere Daten werden zwischen der SPS und den Microcontrollern der Cleaner-Station über ein TCP/IP-Socket ausgetauscht. Die Handling-Station nutzt den dazugehörigen Microcontroller bei leicht abgeänderter TCP/IP-Socket-Einstellung identisch zu der Cleaner-Station. Der wesentliche Unterschied liegt jedoch in den Softwareständen der Robotersteuerungen: Durch das Betriebssystem des Universal Robots UR5 ist es möglich, die pneumatischen Saugnäpfe direkt über die Steuerung des UR5 zu steuern. Die Priming-Station verfügt über einen Industrial PC zur Steuerung der Zelle samt aller in den Zellen verfügbaren Komponenten. Die Steuerungssoftware des PCs bindet den OPC-UA-Server ein.

Darüber hinaus existiert ein Microcontroller mit der Funktion eines MQTT-Brokers, über den alle MQTT-Kommunikationsteilnehmer Nachrichten austauschen. Bei jedem Start oder Ende eines Prozesses der Cleaning- und Handling-Stationen werden

MQTT-Nachrichten versendet, während bei der Priming-Station OPC-UA-Variablen zwecks Ansteuerung gesetzt und gelesen werden. Bei der Kommunikation zwischen der Priming-Station mit den anderen Stationen werden die OPC-UA-Variablen von der Prozesssteuerung in MQTT-Befehle transformiert.

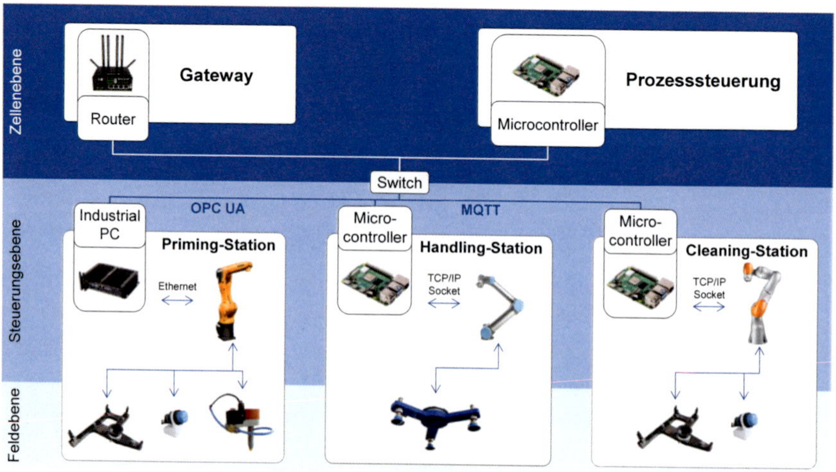

Abbildung 7.4: Heterogene IIoT-Prozesssteuerungsarchitektur

Heterogeneous IIoT process control architecture

Standardisierte fähigkeitsbasierte Prozesssteuerungsarchitektur

Der wesentliche Unterschied im Vergleich zu der zuvor vorgestellten heterogenen IIoT-Prozesssteuerungsarchitektur besteht bei der zweiten Variante in der ganzheitlichen Verwendung des OPC-UA-Kommunikationsstandards für den Informationsaustausch zwischen den Prozessteilnehmern. Hierfür erhält jede Einheit der Produktionszelle einen separaten OPC-UA-Server, welcher die Fähigkeiten der Einheit für die Prozesssteuerung bereitstellt, gemäß dem in Kap. 5.2.1.1 beschriebenem Konzept. Der Server der Priming-Station wird durch die TwinCAT-Software erstellt, die auf einem IPC läuft. Für die Server der Handling- und Cleaning-Stationen wird ein handelsübler Laptop verwendet. Diese Server werden mittels TCP/IP-Socket und MQTT-Schnittstelle mit der jeweiligen Robotersteuerung verbunden. Die übergeordnete Zusammenstellung und Steuerung des Gesamtprozesses werden innerhalb des neu eingeführten SCADA-Systems realisiert. Das SCADA-System besteht ebenfalls aus einen OPC-UA-Server und zusätzlich einem OPC-UA-Client. Über den Client werden die Server der Prozessstationen zugänglich. Der Server des SCADA-Systems beinhaltet Abbilder der zusammengesetzten Fähigkeiten der Stationen und stellt diese bedarfsgerecht zum Gesamtprozess zusammen. Für die Ansteuerung und Visualisierung der vier OPC-UA-Server und ihrer Skills wird ein prototypisches *Human Machine Interface* (HMI) eingesetzt.

Abbildung 7.5 illustriert den Aufbau der beschriebenen standardisierten fähigkeitsbasierten Prozesssteuerungsarchitektur.

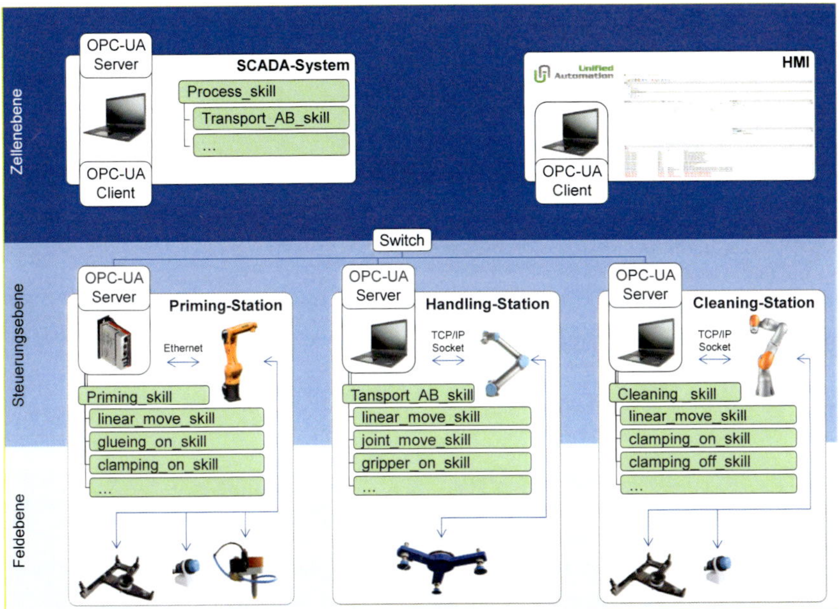

Abbildung 7.5: Fähigkeitsbasierte Prozesssteuerungsarchitektur

Skill-based process control architecture

Für den beschriebenen Anwendungsfall samt den beiden beschriebenen Prozessteuerungsarchitekturen wird ein prototypisches wissensbasiertes Assistenzsystem entwickelt, um die Vorgehensweise dieser Arbeit zu validieren und zu evaluieren.

7.2 Aufbau des Wissensmanagementsystems

7.2.1 Design des Wissensmanagementsystems – A

Gemäß dem in Kapitel 5.1 beschriebenen Konzept besteht das Wissensmanagementsystem des Demonstrationsprozesses aus mehreren hierarchisch angeordneten Ontologien, die durch semantische Schnittstellen miteinander verbunden sind (s. Abbildung 5.1). Die Bestandteile des WMs sind dabei wie folgt:

- Zentrale Taskontologie;
- Applikationsontologie zur Abbildung der standardisierten fähigkeitsbasierten OPC-UA-Prozesssteuerungsarchitektur;
- Applikationsontologie zur Abbildung dynamischer MQTT-Prozessdaten.

Zentrale Taskontologie

Die zentrale Taskontologie des Wissensmanagementsystems beinhaltet die in Kapitel 5 erläuterten Grundbeschreibungsmodelle SUMO, CORA, POS und TIME sowie anwendungsfallspezifische Modellerweiterungen zur Beschreibung des Klebstoffapplikationssystems (s. Abbildung 7.6). Die ganzheitliche Taskontologie umfasst mehr als 100 Klassen und 200 Instanzen, sodass diese nicht vollständig abgebildet werden kann.

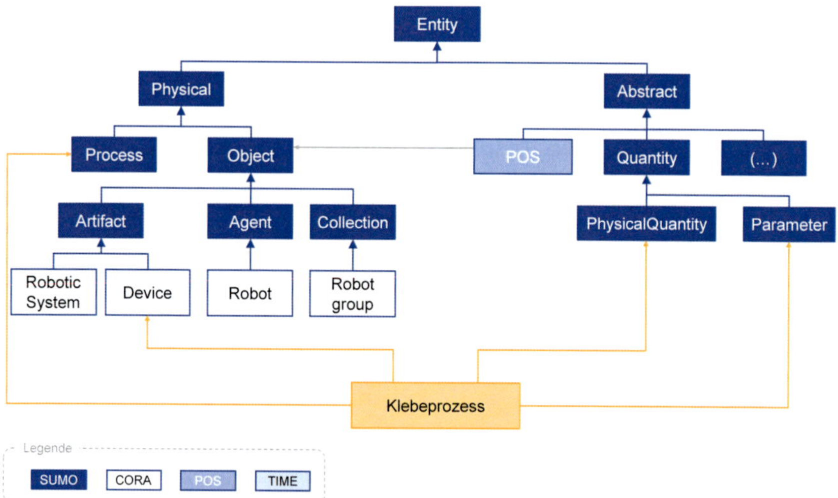

Abbildung 7.6: Zentrale Taskontologie für den Anwendungsfall der Glasscheibenkomplettierung

Central task ontology for the application of glass pane completion

Dafür wird die grundlegende Klassenhierarchie zunächst um spezifische Klassen, Objekt und Datenrelationen erweitert. Ein Beispiel für die Klassenerweiterung ist die Erweiterung der physikalischen Größen (SUMO) um weitere Subklassen wie z. B. die Beschleunigung, der Durchmesser, die Durchflussrate, die Temperatur, die Zugfestigkeit und die Geschwindigkeit. Darüber hinaus werden die Klassen *Geräte* und *Prozess* umfassend erweitert und die Kommunikationsstandards MQTT und OPC UA samt deren Wirkungszusammenhängen im Detail in der zentralen Ontologie ergänzt.

Objektrelationen werden bei der Erstellung der Ontologie zunächst spezifisch ausgelegt und daraufhin abstrahiert, bis die Verbindung zu einer übergeordneten Relation aus dem jeweiligen Standard entsteht. Ein Beispiel dafür stellen die die Relationen *:hasPump*, *:hasSensor*, *:hasRobot*, *:hasValve* usw. dar, die aggregiert zu *:hasDevice* und *:hasComponent* werden. Weitere Objektrelationen sind beispielsweise die aus der objektorientierten Programmierung abgeleiteten Relationen wie das Auslesen und Setzen von Parametern, die mit *:getParameter* und *:setParameter* definiert werden. Eine informationstechnische Kommunikation kann dann über die

Relation *:isCommunicating* beschrieben werden. Schließlich werden inverse Beziehungen zu einigen der Relationen definiert. Insofern ein Gerät z. B. mit einem anderen über die *:hasDevice*-Relation verbunden wird, wird die inverse Relation *:isDeviceOf* eingeführt.

Die abschließende Einführung der Instanzen der Ontologie, die definitionsgemäß anwendungsfallspezifisch sind, verwandelt die Ontologie in einen Knowledge-Graphen. Abbildung 7.7 gibt ein Beispiel der Implementierung.

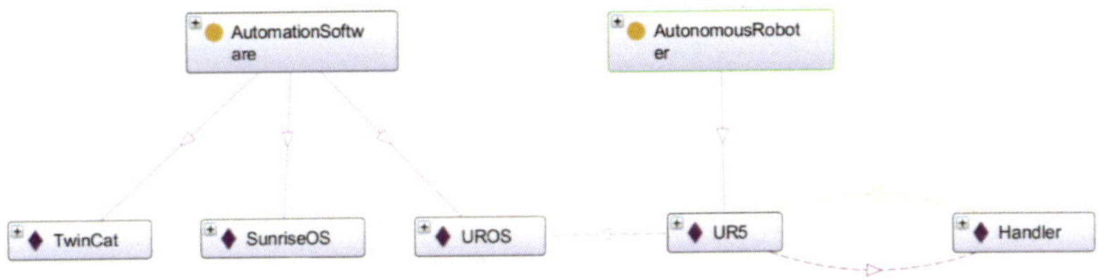

Abbildung 7.7: Ausschnitt der Taskontologie zu Automatisierungssoftware

Excerpt from the task ontology for automation software

Zunächst wird die Ontologie um eine spezifische Klasse *Automatisierungssoftware* erweitert. Anschließend werden dieser die drei Steuerungssysteme SunriseOS, TwinCAT und UROS als Instanzen hinzugefügt. Zusätzlich wird die Klasse der autonomen Roboter aus der CORA-Ontologie um die Instanz UR5 erweitert. Mittels der Relation *:isCommunicating* kann die Kommunikationsbeziehung zwischen dem Roboter UR5 und dem dazugehörigen Betriebssystem implementiert werden. Darüber hinaus wird aus dem Wissen des Anwenders die Relation hinzugefügt, die beschreibt, dass der UR5 ein Gerät der Zelle *Handler* repräsentiert, sowie ihre Inverse, dass die Handling-Station über einen UR5 verfügt.

7.2.2 Anbindung an prozessinterne Informationsquellen – B und C

Wie in Abbildung 5.1 in Kapitel 5 dargestellt, besteht das WMS neben der zentralen Taskontologie aus Applikationsontologien zur Darstellung der dynamischen Prozessdaten (MQTT) und der Informationsmodelle (OPC UA), die im Folgenden als Schnittstellen zu prozessinternen Datenquellen beschrieben werden.

7.2.2.1 Schnittstelle zu OPC-UA-Datenmodellen

Die Schnittstelle zu den bestehenden OPC-UA-Datenmodellen wird anhand der standardisierten fähigkeitsbasierten Prozesssteuerungsarchitektur konzipiert, die in Abbildung 7.5 illustriert ist.

Für die Übersetzung vorhandener OPC-UA-Informationsmodelle in das Format einer Ontologie und deren Verwendung im WMS wird ein System benötigt, das aus zwei Teilen besteht: dem Mapping und dem Abfrage-Algorithmus (s. Abbildung 7.8). Den Zugriff zu den beiden Teilen gewährt das User-Interface (Benutzeroberfläche). In der Benutzeroberfläche muss der zu übersetzende OPC UA ausgewählt werden, sodass die Übersetzung gezielt stattfindet und sich auf die für den jeweiligen Anwendungsfall relevanten OPC-UA-Informationsmodelle bezieht. Das vorgeschlagene Konzept erlaubt den Einsatz von einem oder mehreren OPC-UA-Servern, auf denen die zuvor definierten Skills aus den Adressräumen der jeweiligen Server vom OPC-UA-Client abgerufen und ausgeführt werden.

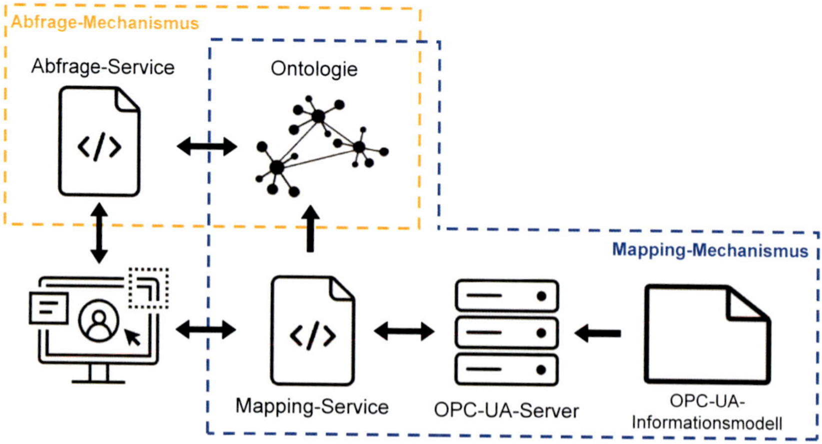

Abbildung 7.8: Servicestruktur der OPC-UA-RDF-Datenschnittstelle

Service structure of the OPC UA to RDF data interface

Das Mapping besteht aus einem Service, der die Anwendereingaben verarbeitet und das gewählte OPC-UA-Informationsmodell in eine Ontologie übersetzt. Dabei stellt der Mapping-Service eine Verbindung zu dem OPC-UA-Server her, auf dem das OPC-UA-Informationsmodell eingebettet ist, und übersetzt das OPC-UA-Informationsmodell in eine Ontologie nach den in Kap. 5.2.1.2 erläuterten Mapping-Regeln.

Nachdem der Mapping-Prozess abgeschlossen ist und das ausgewählte OPC-UA-Informationsmodell in eine Applikationsontologie übersetzt wurde, kommt der Abfragealgorithmus ins Spiel. Dieser ermöglicht dem Benutzer eine Interaktion mit der erstellten Ontologie. Dafür kommt ein Abfrage-Service zum Einsatz, der die erstellte Ontologie mit den für den Benutzer definierten Abfragen mit SPARQL durchsucht. Die Ergebnisse liefern somit eine Datengrundlage für verschiedene Fragestellungen zu den historischen Prozessdaten und können anwendungsfallspezifisch weiterverarbeitet werden.

Mapping-Service

Abbildung 7.9 illustriert die Ablauflogik des Mappings, die den in Kapitel 5.2.1.2 definierten Regeln folgt.

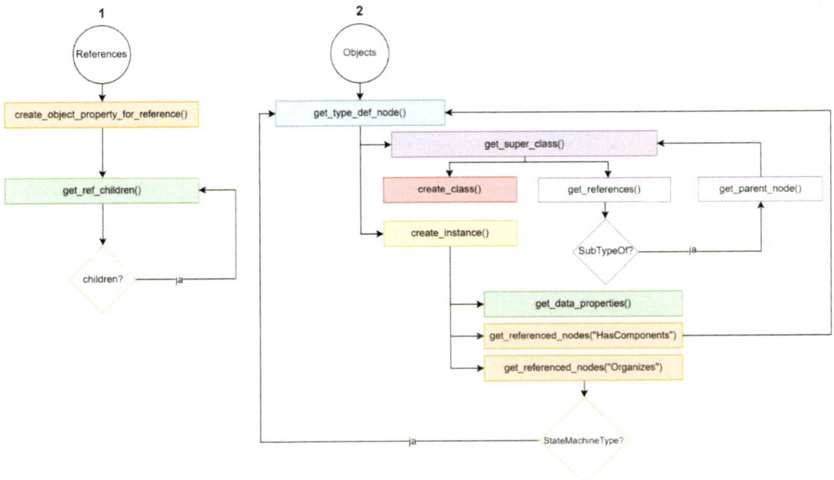

Abbildung 7.9: Ablauflogik des Mapping-Algorithmus' der OPC-UA-RDF-Schnittstelle

Flow logic of the mapping algorithm of the OPC UA to RDF data interface

Mithilfe der Python Bibliothek „opcua-asyncio" wird die Verbindung zum OPC-UA-Server hergestellt. Damit ist es möglich, durch den Server zu navigieren und auf verschiedene Knoten zuzugreifen, um deren Eigenschaften und Beziehungen auszulesen. Sobald die Verbindung hergestellt ist, können die benötigten Informationen über die OPC-UA-Knoten vom Server abgerufen werden. Mit der Ablauflogik aus Abbildung 7.9 können daraufhin die OPC-UA-Referenzen in RDF übertragen werden, wofür als Ausgangspunkt die *NodeId* des References-Knotens benötigt wird. Die Details zum Logikablauf können in [MUEL23c] nachgelesen werden.

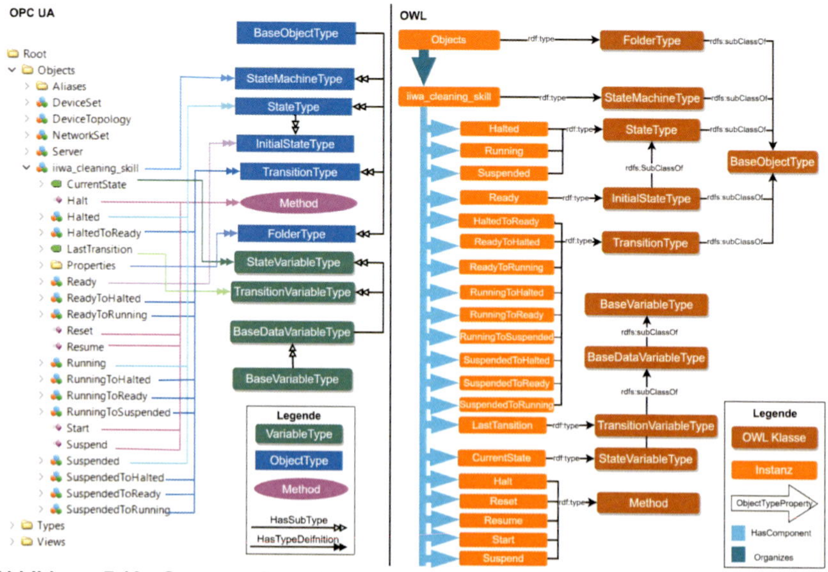

Abbildung 7.10: Gesamtaufbau der Applikationsontologie aus dem OPC-UA-Skills-Modell

Overall structure of the application ontology from the OPC UA Skills model

Nach der Übersetzung der Referenzen benötigt der Mapping-Service einen neuen Ausgangsknoten, um die Fähigkeitsknoten (Skills) zu durchsuchen. Abbildung 7.10 zeigt dabei den Aufbau der zu erstellenden Ontologie und des zu übersetzenden OPC-UA-Servers.

Da sich die Fähigkeitsknoten in diesem Anwendungsfall unter dem Knoten *Objects* befinden (s. Abbildung 7.10 rechts), wird die *NodeId* des Knotens *Objects* als Ausgangspunkt verwendet. In dem linken Teil sind die OPC-UA-Knoten und deren Typknoten sowie die übergeordneten Typknoten dargestellt. Im rechten Teil der Abbildung 7.10 ist die Verbindung der einzelnen Instanz- und Klassenknoten über entsprechende Objekteigenschaften in der Ontologie gezeigt.

Am Ende wird die Ontologie im XML-Format gespeichert. Abbildung 7.11 stellt die resultierende OntoGraf Ansicht (Protégé) für den Ontologieabschnitt der Cleaning-Station beispielhaft dar.

Abfrage-Service

Zwecks der Ermöglichung der Interaktion zwischen dem Benutzer und der erstellten Applikationsontologie wird ein Abfrage-Service entwickelt. Dieser Abfrage-Service kann von der Benutzeroberfläche verwendet werden, indem der Anwender die Ontologie nach gewünschten Informationen zu der Skills-Ausführung abfragen kann. Durch die Speicherung der Information in der Ontologie sind diese schnell automatisiert auffindbar, im Gegensatz zu den ursprünglichen OPC-UA-Informationsmodellen, denen eine Query-Funktionalität fehlt (s. z. B. [STEI21]).

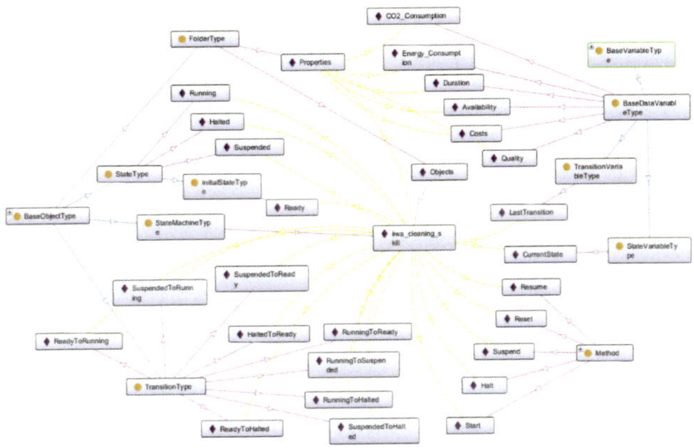

Abbildung 7.11: Applikationsontologieabschnitt der Cleaning-Station

Excerpt from the application ontology of the Cleaning station

7.2.2.2 Schnittstelle zu dynamischen MQTT-Daten

Des Weiteren verfügt das WMS über eine Schnittstelle zu dynamischen MQTT-Prozessdaten, deren Aufbau in Kapitel 5.2.3 erläutert wurde.

Die zentrale Anwendung ist in einer Docker-Compose4-Architektur angeordnet, die es ermöglicht, dass jedes Anwendungsmodul und seine entsprechenden Abhängigkeiten in ihrem eigenen Docker-Container ausgeführt werden. Die Anwendung implementiert das Prozessdatenmodell, das in Abbildung 5.17 dargestellt ist, indem sie einfache PHP-Klassen mit entsprechenden Attributen und automatisch generierten Getter- und Setter-Methoden für Variablen und die Beziehungen zwischen Klassen bereitstellt. Die Formalisierung ist kongruent und interoperabel mit Klassen in der CORA-Ontologie und wird um funktionale Vollständigkeit ergänzt, um Produktionsdaten zu verarbeiten. Für eine zusätzliche Datenzugriffsschnittstelle wird eine REST-API bereitgestellt, um das Datenmodell und die Speicherung für die Verwendung in weiteren Anwendungen zugänglich zu machen.

Prozessdatenadapter

Es wird zwischen zwei Arten von Prozessdatenadapter unterschieden (s. Kap. 5.2.3):

- Datenerfassungsadapter (DEA): DEAs dienen als modulare Komponenten zum Verbinden der MQTT-Datenquellen mit der zentralen Anwendung. Diese enthalten die erforderliche Verarbeitungslogik, um einen eintreffenden Datensatz zu identifizieren, diesen mit einem *ProcessStep* abzugleichen und seine Nutzlast (Informationslast) im entsprechenden *ProcessExecutionStep* zu speichern.

- Datenbereitstellungsadapter (DBA): DBAs dienen dem Export der angereicherten Datensammlung als Wissensbasis in die Ontologie.

Die zentrale Anwendung stellt einen DEA für MQTT und einen DBA für die Ontologie bereit, um Live-Daten aus dem Anwendungsfall anhand der Datenstruktur des Prozessdatenmodells zu aggregieren und in semantisch angereicherten Form dem WMS zur Verfügung zu stellen (s. Abbildung 7.12).

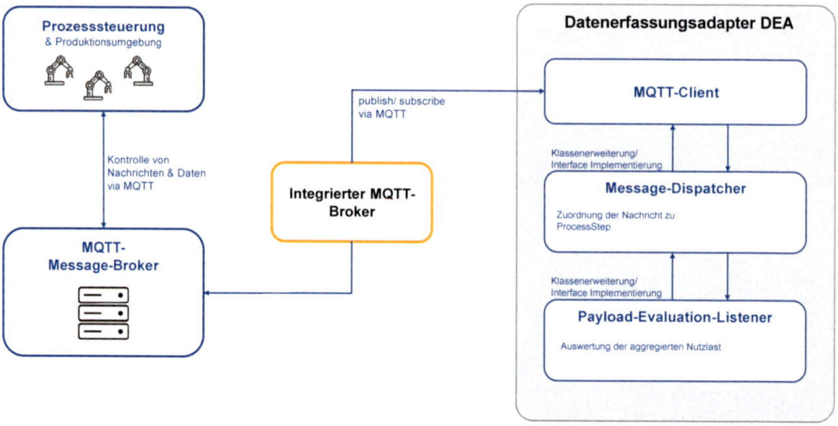

Abbildung 7.12: MQTT-Datenerfassungsadapter

MQTT data acquisition adapter

Datenbereitstellungsadapter (DBA)

Die Implementierung des DBAa für die Ontologie dient der semantischen Anreicherung und der anschließenden Übertragung der MQTT-Daten in die Applikationsontologie des WMs. Die Ontologie wird dabei anhand der in Kapitel 2.3 vorgestellten Prozessdatenspezifikation erstellt und hat eine an diese Spezifikation angelehnte Klassenstruktur.

Die Logik der DBA-implementierung sieht dabei wie folgt aus:

(1) Zuordnung der Nachricht zu einem *ProcessStep*,

(2) Speicherung genau eines *ProcessExecution* pro Prozess und Speicherung der Nachricht in der Nutzlast des entsprechenden *ProcessExecutionStep*.

(3) Auswertung der aggregierten Nutzlast.

$$topics_p := \bigcup_{s \in p \to steps} \; \bigcup_{\substack{c \in s \to conditions, \\ c \to type == 'mqtt'}} \; \bigcup_{d \in c \to dependencies,} d \to topic \tag{7.1}$$

Nach dem Schema der Gleichung 7.1 erfolgt die Auswertung der Nutzlast einer MQTT-Nachricht und ihre semantische Anreicherung durch Zuordnung zu einem Prozessschritt. Diese ist formalisiert für den Prozess p, Schritte s und Bedingungen c. Für einen Prozess p, der MQTT für den Datenaustausch verwendet, wird ein Message-Broker konfiguriert, sodass jede eingebettete MQTT-Client-Komponente seine Konfiguration verwenden kann, um sich mit diesem Message-Broker zu verbinden und sich für einen definierten Datensatz $topics\_p$ anzumelden. Die von diesem Message-Broker empfangenen Nachrichten werden basierend auf ihrem Inhalt und entsprechend dem Zuordnungsschema ausgewertet.

Nach der semantischen Anreicherung werden die MQTT-Topics in der MQTT-Applikationsontologie als Teil des WMS gespeichert, die dadurch zu einem Knowledge-Graphen wird, der dynamische Prozessdaten enthält.

7.2.3 Anbindung an prozessexterne Informationsquellen – F

In Anlehnung an die in Kapitel 2.4 vorgestellte Ontologienhierarchie wird im Rahmen dieser Arbeit eine Möglichkeit zur Verbindung der zentralen Task-Ontologie des WMS mit einer Domänenontologie einer Produktionsdomäne der Montage konzipiert (s. Abbildung 7.13). Die Domänenontologie gibt dabei einen Überblick über die gesamte Prozesskette mit den einzelnen Aufgaben der unterschiedlichen beteiligten Demonstrationsszenarien (s. [KLUG23]). Dabei wird das Zusammenspiel zwischen den Prozessschritten, Aufgaben, Maschinen und sonstigen Teilnehmern des Produktionsprozesses abgebildet, wobei deren genaues Verhalten inkl. konkreter Parameter nicht betrachtet wird. Im Gegensatz dazu bildet die zentrale Taskontologie die Aufgabe mit einem höheren Detailgrad ab, inkl. Beschreibung der einzelnen Prozesskomponenten (s. Kapitel 5.1). Basierend auf dem Konzept der Bridge-Ontologie aus Kap. 5.3 als verbindendes Element soll die Kommunikation zwischen den Ontologien aufgebaut werden, sodass die in den beiden Datenmodellen enthaltenen Werte synchronisiert sind.

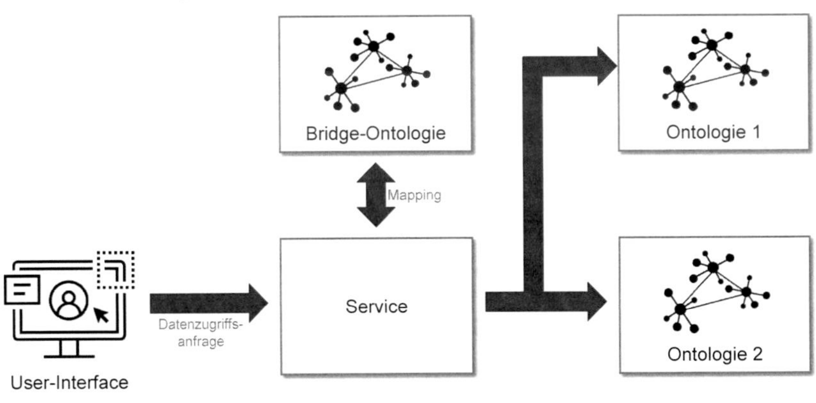

Abbildung 7.13: Service zur Anbindung an prozessexterne Wissensquellen

Service for connecting to external process knowledge sources

Die Domänenontologie *FutureAssembly* wurde nach dem MARCO-Standard nach [JÄRV19] erstellt, um die Prozesskette der LKW-Montage mit ihren unterschiedlichen Teilprozessen an den verschiedenen Standorten darzustellen. Der Fokus liegt dabei auf den von Prozessen und Produkten benötigten *Capabilities* (Fähigkeiten) sowie den Ressourcen, die diese Fähigkeiten in Form von Maschinen, Werkzeugen oder Arbeitern zur Verfügung stellen. Durch die Klasse *Process* können die einzelnen Prozesse der Montage mit Instanzen modelliert werden. Die Prozesse bestehen wiederum aus *Steps* (Teilschritten), die über eine *requires* (benötigte) *Property* mit einer Fähigkeit verbunden sind. Die physischen Ressourcen teilen sich in die Klassen *Factory* (Fabrik), *Human* (Mensch), *Robot* (Roboter), *Sensor*, *Station* und *Tool* (Werkzeug) auf. Jede Instanz dieser Klassen ist über eine *offers* (stellt bereit) Beziehung mit einer Fähigkeit verbunden, wodurch sich die Kette zwischen den Ressourcen und den durchgeführten Prozessschritten schließt.

Für den Datenaustausch zwischen den Ontologien wird eine Kommunikationsarchitektur entworfen, die in Abbildung 7.13 dargestellt ist. Zu den Komponenten des Systems gehört zunächst ein User-Interface, in dem Benutzereingaben gemacht werden können. Ein logischer Service verarbeitet diese und übernimmt den Zugriff auf die betroffenen Datenpunkte der Ontologien. Dafür müssen Mappings zwischen den zu verknüpfenden Ontologien vorhanden sein, die zusammenhängende Datenpunkte in den Ontologien miteinander verbinden.

Beispiele für Bridge-Mappings sind eine *equal*-Beziehung zwischen den Klassen *Robot* und *MotionDeviceSystemType* und eine overlap-Beziehung zwischen *consistsOf*- und *hasComponent*-Relationen jeweils der *FutureAssembly*-Ontologie und der zentralen Taskontologie des WMS. Eine detaillierte Übersicht der Mappings ist in [MUEL22b] zu finden.

Diese Verbindungen werden in einer externen Ontologie gespeichert, die nach dem oben beschriebenen Konzept einer Bridge-Ontologie aufgebaut ist. Aus der Bridge-Ontologie können die Mappings zwischen den Ontologien abgefragt werden, um die passenden Knoten zu finden, an denen die Daten geändert werden müssen. Sind die passenden Datenpunkte der beiden Ontologien bekannt, kann der Service auf diese zugreifen und die entsprechenden Datenwerte ändern. Das User-Interface stellt dabei eine graphische Weboberfläche dar, auf der verschiedene Prozesswerte dargestellt werden können. Darüber hinaus bietet das Interface die Möglichkeit einer manuellen Veränderung der Parameter im System. Die Anfrage zum Datenzugriff wird an den Service weitergeleitet und enthält sowohl den zu ändernden Knoten als auch den neuen Wert für den jeweiligen Parameter. Da die Knoten in den zu verbindenden Ontologien ggf. unterschiedlich benannt sind, soll der Service in der Lage sein, die Einzelheiten zum Mapping zwischen den Ontologien abzufragen.

7.3 Exemplarische wissensbasierte Assistenzleistungen

Exemplary knowledge-based assistance services

Basierend auf dem entwickelten WMS werden im Folgenden Assistenzleistungen für verschiedene mögliche Fragestellungen der Steuerungsrekonfiguration des IoP-AC-Demonstrationsprozesses der Glasscheibenkomplettierung in der Fahrzeugmontage entwickelt. Die Assistenzleistungen werden in zwei Gruppen unterteilt: Leistungen, die lediglich auf den Abfragen der entwickelten Ontologie basieren (s. Kapitel 7.3.1) und solche, die neben der Ontologie eine darauf aufbauende Optimierungsmethodik benötigen (s. Kapitel 7.3.2-7.3.4, Beschreibung der Vorgehensweisen s. Kapitel 6).

7.3.1 Ontologiebasierte Assistenzleistungen

Parameteranpassungen bei einer Veränderung des Betriebsmittels

Eine Betriebsmittelveränderung stellt einen möglichen Grund für eine Rekonfiguration eines Produktionsprozesses dar und wird anhand des Anwendungsfalls für die Veränderung des eingesetzten Klebstoffs prototypisch umgesetzt. Hierzu wird die Klasse des Klebstoffs *Glue* mit der *:hasParameter*-Relation mit den Klebstoffparametern verknüpft, wie z. B. Verarbeitungstemperatur oder Fließgeschwindigkeit (s. Abbildung 7.14, vereinfachte Darstellung mit einer kleineren Auswahl an möglichen Parametern). Die Parameter werden über Datenrelationen mit spezifischen Datenwerten für jede Instanz des Klebstoffs (*Glue1* und *Glue2* in Abbildung 7.14) verbunden. Das vorhandene Expertenwissen liefert die Erweiterung der Ontologie um die Verknüpfung der Klebstoffparameter mit den Prozessparametern, die mit diesen in einem Zusammenhang stehen: Im Beispiel in Abbildung 7.14 ist es die Auftragsdicke des Klebstoffs *ThicknessGlue1*, die durch den Abstand des TCP des Priming-Roboters von der Scheibe in Z-Richtung *:ZAxis* (Z-Justierung) beeinflusst wird. Darüber hinaus wird die *:controls*-Relation eingeführt, die den Rückschluss auf die Steuereinheit erlaubt, in der eine Anpassung des beeinflussenden Parameters möglich ist.

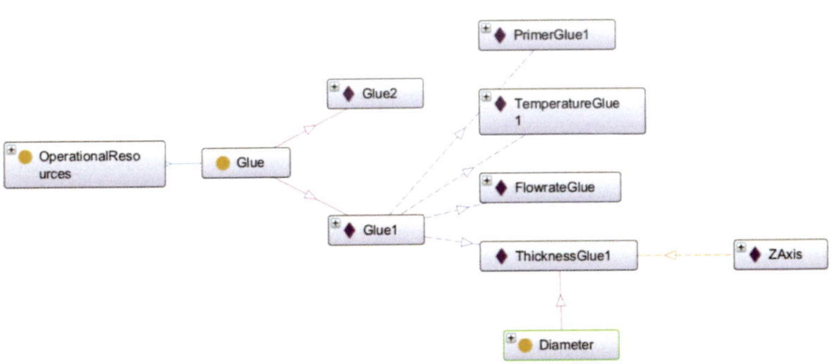

Abbildung 7.14: Abschnitt der Taskontologie zu Klebstoffparametern

Task ontology section on adhesive parameters

Die darauf basierende Assistenzfunktionalität läuft wie folgt ab: Der Anwender hat die Möglichkeit, den Klebstoff aus einer Liste auszuwählen, daraufhin wird diese Angabe an eine echtzeitfähige SPARQL-Abfrage übergeben. In der SPARQL-Abfrage wird mittels der konzipierten *:hasParameter*-Relation nach den Parametern gesucht, welche aufgrund einer Veränderung der verknüpften Klebstoffparameter eingestellt werden müssen. Darüber hinaus werden alle dazugehörigen Datenrelationen eines Parameters mit den dazugehörigen Werten abgefragt. Eine Filterung anhand der *rdf:type*-Datenrelationen und der *:iscontrolledby*-Relationen ermöglicht die Ausgabe ausschließlich relevanter Ergebnisse.

7.3.2 Assistenz bei der Einführung neuer Produktvarianten

Den grundlegenden Prozess der Implementierung der Assistenzleistung bildet der Teilprozess des Klebstoffauftrags, der in der Priming-Station stattfindet. Hierbei wird davon ausgegangen, dass eine Rekonfiguration des Prozesses aufgrund eines sich ändernden Klebstoffs mit unterschiedlichen Eigenschaften notwendig ist. Daher wird im Folgenden näher auf den Klebstoffauftrag durch den KUKA-Agilius-Roboter und die Klebevorrichtung in der Priming-Station eingegangen. Aufgrund von Praktikabilität des Demonstrators wird kein tatsächlicher Klebstoffauftrag, sondern lediglich eine Simulation dessen mit einer alkoholhaltigen Flüssigkeit durchgeführt, die jedoch alle produktionsrelevanten Kenngrößen einer beliebigen Flüssigkeit wie z. B. die Viskosität oder Durchlaufmenge abbilden kann.

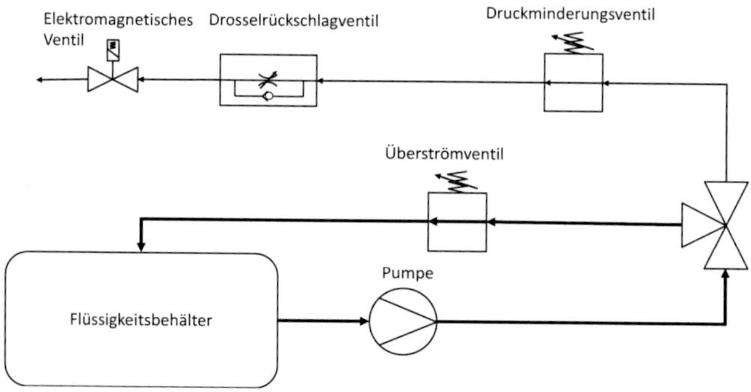

Abbildung 7.15: Schematische Darstellung des Klebstoffauftragsprozesses

Schematic representation of the adhesive application process

Datensynthese

Aufgrund der Simulation des Klebstoffauftrags und mangelnder prozessrelevanter Sensoren am IoP-AC-Demonstrationsszenario wurden im Rahmen dieser Arbeit synthetische Produktionsdaten zur Implementierung des Konzeptes erstellt. Die Grundlage für die Modellierung der Datensynthese bildet dabei der Klebeprozess aus Abbildung 7.15. Damit eine ausreichende Komplexität gewährleistet ist, jedoch der Modellierungsaufwand annehmbar bleibt, wurde der Prozess um weitere sinnvolle

Sensoren und Aktoren ergänzt, während er um das Überstromventil gekürzt wurde. Der daraus resultierende Klebeprozess ist in Abbildung 7.16 abgebildet.

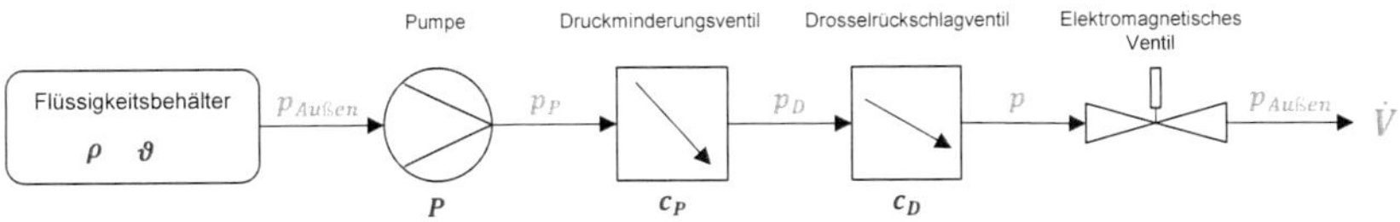

Abbildung 7.16: Prozessbild des Klebstoffauftragsprozesses

Process image of the adhesive application process

Die in Abbildung 7.16 dargestellten Formelzeichen geben Auskunft über die modellierten Prozessparameter. Dabei stellen die dunkelblauen Zeichen Werte für Aktoren dar, also einstellbare Parameter, und die hellblauen stehen für Sensoren Werte. Die Viskosität ϑ und die Dichte ρ definieren die Klebstoffeigenschaften. Der Prozess kann über die Leistung P der Pumpe wie aber auch über die Einstellungen der beiden Ventile c_P und c_D beeinflusst werden. Während die einzelnen Drücke p Auskunft über den Zustand von Teilprozessen geben, wird über den Volumenstrom $\dot{V}$ das Prozessziel gemessen.

Um eine realitätsnahe Datengrundlage zu erreichen, wurden über das Hagen-Poiseuille-Gesetz Formeln zur Berechnung der Sensorwerte aufgestellt. Dafür wurden vereinfachende Annahmen wie ein laminarer Fluss und der Verzicht von Reibungseffekten in den Rohrsystemen gemacht. Relevante Werte des Klebstoffapplikationssystems, wie der Radius und die Länge der Rohre oder die endgültige Förderhöhe des Systems, wurden anhand des Demonstrators in guter Näherung geschätzt.

$$p = \frac{8 * L * \dot{V} * \vartheta}{\pi * r^4} + p_{Außen} \tag{7.2}$$

$$p_D = \frac{p}{c_D} \tag{7.3}$$

$$p_P = \frac{p_D}{c_P} \tag{7.4}$$

$$P = \dot{V} * \left(\rho * g * h + \rho * \frac{1}{2} * \left(\frac{\dot{V}}{A} \right)^2 + p_p - p_{Außen} \right) \tag{7.5}$$

Da der Volumenstrom das Ergebnis des Klebeprozesses ist und mit dem Roboter zusammen entscheidend für die Qualität der Kleberaupe auf dem Spiegel ist, soll dieser Wert so präzise wie möglich eingestellt werden können. Der benötigte Volumenstrom lässt sich dabei aus der Robotergeschwindigkeit ableiten und wird somit bei der Synthese der Daten als Eingabewert definiert. Um kein überbestimmtes System zu erhalten, wurde die Pumpenleistung in Gleichung 7.5 als Ergebnis mit einem vorgegebenen Volumenstrom errechnet.

Synthese der Produktionshistorie

Die zu erstellende Produktionshistorie des Klebeprozesses wurde in einzelne Kategorien eingeteilt. Eine Kategorie steht dabei sinngemäß für einen Produktionsauftrag, welcher in der Vergangenheit eine gewisse Anzahl wiederholt wurde und durch eine spezifische Parametereinstellung definiert ist. Somit ändern sich je Kategorie der Volumenstrom und die klebespezifischen Werte in Form der Dichte und der Viskosität. An dieser Stelle wird auch das Messrauschen der Werte in Form einer Standardnormalverteilung um den errechneten Wert eingebracht. Über die Anzahl der zu erstellenden Kategorien und der Menge an Werten in einer Kategorie wird die Gesamtanzahl an zu erstellenden Produktionsdurchläufen vorgegeben.

Speicherung der synthetisch erstellten Daten

Um die synthetisierten Daten in einer der Produktionsumgebung realitätsnahen Form abzuspeichern, wird eine PostgreSQL-Datenbank verwendet. Die daraus resultierende Datenbank kann in einem späteren Schritt mit dem WMS des Demonstrators über einen OBDA-Ansatz verknüpft werden. Dadurch gliedern sich die synthetisierten Daten nahtlos in das bestehende Assistenzsystem ein und können demnach für die Validierung des Konzeptes genutzt werden.

Erweiterung der vorliegenden Wissensbasis

Um die erstellte Datenhistorie des Klebstoffauftrags mit dem bestehenden Assistenzsystem zu verknüpfen, sind prozessspezifische Erweiterungen der Taskontologie notwendig. Die prozessrelevanten Parameter, die Informationen über Sensoren oder Aktoren abbilden, werden entsprechend der Struktur des WMS aus Kapitel 5.1 den Unterklassen von *Artifact* zugeordnet. Die Zuordnung der Drucksensoren und des Volumenstroms wird dafür exemplarisch anhand Abbildung 7.17 erläutert.

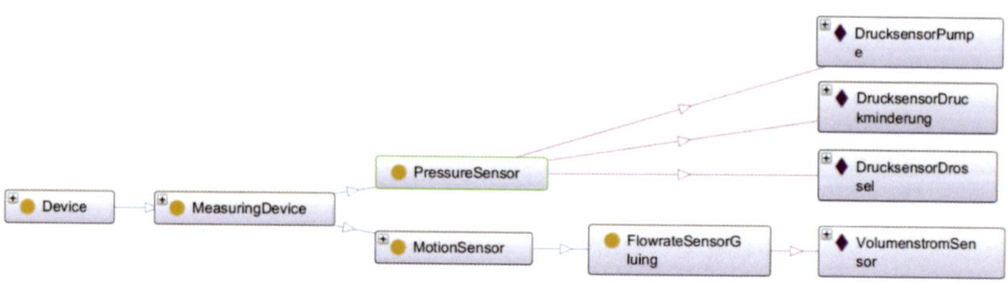

Abbildung 7.17: Ausschnitt der Taskontologie zu Drucksensorik

Excerpt from the task ontology for pressure sensors

Der Volumenstromwert lässt sich der bestehenden Klasse *FlowrateSensorGluing* zuordnen, sodass für diesen Wert lediglich eine Instanz mit dem Namen Volumenstromsensor dieser Klasse hinzugefügt wird. Da in der Prozessontologie jedoch keine Klasse für Drucksensoren besteht, wird mit *PressureSensor* eine neue Klasse definiert, welche sich den *MeasuringDevices* unterordnet. Anschließend wird für die drei unterschiedlichen Druckwerte des modellierten Prozesses jeweils eine Instanz erstellt und der neuen *PressureSensor*-Klasse hinzugefügt. Dabei ist auf eine eindeutige Namensgebung zu achten. Die Druckwerte werden je nach gemessenem Bereich umbenannt. So wird aus dem erzeugten Druck p_p die Instanz *DrucksensorPumpe* erstellt, da der Sensor den Druck im Bereich nach der Pumpe misst.

Damit die Instanzen der Prozessparameter eindeutig dem Klebstoffauftragsprozess zugeordnet werden können, wird zusätzlich eine Instanz mit dem Namen *ProcessGluing* der bestehenden Klasse *GluingProcess* hinzugefügt. Diese Instanz wird über das Object-Property *:hasDevice* mit den Instanzen der Prozessparameter verknüpft. Im übertragenen Sinn wurden dem Klebeprozess einzelne Prozesskomponenten in Form von Geräten hinzugefügt.

Die klebstoffspezifischen Parameter werden nach einem unterschiedlichen Schema der Taskontologie hinzugefügt, das in Abbildung 7.18 dargestellt ist.

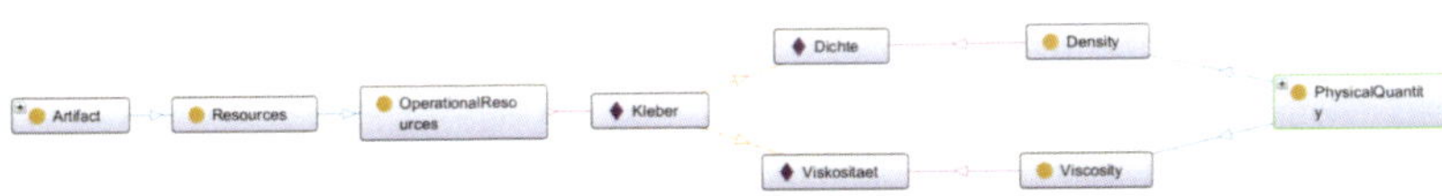

Abbildung 7.18: Eingliederung der Klebstoffeigenschaften in die Taskontologie

Integration of the adhesive properties into the task ontology

Wie auch bei den prozessrelevanten Parametern werden für die Klebstoffeigenschaften zunächst mit *Density* und *Viscosity* die beiden relevanten Klassen identifiziert. Dabei handelt es sich um Unterklassen der abstrakten Klasse *PhysicalQuantity*. Daraufhin werden gleichnamige Instanzen den jeweiligen Klassen hinzugefügt. Um die Klebstoffeigenschaften einem Prozess zuordnen zu können, wird zusätzlich der Klasse *OperationalResource* eine Instanz *Kleber* hinzugefügt. Im Anschluss werden dem *Kleber* durch Verwendung des Object-Property *:hasParameter* die beiden Klebstoffeigenschaften *Dichte* und *Viskositaet* zugeordnet.

Um die Mappings der erstellten Instanzen zu den entsprechenden Datenbankeinträgen zu realisieren, müssen zusätzlich für die hinzugefügten Instanzen *Data Properties* erstellt und mit ihnen verknüpft werden. Die Namensgebung der *Data Properties* entspricht dabei dem Namen des betrachteten Prozessparameters.

Prozessdefinition

Wie in Abbildung 6.2 der Konzeptentwicklung zu sehen ist, verfügt die *Prozessdefinition* über zwei primäre Kommunikationsschnittstellen: der Eingabe des Prozessexperten und des Austauschs mit der Prozessontologie in Form des KG. Der Austausch zwischen dem Python-Skript der Prozessdefinition mit dem KG ist über einen Ontop-Endpoint realisiert. Dafür wurde die *request*-Bibliothek und speziell die *requests.get()*-Funktion verwendet, die es erlaubt, unter Angabe der URL des Ontop-Endpoints eine als String definierte SPARQL-Abfrage an den Endpoint zu stellen. Um die Anforderung der *requests.get()*-Funktion zu erfüllen, steht am Ziel der *Prozessdefinition* eine im String-Format vorliegende SPARQL-Abfrage, welche die Daten aller notwendigen Prozessparameter abfragt.

Um dem Anwender die Menge der auswählbaren Produktionsprozesse auszugeben, bedarf es einer standardisierten SPARQL-Abfrage, welche diese Menge abfragt. Dafür muss in der Taskontologie des Anwendungsfalls eine geeignete Klasse identifiziert werden, welche alle Produktionsprozesse umfasst. Aufgrund des konzeptuellen Aufbaus des zugrundeliegenden WMS liegen Definitionen von Produktionsprozessen in unterschiedlicher Granularität und Art vor. Dafür wurde die Klasse *Process,* eine Unterklasse von *Physical*, ausgewählt.

```
PREFIX rdfs: <http://www.w3.org/2000/01/rdf-schema#>
SELECT ?subclass
WHERE {
    ?subclass rdfs:subClassOf* <http://purl.org/ieee1872-owl/sumo-cora#Process>
.
}
```

Abbildung 7.19: SPARQL-Abfrage nach der Menge verfügbarer Produktionsprozesse

SPARQL query for the quantity of available production processes

Die SPARQL-Abfrage aus Abbildung 7.19 nutzt den *subClassOf**-Operator, um direkte, aber auch alle indirekten Unterklassen der *Process*-Klasse abzufragen. Anhand der resultierenden Liste an Produktionsprozessen in Form von Klassen wählt der User den grundlegenden Prozess aus. Daraufhin hat der Anwender die Möglichkeit, individuell definierte Prozessparameter hinzuzufügen, die erfahrungsgemäß relevant sein können.

Definition der Ein- und Ausgangsparameter

Das Resultat der Prozessdefinition ist eine nutzerspezifische Prozesszusammenstellung, welche alle notwendigen Parameter des zu untersuchenden Produktionsprozesses beinhaltet. Anhand der ausgewählten Parameter definiert der Anwender schließlich die Eingangs- und Ausgangsparameter des Prozesses. Diese werden anhand der Instanznamen in zwei unterschiedlichen Python-Listen gespeichert. In dem vorliegenden Anwendungsfall werden der Volumenstrom, die Viskosität und die Dichte als Eingangsparameter definiert. Der Volumenstrom stellt das Prozessergebnis dar und soll dementsprechend vorgegeben werden. Da ein Klebstoffwechsel den Grund für eine Rekonfiguration darstellt, werden die Klebstoffeigenschaften ebenfalls als Eingangsparameter definiert. Als Ausgangsparameter werden die Aktoren des Prozesses festgelegt: die Pumpenleistung, das Druckminderungsventil und das Drosselrückschlagventil. Anhand dieser Parameter wird der Prozess eingestellt.

Den Abschluss der *Prozessdefinition* bildet die Generierung der finalen SPARQL-Abfrage. Dafür werden alle Daten der Instanzen der Prozesszusammenstellung abgefragt und in einem Pandas-Dataframe abgespeichert. Der Aufbau der SPARQL-Abfrage ist hierbei den Mappings nachempfunden.

KNN-Generator

Der KNN-Generator ist die zweite zu implementierende Hauptkomponente der Assistenzleistung. Dem Generator wird von der Prozessdefinition jeweils eine Liste mit den Ein- und Ausgangsparametern und das Dataframe mit Daten der Prozessparameter übergeben. Für die Erstellung des Künstlichen Neuronalen Netzes wurde die auf Tensorflow basierende Open-Source-Bibliothek Keras verwendet.

KNN-Architektur

Als grundlegendes Netzwerkmodell des (K)NNs wurde das Sequential-Modell von Keras verwendet, welches eine Architektur für Feedforward-Neuronale Netze bildet. Über die Funktion *tf.keras.layers.Input()* lässt sich die Inputschicht definieren. Hierbei wird die Anzahl an Input-Neuronen anhand der Länge der Liste von übergebenen Eingangsparametern bestimmt. Sowohl die beiden verdeckten Schichten als auch die Output-Schicht des KNNs lassen sich mit der *tf.keras.layers.dense()*-Funktion bestimmen.

Die beiden verdeckten Schichten verwenden dabei die *Rectified Linear Unit (ReLU)*-Aktivierungsfunktion. Die Anzahl der Prozessparameter, und damit die Anzahl an Neuronen in der ersten verdeckten Schicht, bestimmt sich anhand der Spalteneinträge minus der Index-Spalte aus dem übergebenem Dataframe. Für die Berechnung der Neuronen der zweiten verdeckten Schicht und der Output-Schicht wird die Anzahl an Ausgangsparametern der übergebenen Liste genutzt. Das Netzwerk wird mit dem Adam-Optimierer bei einer Lernrate von 0,001 optimiert, um die Verlustfunktion *mean_squared_error* zu minimieren.

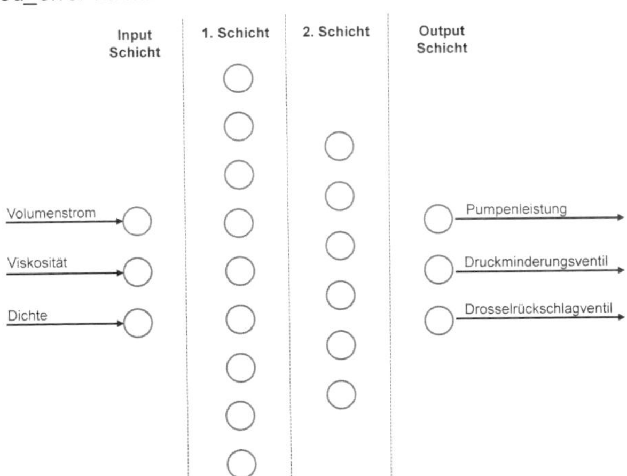

Abbildung 7.20: KNN-Architektur des betrachteten Anwendungsfalls

ANN architecture of the given use case

Um die Erstellung des Künstlichen Neuronalen Netzes näher zu erläutern, wird der Klebstoffauftragsprozess herangezogen. Das aus dieser Prozesszusammenstellung resultierende (K)NN ist in Abbildung 7.20 dargestellt. Hier besteht die Input-Schicht aus den drei Prozessparametern Volumenstrom, Viskosität und Dichte. Die erste verdeckte Schicht verfügt über 9 Neuronen, entsprechend der Anzahl an Prozessparametern, und die zweite verdeckte Schicht besitzt 6 Neuronen: $2 * Anzahl\, der\, OutputParameter$. Die Output-Schicht verfügt über die drei Ausgangsparameter Pumpenleistung, Druckminderungsventil und Drosselrückschlagventil. Anschließend wird das erstellte Modell trainiert und das trainierte Modell wird in Form einer h5-Datei abgespeichert. Zum Schluss wird das Model anhand der *evaluate()*-Funktion und des Testdatensatzes evaluiert.

Parameterabfrage

Die Parameterabfrage wird in Form einer eigenständigen Python-Funktion realisiert, welche automatisch anhand der übergebenen Informationen erstellt wird. Diese bestehen aus dem gespeicherten (K)NN wie auch der Liste der Inputparameter. Anhand des Strings der jeweiligen Inputparameter wird eine Eingabeaufforderung für den User erstellt. Das gespeicherte (K)NN wird anhand der Keras-Funktion *load.model()*-geladen, um anschließend mit den Eingabedaten des Users und der *predict()*-Funktion aufgerufen zu werden. Das Modell errechnet die Werte für die Output-Parameter und präsentiert sie dem Anwender, der diese Parameter schließlich zur Umstellung der Steuerung auf eine neue Produktvariante mit einem geänderten Klebstoff umstellen kann.

7.3.3 Fehlerdiagnose mit BN

Darüber hinaus verfügt das entwickelte Assistenzsystem über die Funktionalität der Fehlerdiagnose.

Dafür wird die zentrale Ontologie des WMS um eine Klassenstruktur um zwei Gruppen der möglichen Prozess- und Klebefehler und deren Ursachen ergänzt. Mittels der Objektrelationen *:hasCause*, *:hasSolution* und der Datenrelation *:hasExplanation* werden das Modul der Prozessfehler, deren Ursachen und deren Beziehungen modelliert.

Transformation der Ontologie zu einem BN

Entsprechend der Methodik aus Kapitel 6.2.1 soll im nächsten Schritt der für die Fehlerdiagnose relevante Teil der zentralen Taskontologie zu einem vollständigen bipartiten Graphen transformiert werden. Dafür wird der Graph in zwei disjunkte Knotenmengen getrennt: Probleme und Ursachen.

Das BN wird mithilfe der Bibliothek „pgmpy" in Python implementiert. Um die Knoten aus dem KG zu extrahieren, wird eine Verbindung zu einem ONTOP-SPARQL-Endpoint hergestellt. Nachdem das Modell nun über alle relevanten Knotenmengen verfügt, wird jedes Problem mit jeder Ursache initial verbunden, mit Richtung von Problem zu Ursache (s. Abbildung 7.21).

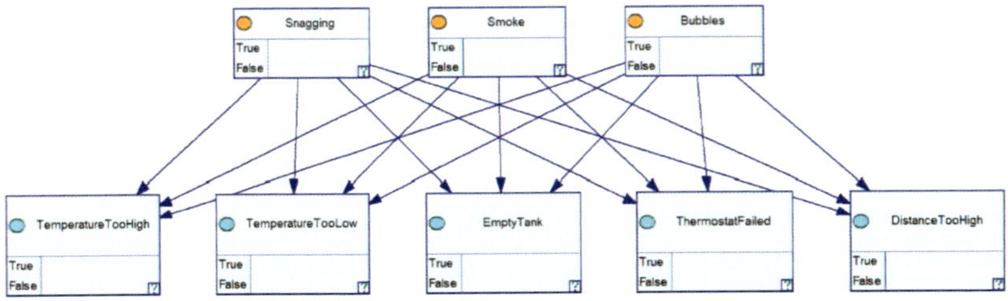

Abbildung 7.21: Ausschnitt aus dem Bayes'schen Netz im Initialisierungszustand

Section of the Bayesian network in the initialization state

Parameterschätzung und Optimierung

Nach der Netzerstellung werden die Parameter initialisiert, um ein vollständiges BN zu erhalten. Dafür werden die CPDs für jeden Knoten einzeln aufgestellt und manuell ausgefüllt, wofür die Ergebnisse der Experteninterviews benötigt werden. Daraus werden ebenfalls die möglichen Zustände der Knoten definiert. Diese haben den Zustand „wahr“ im Fall des Auftretens des entsprechenden Problems und andernfalls den Zustand „falsch“, falls nicht. Die Ergebnisse der Experteninterviews wurden in der Implementierung durch Schätzungen repräsentiert, sodass der Datenerhebungsaufwand bei der vorhandenen Netzgröße vertretbar ist.

Für die Parameteroptimierung bietet pgmpy die Methode fit_update(). Dieser Methode können Falldaten übergeben werden, sodass die ursprünglichen initialen CPDs aus Schätzungen durch reale Fälle korrekt gewichtet werden. Je nach Anzahl der neuen Fälle wird den alten CPDs eine fiktive Stichprobengröße gegeben, um die Gewichtung korrekt zu initialisieren. Der verwendete Algorithmus zum Parameterlernen ist der „Bayesian Estimator“. Daraufhin werden die Fälle in einer .csv Datei gespeichert.

Wahrscheinlichkeitsberechnung von Problemursachen

Anschließend wird das vorhandene Wissen für die Wahrscheinlichkeitsberechnung genutzt. Dazu wird die pgmpy-Methode .predict_probability() genutzt, die auf ein vollständig definiertes BN angewandt wird. Der genutzte Inferenzalgorithmus ist hier die VE (s. Kapitel 6.2.1).

Nach der Wahrscheinlichkeitsberechnung erhält der Anwender des Assistenzsystems die Möglichkeit, eine Liste der möglichen Ursachen für beobachtete Prozessfehler zu sehen.

Darüber hinaus besteht im Assistenzsystem die Möglichkeit, Ursachen für Prozessfehler aus MQTT-Daten zu analysieren. Die Vorgehensweise unterscheidet sich von der für die oben beschriebenen Klebefehler lediglich durch die Datenherkunft: Während die Daten für die Klebefehlerursachen aus Experteninterviews und manueller Eingabe beobachteter Fehler erhoben werden, kommen diese bei der Prozessfehleranalyse aus den dynamischen MQTT-Daten. Abbildung 7.22

demonstriert das Vorgehen der Datenerhebung bei der Erkennung eines Prozessfehlers.

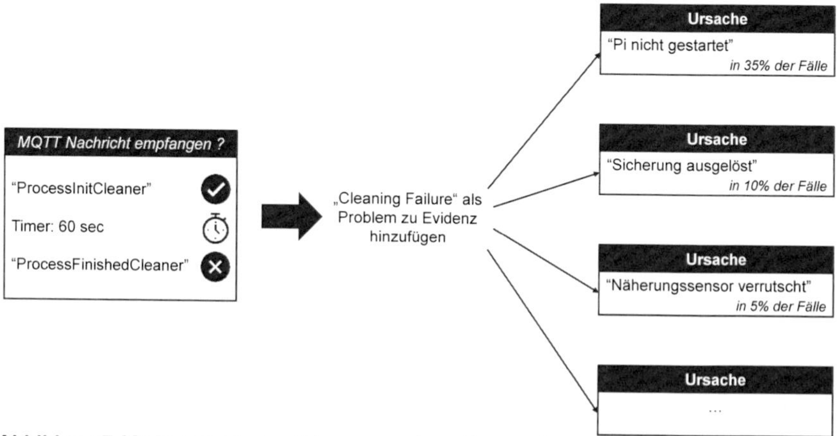

Abbildung 7.22: Automatische Erkennung eines Prozessfehlers

Automatic detection of a process error

7.3.4 Prozesszeitoptimierung mit MILP

Abschließend wird die Assistenzleistung der Prozesszeitoptimierung prototypisch umgesetzt, nach der in Kapitel 6.3.2 vorgestellten Vorgehensweise. Diese Assistenzleistung basiert auf der heterogenen IIoT-Prozesssteuerungsarchitektur.

Datenselektion

Das Gesamtvorgehen des Prozessdatenmanagements und besteht aus den Schritten der Datenerfassung, -extraktion und -verarbeitung.

Es wird zwischen zwei Arten der zu extrahierenden Prozessdaten unterschieden: Bewegungsdaten und prozessauslösenden Signalen.

Zu den benötigten Bewegungsdaten zählen die Trajektorie, der Geschwindigkeitsverlauf und die Beschleunigung, die für jeweils jede Koordinatenrichtung und -drehung benötigt wird. Diese Art der Signale muss von den Robotersensoren über die Steuerung ausgelesen werden. Hierzu wird auf der jeweiligen Robotersteuerung ein Skript implementiert, welches mittels der Robotersensoren Daten ausliest.

Der Primer-Roboter KUKA Agilus stellt eine Funktionalität zum Aufzeichnen der Daten bereit. Zusätzlich müssen in der Priming-Station die Statuswerte (aktiv/inaktiv) für die Klebstoffapplikationsventil und -pumpe aufgezeichnet werden. Durch den Einsatz der Beckhoff-Echtzeitsteuerung TwinCAT ist hier das Auslesen von Daten durch Modulbausteine vorprogrammiert und geschieht mit einer Abtastrate von 300 ms.

In der Handling–Station muss über ein TeachPad des UR5-Roboters die Datenextraktion initialisiert werden, indem zunächst ein Thread, welcher parallel zum Hauptprozess abläuft, startet und dabei kontinuierlich in einem festen Intervall von 300 ms die Daten der Robotersensoren ausliest.

In der Handling-Station geschieht die Programmierung über das Tool KUKA Workbench, welches als Schnittstelle zur Programmierung eines in Java geschriebenen Roboterprogramms fungiert. Das Abfragen der Messdaten geschieht asynchron zum Initialisieren eines Bewegungsprozesses mit der Abtastrate von 300 ms. Die Datenabfrage selbst läuft somit nach erstmaliger Einrichtung autonom ab und wird parallel zum Ablauf einer Bewegung durchgeführt.

Prozessauslösende Signale stellen in dem Prozess die per MQTT übertragenen Statusmeldungen der Gesamtprozesssteuerung, die eine Auskunft über Start/End der Prozesse in der jeweiligen Station geben.

Datenextraktion

Die Extraktion der Daten läuft mithilfe MQTT, TCP/IP Sockets, OPC UA und SFTP und ist in Abbildung 7.23 schematisch dargestellt.

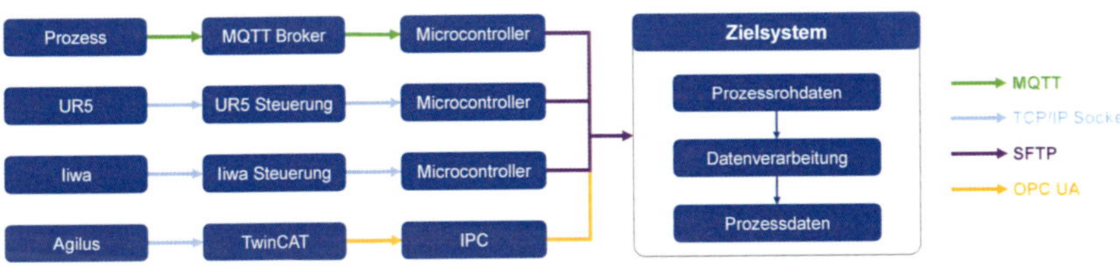

Abbildung 7.23: Pipeline der Datenextraktion für die Prozesszeitoptimierung

Data extraction pipeline for process time optimization

Die TCP/IP-Socket-Datenübertragung wird von der UR5-Robotersteuerung und der Iiwa-Robotersteuerung genutzt. Dafür wird die bestehende LAN-Verbindung zwischen den Steuerungen und den dazugehörigen Microcontrollern als Stationssteuerung verwendet. Hierzu wird auf beiden Geräten jeweils ein Socket konfiguriert und somit ein Datenkanal geöffnet, sodass die Daten zum Microcontroller transportiert werden können. Dies geschieht jeweils für einen Datenpunkt und in der erwähnten Abtastrate von 300 ms.

Der OPC-UA-Datenübertragungsprozess läuft durch den Einsatz des OPC-UA-Servers. Da die SPS-Software bereits eine OPC-UA-Verbindung integriert hat, kann eine Matrix erzeugt werden, die ähnlich einer relationalen Datenbank die Daten strukturiert abspeichert. Hierbei werden der Zeitstempel, die Trajektorie, die absolute Geschwindigkeit sowie die Statusmeldungen des Ventils und der Pumpe in jeweils einer Zeile gespeichert.

Schließlich werden MQTT-Nachrichten abgefangen. Hierzu wird ein MQTT-Client auf einem zusätzlich eingeführten Microcontroller prozessparallel implementiert. Der

Client fängt dabei spezifizierte Nachrichten ab und speichert Informationen analog zur TCP/IP-Datenübertragung in einer JSON-Logdatei.

Datenverarbeitung

Nach dem Schritt der Datenextraktion liegen die Rohdaten in vier Dateien ab und bestehen aus eine Reihe an Positionsdaten mit dazugehörigen Zeitstempeln. Daraus können nun die Geschwindigkeiten und Beschleunigungen einer jeden Koordinatenrichtung und -drehung inklusive der dazugehörigen absoluten Werte berechnet werden. Außerdem wird aus der Trajektorie eine absolute Veränderung der kartesischen Koordinaten abgeleitet.

Die Geschwindigkeits- und Beschleunigungswerte werden durch Differenzenquotienten über die Zeit berechnet. Darüber hinaus werden für die folgende Optimierung zusätzlich absolute Veränderungen der kartesischen Koordinaten notwendig, die als Eingangsgrößen genutzt werden. Zur Berechnung der absoluten Veränderung der zurückgelegten Strecke wird die euklidische Distanz verwendet.

Außerdem werden die absoluten Geschwindigkeits- und Beschleunigungsverläufe als Wurzel aus der quadratischen Summe aller Koordinatengeschwindigkeiten bzw. -beschleunigungen. Zur Glättung von Messrauschen aufgrund der gewählten Abtastrate in Kombination mit der teils langsamen Geschwindigkeit wurde der Savitzky-Golay-Filter verwendet.

Datensicherung

Anschließend werden verarbeitete Prozessdaten gesichert, um diese dem WMS über den OBDA-Ansatz zugänglich zu machen. Hierzu wird PostgreSQL als ORDBMS mit einer integrierten objektrelationalen Datenbank genutzt. Die Datensicherung wird mit dem PostgreSQL-Python-Datenbankadapter psycopg2 umgesetzt. Die gespeicherten Daten können schließlich in der PostgreSQL-Datenbank eingesehen und mit SQL durchsucht und verwaltet werden.

Modellierung der zeitlichen Abhängigkeiten

Die zeitliche Prozessmodellierung dient dazu, eine Optimierungsgrundlage für die Assistenzleistung bereitzustellen. Dafür wird das in Kapitel 5.1 beschriebene Konzept verwendet und die in Abbildung 5.14 dargestellte hierarchische Prozessstruktur umgesetzt.

Dafür wird der Gesamtprozess in fünf Teilprozesse unterteilt, wozu sich die in der ORDBMS gespeicherte Tabellenstruktur eignet (s. o.). Somit ist jeder Teilprozess getrennt zu betrachten und teilt sich in *Handler01, Cleaner, Handler13, Primer und Handler34*. Diese Prozesse werden unter der SUMO-Klasse *Prozess* eingeordnet. Als Instanzen werden die Teil- und die Transportprozesse angelegt.

Jeder Teilprozess benötigt nun die eingeführten Prozessinitialisierungs- und Prozessbeendigungsinstanzen sowie jeder Transportprozess die Prozessstart- und Prozessendinstanzen. Die Initialisierungen von *Cleaner* und *Handler* entsprechen beispielsweise MQTT-Nachrichten. Die Instanzen werden anschließend über die *time:hasBeginning*- und *time:hasEnd*-Relationen mit dem jeweiligen Prozess verknüpft.

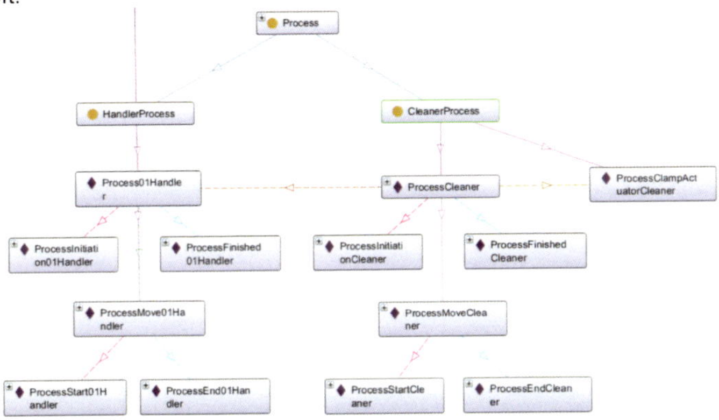

Abbildung 7.24: Ontologieausschnitt zu Prozessreihenfolge der Cleaning- und Handling-Stationen

Task ontology excerpt for process sequence of the cleaning and handling stations

Die Teilprozesse und Transportprozesse werden daraufhin über die TIME-Relationen mit *time:intervalContains* und *time:intervalAfter* logisch strukturiert. Somit entstehen die in der Konzeption entworfene Prozessreihenfolge sowie die einzelnen Hierarchiestufen. Ein Ausschnitt der zentralen Taskontologie für *Handler01* und *Cleaner* ist in Abbildung 7.24 dargestellt.

OBDA: Mapping der Prozesszeitinstanzen und Bewegungsprozessdaten

Der bis hierhin umgesetzte Knowledge-Graph bedarf nun der Verknüpfung mit der Datenbank über einen OBDA-Ansatz. Hierzu wird das vorgestellte ONTOP-Mapping genutzt.

Die Verknüpfung einer Prozesszeitinstanz kann am Beispiel der Initiierung der Cleaning-Station verdeutlicht werden. Der dazugehörige Teilprozess wird durch eine MQTT-Nachricht ausgelöst, sodass sich sein Zeitstempel aus der MQTT-Tabelle der Datenbank entnehmen lässt. Anschließend kann über den RDF-Triple-Manager eine neue Instanz mit der Indizierung _01 eingeführt werden und über die *:hasData*-Relation mit der Instanz der Prozessinitiierung verbunden werden. Außerdem wird über *time:second* und *time:inXSDDateTime* der Zeitstempel in beiden Formaten mit der neuen Instanz verknüpft. Dieses Vorgehen wird auf die Initiierungs- und Beendigungszeitpunkte aller Teil- und Transportprozesse angewandt. Diese Implementierung erlaubt es, in Kombination mit der Umsetzung der Prozessstruktur nach Reihenfolgen, Hierarchien des Prozesses, exakten Anfangs- und Endzeitpunkten und somit Dauern der Prozesse sowie Stillstandzeiten zu suchen.

Anschließend werden den Bewegungsprozessen die Bewegungsprozessdaten zugeordnet, wozu die Trajektorien, die Geschwindigkeiten, die Beschleunigungen und die Zeitstempel zählen. Zum Mapping bedarf es der Verknüpfung von fünf Instanzen pro Bewegungsprozess über die *:hasInformation*-Relation und das *:hasData*-Mapping für jede erwähnte Instanz und den gesamten Bewegungsprozess.

Zur automatischen Erkennung logischer Relationen wie z. B. inverser Beziehungen und Restriktionen in einer SPARQL-Abfrage wird der Ontop-Reasoner eingesetzt, der zusätzlich das Durchsuchen der verknüpften relationalen Datenbank ermöglicht.

Optimierungsalgorithmus

Zur Umsetzung der Optimierung wird der Gurobi-Optimierungsalgorithmus als eine schnelle mathematische Optimierungslösung für alle gängigen linearen und gemischt ganzzahligen Optimierungsprobleme genutzt. Das Optimierungsmodell aus Kapitel 6.3.2 wird mittels Gurobi gelöst. Dafür müssen die Prozesse und die absolut zurückgelegten Differenzstrecken der Prozesspunkte sowie die Anzahl der Prozesspunkte des jeweiligen Prozesses aus dem Knowledge-Graph der zentralen Taskontologie exportiert werden. Darüber hinaus sollen sind die maximalen Geschwindigkeiten und Beschleunigungen der Teilprozesse als Randbedingungen betrachtet werden.

Im ersten Schritt werden die Prozesse, die Prozesspunkte und die absoluten Differenzstrecken exportiert. Dafür wird mittels eines SPARQL-Wrappers (Abfrage- und Transformationsframework) und des ONTOP-Endpoints eine Verbindung zur Ontologie des WMS hergestellt. Anschließend wird eine SPARQL-Abfrage formuliert, die zunächst die Bewegungsprozessdaten aller Prozesse abfragt. In der Abfrage sind somit alle Prozessinstanzen und die Datenrelationen inklusive der Daten enthalten. Der Wrapper konvertiert diese automatisch in ein JSON-Datenformat und gibt diese als Ergebnis zurück. Die Daten, welche die Trajektorien, Geschwindigkeiten und Zeitstempel umfassen, werden als Python-*Dictionaries* formatiert. Dabei stellt die höchste Ebene der *Dictionaries* den Prozess dar, worauf die Bezeichnungen des jeweiligen Datenpunktes und schließlich die Daten selbst folgen.

Die maximal möglichen Werte der Geschwindigkeiten und Beschleunigungen werden aus dem KG der zentralen Taskontologie mittels SPARQL abgefragt und schließlich in *Dictionaries* formatiert. Die höchste Ebene stellt hierbei den jeweiligen Prozess dar und die nächste Ebene beinhaltet die dazugehörigen Geschwindigkeits- und/oder Beschleunigungsverläufe. Aufgrund von überschleifend programmierten Bewegungsabläufen werden die maximalen Geschwindigkeiten und Beschleunigungen, welche in der jeweiligen Steuerungssoftware eingestellt sind, von den Robotern nicht erreicht. Die realen Mittelwerte der Geschwindigkeits- und Beschleunigungsverläufe werden mit dem aus dem Erfahrungswissen kommenden

Faktor von 0,6 im Verhältnis zu den eingestellten maximalen Geschwindigkeiten oder Beschleunigungen geschätzt.

Aus den beschriebenen *Dictionaries* können nun die einzelnen Prozesse, die Anzahl der jeweiligen Prozesspunkte, die Differenzstrecken $\Delta x_{p,k}$ sowie die maximalen Geschwindigkeiten $v_{max,p}$ und Beschleunigungen $a_{max,p}$ für den Optimierungsalgorithmus extrahiert werden. Somit kann das PMS-Minimierungsproblem aus Gleichung 6.2 in Abhängigkeit von den gegebenen Entscheidungsvariablen, Randbedingungen und Eingangsgrößen vollständig gelöst werden. Die optimierten Prozesszeiten der einzelnen Prozesspunkte der Teilprozesse $dprp_{p,k}$, die Geschwindigkeitswerte dieser Prozesspunkte vp,k und die Gesamtproduktionszeit C_{max} werden nun erneut als *Dictionaries* nach dem beschriebenen Datenformat und als Einzelwert für die Gesamtproduktionszeit zurückgegeben.

Abbildung 7.25 zeigt eine mögliche Weboberfläche der entwickelten Assistenzleistung. Die Weboberfläche gibt dem Anwender einen Überblick sowohl über die bestehende Optimierungspotentiale im Prozess als auch über die Variablen, die einen Einfluss auf die hergeleiteten Optimierungspotentiale haben. Darüber hinaus wird aus dem KG der zentralen Taskontologie die Information hergeleitet, auf welchen Steuerungseinheiten sich die zu rekonfigurierenden Variablen befinden, sodass der Anwender einen vollständigen Lösungsvorschlag für die gewünschte Prozesszeitoptimierung erhält.

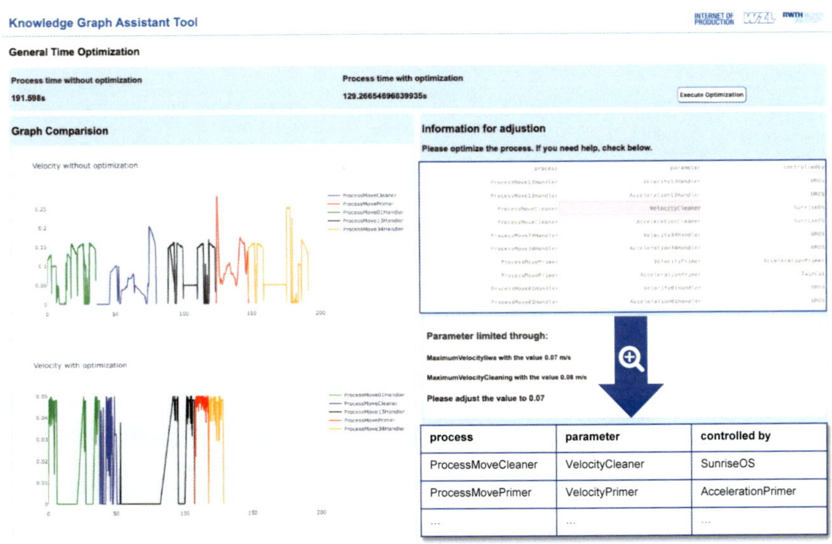

Abbildung 7.25: Prototypische Weboberfläche für die Prozesszeitoptimierung

Prototypical web interface for process time optimization

7.4 Abschließende Evaluation

Die Evaluation der beschriebenen Arbeiten erfolgte sowohl durch qualitative Bewertung der in Kapitel 4 durchgeführten Anforderungsanalyse als auch insbesondere mittels prototypischer Implementierung des Assistenzsystems gemäß der konzipierten Architektur in Kombination mit der Umsetzung eines technischen Demonstrationsszenarios.

Für die prototypische Implementierung wurde für eine roboterbasierte Montagelinie der Glasscheibenkomplettierung, bestehend aus drei Stationen, ein wissensbasiertes Assistenzsystem mit allen notwendigen Komponenten und Schnittstellen umgesetzt. Das Wissensmanagementsystem als Kern des Assistenzsystems bestand aus einer zentralen Taskontologie und drei Applikationsontologien zu jeweils der Abbildung dynamischer MQTT- und OPC-UA-Prozessdaten sowie historischer Prozessdaten aus einer objektrelationalen Datenbank, ergänzt durch dazugehörige Services (Schnittstellen) zur Verarbeitung der Daten, und einer Schnittstelle zur Anbindung an externe wissensbasierte Systeme. Das darauf aufbauende prototypische Assistenzsystem umfasste vier Assistenzleistungen zur Vereinfachung der Steuerungsrekonfiguration: Parametervorschläge für die Veränderungen der Prozessparameter im Falle eines Klebstoffwechsels, Parametervorschläge für eine neue Produktvariante, Prozessfehlerdiagnose samt Schätzung der Ursachenwahrscheinlichkeiten und Parametervorschläge für eine Prozesszeitoptimierung. Es konnte gezeigt werden, dass die aktive Empfehlung von optimalen Prozessparametern im Demonstrationsszenario die Rekonfigurationszeit und die damit verbundene Stillstandzeit reduzieren konnte, indem die Anwender die Vorschläge unmittelbar umsetzen konnten.

In Tabelle 4.1 wurden alle Anforderungen, sowohl funktionale als nicht-funktionale, zusammengefasst und in die übergeordneten Aspekte *Wissensmanagement-* und *Assistenzsysteme* unterteilt.

Im Themenfeld des Wissensmanagements wurden alle Anforderungen bis auf eine Ausnahme erfüllt. Das entwickelte Wissensmanagementsystem ist in der Lage, zwei Arten von Wissen abzuspeichern: das Prozess- und das Expertenwissen. Das Prozesswissen kann aus mehreren Quellen automatisch hergeleitet werden, sodass das WMS dynamisch und vollständig ist. Darüber hinaus ist es durch die Modulstruktur erweiterbar aufgebaut, sodass ggf. neue relevante Datenquellen durch eine Schnittstelle und die dazugehörige (Applikations-)Ontologie hinzugefügt werden können. Das Expertenwissen fließt in das System durch die vom Anwender vorzugebende Struktur der einzelnen Ontologiemodule und durch die Experteninterviews mit ein, die zur Initialisierung der Assistenzfunktionalitäten notwendig sind. Darin spiegelt sich auch die Digitalisierbarkeit des Wissens wider, das somit in einer geordneten digitalen Struktur vorliegt. Die Anforderung nach der Ableitung des neuen Prozesswissens stellt die oben erwähnte Ausnahme dar: Sie ist teilweise erfüllt worden durch die Funktionalität des Aufzeigens von bereits bestehenden impliziten Parameterzusammenhängen, die somit nicht als neue bezeichnet werden können. Eine Ergänzung der Assistenzleistung um eine z. B. KI-basierte Analyse der Umgebungsbedingungen könnte die Suche nach neuen Zusammenhängen ermöglichen, wurde jedoch im Rahmen dieser Arbeit nicht betrachtet.

Das Themenfeld der Assistenzsysteme zeichnet sich ebenfalls durch eine vollständige Erfüllung aller definierten Anforderungen aus. Das entwickelte System ist in der Lage, bei der Prozessrekonfiguration zu unterstützen, indem es Lösungsvorschläge für die am häufigsten vorkommenden Rekonfigurationsfälle liefern kann. Dadurch verringert sich der Rekonfigurationsaufwand, indem die Zeit für die Suche nach Systemabhängigkeiten reduziert wird, da diese im Vorfeld durch die Gestaltung der Struktur des WMS initialisiert und während des Prozesses dynamisch durch die Wissensintegration aus verschiedenen Datenquellen aktualisiert werden. Damit geht die Verringerung der Stillstandzeiten bei der Inbetriebnahme einher. Abschließend ist die Integration in bestehende Datenspeicherungssysteme durch die Konzeption der Schnittstellen sowohl zu internen als auch zu externen Prozessdatenquellen vollständig erfolgt.

Die prototypische Implementierung hat die Machbarkeit der Umsetzung des Assistenzsystems für einen roboterbasierten Produktionsprozess bewiesen. Hierbei soll es betont werden, dass sich der entwickelte Ansatz insb. für komplexe Automatisierungsprozesse mit einer großen Menge und Vielfalt an anfallenden Daten eignet. Der betrachtete Anwendungsfall der Glasscheibenkomplettierung kann als ein didaktisch reduziertes Beispiel für einen solchen komplexen Prozess angesehen werden, dennoch ist das Verhältnis des Nutzens eines ontologiebasierten Assistenzsystems zum Aufwand dessen Aufbaus umso höher, je mehr Prozessvariablen und –Teilnehmer im betrachteten System vorhanden sind.

In Bezug auf das Wissensmanagementsystem ermöglicht die Modularität eine aufwandsarme Kombination und Verbindung der einzelnen Softwareservices und -funktionalitäten. Die Verwendung des OBDA-Ansatzes ermöglicht eine hierarchische Trennung der Datenebenen, schränkt jedoch die Reasoning-Möglichkeiten in der zentralen Task-Ontologie ein. Abschließend sollen ausreichende Speichermöglichkeiten auf den hostenden Servern vorhanden sein, da die Umsetzung des Systems insb. inkl. synthetischer Daten speicherintensiv ist.

8 Zusammenfassung und Ausblick

Summary and outlook

8.1 Zusammenfassung

Summary

In dieser Arbeit wurde ein Assistenzsystem für die wissensbasierte Steuerungsrekonfiguration roboterbasierter Produktionsprozesse vorgestellt, dessen Konzept als eine Gestaltungsgrundlage für verschiedene weitere Anwendungsfälle genutzt werden kann. Dadurch wird ein wesentlicher Beitrag zur Integration wissensbasierter Systeme für die Produktionstechnik geschaffen.

Im Stand der Technik wurden neben einer kurzen Einführung in die Programmierung roboterbasierter Prozesse die Grundlagen der anwenderunterstützenden Assistenz im Engineering, des Datenmanagements und semantischer Technologien in der Produktionstechnik vorgestellt. Aus der Analyse bestehender Ansätze kognitiver Entscheidungsunterstützungssysteme ergab sich die Notwendigkeit der Entwicklung solcher Systeme insb. für komplexe, offline programmierte Prozessabläufe, da deren Rekonfiguration meistens nur durch visuelle Wahrnehmungsassistenz unterstützt wird. Die Betrachtung des Stands der Technik schließt mit einer Übersicht semantischer EUS in der Produktionstechnik, die das Potential wissensbasierter EUS verdeutlichen, jedoch auf die Fragestellung der Steuerungsrekonfiguration nicht direkt übertragbar sind.

Aus dieser Analyse wurde die Forschungshypothese abgeleitet, dass semantische Technologien in der Produktionstechnik genutzt werden können, um den Anwender bei der Offline-Steuerungsrekonfiguration roboterbasierter Produktionsprozesse zu unterstützen. Unter gleichzeitiger Berücksichtigung der in einer studienbasierten Betrachtung abgeleiteten Anforderungen wurde folgende Lösungshypothese aufgestellt: Durch die Verwendung und Kombination von Optimierungsalgorithmen der Graphentheorie, aus dem Engineering abgeleiteter Steuerungsinformationen, bereitgestelltem Expertenwissen und Standards zur Modellierung roboterbasierter Prozesse, integriert in ein produktionssystemübergreifendes Wissensmanagementsystem, lässt sich ein Assistenzsystem aufstellen, mit dem die Rekonfiguration der Steuerung automatisierter Produktionsprozesse signifikant vereinfacht werden kann.

Zur Prüfung der Hypothese wurde zunächst ein ontologiebasiertes Wissensmanagementsystem konzipiert. Die Konzeption umfasste die Gestaltung zusammenhängender hierarchisch angeordneter semantischer Module (Ontologien), die der Abbildung der Systemarchitektur eines roboterbasierten Produktionsprozesses dienen. Der Kernbestandteil der Architektur wurde durch eine zentrale Taskontologie repräsentiert, die die Gesamtheit der Prozesswissensquellen umfasst. Neben der

Ontologien beinhaltet das Konzept des WMS die Schnittstellen zur Anbindung dynamischer Daten des Prozessablaufs, historischer Prozessdaten aus einer objektrelationalen Datenbank und Informationsmodellen der Prozesskomponenten. Schließlich wurde ein Ausblick auf die Integration des WMS in übergreifende Wissensnetzwerke gegeben, indem eine Schnittstelle zu hierarchisch übergeordneten Domänenontologien konzipiert wurde.

Anschließend wurde das entwickelte WMS als Grundlage für anwenderunterstützende Assistenzleistungen verwendet. Aufbauend auf der Systemstruktur wurden Vorgehensweisen für den Aufbau von möglichen Assistenzleistungen auf Basis eines Knowledge-Graphen vorgestellt. Die Assistenzleistungen beziehen sich dabei auf die in der Industriestudie identifizierten häufigsten Gründe für eine Steuerungsrekonfiguration. Die Assistenzsystembeschreibung schließt mit einer Bewertung der entwickelten Funktionalitäten und zeigt, dass etablierte Algorithmen wie u. a. Künstliche Neuronale und Bayes'sche Netze zur Ableitung der Parameteranpassungsvorschläge und Analyse der vielfältigen Prozesskomponentenzusammenhänge aus dem WMS geeignet sind.

Alle behandelten Aspekte wurden abschließend in einer prototypischen Implementierung evaluiert. Diese erfolgt für den Anwendungsfall einer Montagelinie der Glasscheibenkomplettierung, bestehend aus drei roboterbasierten Stationen, für die häufig Rekonfigurationen notwendig sind. Die Implementierung selbst enthält sowohl die Umsetzung aller konzeptionell entworfenen Bestandteile des WMs und Assistenzleistungen als auch die Entwicklung zweier Varianten einer IIoT-Prozessteuerungsarchitektur und dazugehöriger Services zur Datenakquise und -aufbereitung. Das entwickelte Assistenzsystem basiert auf beiden Prozesssteuerungsarchitekturen und ist exemplarisch in Form einer Webanwendung realisiert worden. Im Demonstrationsszenario konnten die beiden wesentlichen Aspekte der Lösungshypothese gezeigt werden. Zum einen ist eine systematische und vollständige Abbildung des verfügbaren Prozesswissens inkl. Expertenwissen mithilfe semantischer Technologien möglich. Zum anderen erlaubt die Gesamtheit des Wissens die Ableitung intelligenter Lösungsvorschläge im Rahmen anwenderunterstützender Assistenz, die zu einer Reduktion des zeitlichen Rekonfigurationsaufwands führen.

Das entwickelte Konzept leistet einen wesentlichen Beitrag zur Konkretisierung und Anwendung semantischer Technologien für die Fragestellungen des *Internet of Production* und der Industrie 4.0. Aufgrund der Gestaltung eines zunächst applikationsfreien WMS kann eine Übertragung auf weitere Anwendungsfälle der Produktionstechnik wie z. B. Assistenz bei der Planung von Prozessen erfolgen. Wie in der Assistenz für Steuerungsrekonfigurationen sind in anderen möglichen Anwendungsfällen große Verbesserungspotentiale zu erwarten, wenn eine vollständige semantische Wissensgrundlage in Kombination mit geeigneten leistungsfähigen Algorithmen verwendet wird. Die technische Beschreibung der Umsetzung liefert eine Grundlage für Unternehmen, die von smarten Assistenzsystemen profitieren und deren Kostenreduktionspotentiale einlösen wollen.

8.2 Ausblick

Outlook

Im Zuge der Arbeit wurden v. a. zwei wesentliche Themenfelder betrachtet: die Verwendung semantischer Technologien zum produktionstechnischen Wissensmanagement und der Einsatz mathematischer Optimierungsalgorithmen in Kombination mit einem Knowledge-Graphen.

Im Kapitel zum Stand der Technik wurde verdeutlicht, dass der Einsatz semantischer Technologien für produktionstechnische Fragestellungen häufig an fehlenden Modellierungsstandards scheitert, sodass existierende Modelle nicht wiederverwendbar sind und für jeden Anwendungsfall eine eigene Lösung entwickelt werden muss. Im Rahmen dieser Arbeit stellte die geringe Anzahl verfügbarer Standards eine Herausforderung dar: Diese konnten als Grundlage des WMS verwendet werden, jedoch war eine Vielzahl an Anpassungen und Erweiterungen notwendig. Die zukünftige Forschung sollte eine Normierung bestehender Standards anstreben. Darüber hinaus soll die Interoperabilität der Standards aus der Forschung mit gängigen industriellen Datenmodellierungsformaten wie vor allem OPC UA ermöglicht werden, sodass der Aufwand zur Schnittstellenbereitstellung reduziert werden kann. Des Weiteren stellte sich im Rahmen der Arbeit die Verwendung von OBDA-Technologien herausfordernd dar, insbesondere in Bezug auf Reasoning-Möglichkeiten, die in Kombination mit OBDA nur eingeschränkt genutzt werden konnten, sodass auch in dieser Hinsicht ein Verbesserungspotential für die Forschung besteht.

Der Einsatz von Optimierungsalgorithmen in Kombination mit Knowledge-Graphen der Produktionsprozesse erwies sich als unkompliziert und erfolgreich, sodass sowohl KNN und BN als auch MILP-Algorithmen ohne erheblichen Aufwand zwecks einer smarten Suche nach Parametervorschlägen eingesetzt werden konnten. Vielversprechend ist der Einsatz der Algorithmen in Kombination mit umfänglichen Graphen, die eine große Anzahl an Daten abbilden, sodass die Potentiale der Optimierung ausgeschöpft werden können. Diese Aussage wird u. a. am Beispiel der Assistenzleistung auf Grundlage eines KNN bestätigt, indem die Größe des einzusetzenden Netzes durch die kleine Größe des zugrundeliegenden Knowledge-Graphen wesentlich eingeschränkt war.

Weitere Forschung auf dem vorgestellten Gebiet soll insbesondere auf die Anwendung und ggf. Ausweitung der Methodik für signifikant komplexere Anwendungsfälle mit einer beträchtlichen Anzahl an Prozesszusammenhängen und –variablen wie z. B. Montage eines Antriebsstrangs o. Ä. fokussieren, um den erheblichen Modellierungsaufwand einem stark steigenden Nutzen des Assistenzsystems gegenüber zu stellen.

Abschließend kann die Integration des entwickelten Systems mit anderen bestehenden Ansätzen zur anwenderunterstützenden Assistenz vorteilhaft sein, indem die Funktionalitäten zur Entscheidungsunterstützung mit Visualisierungs- und Planungstools kombiniert werden.

Summary and outlook

Summary

In this thesis, an assistance system for the knowledge-based control reconfiguration of robot-based production processes was presented, the concept of which can be used as a design basis for various other use cases. This makes a significant contribution to the integration of knowledge-based systems for production technology.

In addition to a brief introduction to the programming of robot-based processes, the state of the art presented the basics of user-supported assistance in engineering, data management and semantic technologies in production engineering. The analysis of existing approaches to cognitive decision support systems revealed the need to develop such systems, especially for complex, offline programmed process sequences, as their reconfiguration is usually only supported by visual perception assistance. The examination of the state of the art concludes with an overview of semantic DSS in production technology, which illustrates the potential of knowledge-based DSS, but is not directly transferable to the issue of control reconfiguration.

From this analysis, the research hypothesis was derived that semantic technologies can be used in production engineering to support the user in the offline control reconfiguration of robot-based production processes. Taking into account the requirements derived from a study-based analysis, the following solution hypothesis was formulated: By using and combining optimization algorithms of graph theory, control information derived from engineering, provided expert knowledge and standards for modeling robot-based processes, integrated into a cross-production knowledge management system (KMS), an assistance system can be set up with which the reconfiguration of the control of automated production processes can be significantly simplified.

To test the hypothesis, an ontology-based KMS was first designed. The concept included the design of interrelated, hierarchically arranged semantic modules (ontologies) that serve to map the system architecture of a robot-based production process. The core component of the architecture was represented by a central task ontology that encompasses the entirety of the process knowledge sources. In addition to the ontologies, the concept of the KMS includes the interfaces for connecting dynamic data of the process flow, historical process data from an object-relational database and information models of the process components. Finally, an outlook was given on the integration of the KMS into overarching knowledge networks by designing an interface to hierarchically superordinate domain ontologies.

The developed KMS was then used as the basis for user-supporting assistance services. Building on the system structure, procedures for the development of possible assistance services based on a knowledge graph were presented. The assistance services relate to the most common reasons for control system reconfiguration identified in the industry study. The assistance system description concludes with an evaluation of the developed functionalities and shows that established algorithms such as artificial neural networks and Bayesian networks are suitable for deriving parameter adjustment proposals and analyzing the diverse process component relationships from the knowledge management system.

All the aspects discussed were then evaluated in a prototype implementation. This was carried out for the use case of an assembly line for glass pane completion, consisting of three robot-based stations for which reconfigurations are frequently necessary. The implementation itself includes the realization of all conceptually designed components of the knowledge management and assistance services as well as the development of two variants of an IIoT process control architecture and associated services for data acquisition and processing. The assistance system developed is based on both process control architectures and has been implemented as an example in the form of a web application. The two key aspects of the solution hypothesis were demonstrated in the demonstration scenario. On the one hand, a systematic and complete mapping of the available process knowledge, including expert knowledge, is possible using semantic technologies. On the other hand, the entirety of the knowledge allows the derivation of intelligent solution proposals within the framework of user-supporting assistance, which leads to a reduction in the time required for reconfiguration.

The developed concept makes a significant contribution to the concretization and application of semantic technologies for the issues of the Internet of Production and Industry 4.0. Due to the design of an initially application-free KMS, it can be transferred to other use cases in production technology, such as assistance in the planning of processes. As in the case of assistance for control reconfigurations, great potential for improvement can be expected in other possible use cases if a complete semantic knowledge base is used in combination with suitable powerful algorithms. The technical description of the implementation provides a basis for companies that want to benefit from smart assistance systems and realize their cost reduction potential.

Outlook

In the course of the work, two main topics were considered: the use of semantic technologies for production knowledge management and the use of mathematical optimization algorithms in combination with a knowledge graph.

The chapter on the state of the art made it clear that the use of semantic technologies for production engineering issues often fails due to a lack of modeling standards, meaning that existing models cannot be reused and a separate solution has to be developed for each use case. In the context of this work, the small number of available standards posed a challenge: These could be used as the basis of the knowledge management system, but a large number of adaptations and extensions were necessary. Future research should aim to standardize existing standards. In addition, the interoperability of the standards from research with common industrial data modeling formats, such as OPC UA in particular, should be enabled so that the effort required to provide interfaces can be reduced. Furthermore, the use of OBDA technologies proved to be challenging in the course of the work, particularly with regard to reasoning options, which could only be used to a limited extent in combination with

OBDA, meaning that there is also potential for improvement for research in this respect.

The use of optimization algorithms in combination with knowledge graphs of the production processes proved to be uncomplicated and successful, so that both CNN and BN as well as MILP algorithms could be used without considerable effort for the purpose of a smart search for parameter suggestions. The use of the algorithms in combination with extensive graphs that map a large amount of data is promising, so that the potential of the optimization can be exploited. This statement is confirmed by the example of the assistance service based on a CNN, where the size of the network to be used was significantly limited by the small size of the underlying knowledge graph.

Further research in the area presented should focus in particular on the application and possible expansion of the methodology for significantly more complex use cases with a considerable number of process interrelationships and variables, such as the assembly of a drive train or similar, in order to compare the considerable modeling effort with the greatly increasing benefits of the assistance system.

Finally, the integration of the developed system with other existing approaches to user-supporting assistance can be advantageous by combining the functionalities for decision support with visualization and planning tools.

Literaturverzeichnis

References

[ANDR01] Andresen, M.; Bräsel, H.; Engelhardt, F.; Werner, F.: LiSA - A Library of Scheduling Algorithms Handbuch zu Version 3.0. URL: https://www.math.uni-magdeburg.de/~werner/handbuch.pdf, Link geprüft am 19.11.2023, 2001

[APTW18] Apt, W.; Bovenschulte, M.; Priesack, K.; Weiß, C., Hartmann, E.: Einsatz von digitalen Assistenzsystemen im Betrieb. Forschungsbericht im Auftrag des Bundesministeriums für Arbeit und Soziales, Nr. 502, iit – Institut für Innovation und Technik, Berlin, Januar 2018

[ASCH19] Aschenbrenner, D.; Leutert, F.; Çençen, A.; Verlinden, J.; Schilling, K.; Latoschik, M.; Lukosch, S.: Comparing Human Factors for Augmented Reality Supported Single-User and Collaborative Repair Operations of Industrial Robots. In: Frontiers in robotics and AI, 6. Jg., 2019, S. 37

[BARA19] Barattini, P.; Federico, V.; Virk, G. S.; Haidegger, T.; Vicentini, F.; Haidegger, T.: Human-robot interaction. Safety, standardization, and benchmarking. Boca Raton, London, New York: CRC Press, 2019

[BAUE15] HNI-Verlagsschriftenreihe; Bd.341. Heinz Nixdorf Institut, Universität Paderborn, Paderborn 2015. – Zugl.: Univ., Paderborn, Diss., 2014.

[BAYE23a] BayesFusion: GeNIe Modeler: Complete Modeling Freedom. URL: https://www.bayesfusion.com/genie/ [Stand: 30.08.2023]

[BAYE23b] Bayes Server Ltd: Bayesian networks & Causal AI. URL: https://www.bayesserver.com/ [Stand: 30.08.2023]

[BEIE19] Beierle, C.; Kern-Isberner, G.: Methoden wissensbasierter Systeme. Grundlagen, Algorithmen, Anwendungen. (Reihe: Springer eBooks Computer Science and Engineering). 6., überarbeitete Auflage Wiesbaden: Springer Vieweg, 2019

[BENA19] Benarab, A.; Rafique, F.; Sun, J.: An Ontology Embedding Approach Based on Multiple Neural Networks. In: Proceedings of the 2019 11th International Conference on Machine Learning and Computing. New York, NY, USA: ACM, 2019, S. 186–190

[BERN11] Berners-Lee, T.; Fischetti, M.: Weaving the web. The original design and ultimative destiny of the World Wide Web by its inventor. 1. paperback ed., [repr.] New York, NY: HarperBusiness, 2011

[BERN16] Berner, S.: Informationsmodellierung. Durch Verstehen zur besseren Software. Zürich: vdf, 2016

[BERN99] Berners-Lee, T.: Der Web-Report. Der Schöpfer des World Wide Webs über das grenzenlose Potential des Internets. München: Econ, 1999

[BISH06] Bishop, C. M.: Pattern recognition and machine learning. (Reihe: Computer science). New York, NY: Springer, 2006

[BLOG22] SEEBURGER, M.: Kommunikationsstandards in IoT und IIoT. URL: https://blog.seeburger.com/de/kommunikationsstandards-in-iot-und-iiot/ [Stand: 19.11.2022]

[BLUM06] Blumauer, A.; Pellegrini, T. (Hrsg.): Semantic Web. Wege zur vernetzten Wissensgesellschaft ; mit 4 Tabellen. (Reihe: X.media.press). Berlin, Heidelberg: Springer-Verlag, 2006

[BODE06] Bodendorf, F.: Daten- und Wissensmanagement. (Reihe: Springer-Lehrbuch). 2., aktualisierte und erweiterte Auflage Berlin, Heidelberg: Springer-Verlag Berlin Heidelberg, 2006

[BORN20] Bornewasser, M.; Hinrichsen, S.: Informatorische Assistenzsysteme in der variantenreichen Montage. Berlin, Heidelberg: Springer, 2020

[BOVE20] Bovenschulte, M.: Kognitive Assistenzsysteme. Themenkurzprofil; Nr. 38. Büro für Technikfolgen-Abschätzung beim Deutschen Bundestag, Berlin, April 2020. https://publikationen.bibliothek.kit.edu/1000133949/120642090 (Link zuletzt geprüft: 19.11.2023).

[BREC18] Brecher, C.; Obdenbusch, M.; Buchsbaum, M.; Buchner, T.; Waltl Jodef: Edge Computing und digitaler Schatten. Schlüsseltechnologien für die Automatisierung der Zukunft. In: wt Werkstatttechnik online. Springer-VDI-Verlag, Jahrgang 108, Heft 5, S. 313-318, 2018

[BREC21a] Brecher, C.; Mueller, A.; Dassen, Y.; Storms, S.: Automation technology as a key component of the Industry 4.0 production development path. In: The International Journal of Advanced Manufacturing Technology, 117. Jg., 2021, Nr. 7-8, S. 2287–2295

[BREC21b] Brecher, C.; Blanke, P.; Buchsbaum, M.; Dassen, Y.; Fimmers, C.; Mueller, A.; Petrovic, O.; Pieske, S.; Roggendorf, S.;

Schilling, K.; Wein, S.: Der Data Lifecycle von der Erfassung bis zur Erkenntnis. In: Trauth, D.; Bergs, T.; Prinz, W. (Hrsg.): Monetarisierung von technischen Daten. Berlin, Heidelberg: Springer Berlin Heidelberg, 2021, S. 537–558

[BREC21c] Brecher, C.; Weck, M.: Werkzeugmaschinen Fertigungssysteme. Kapitel 13: Roboter und Robotersteuerung, s. 590-602. (Reihe: VDI-Buch). 9. Auflage Berlin: Springer Vieweg, 2021

[BREC21d] Brecher, C.; Buchsbaum, M.; Mueller, A.; Schilling, K.; Obdenbusch, M.; Staudacher, S.; Albasatineh, M. C.: Gaining IIoT insights by leveraging ontology-based modelling of raw data and Digital Shadows. In: 2021 4th IEEE International Conference on Industrial Cyber-Physical Systems (ICPS). Online, 10-13 May, 2021. Piscataway, NJ: IEEE, 2021, S. 231–236

[BREC21e] Brecher, C.; Buchsbaum, M.; Ziegler, F.; Storms, S.: Ontology-based data management for adaptable safety functions in cyber-physical production systems. In: Procedia CIRP, 104. Jg., 2021, S. 194–199

[BREC23a] Brecher, C.; Schuh, G.; van der Aalst, W.; Jarke, M.; Piller, F. T.; Padberg, M. (Hrsg.): Internet of Production. (Reihe: Interdisciplinary Excellence Accelerator Series). Cham: Springer International Publishing, 2023

[BREC23b] Brecher, C.; Mueller, A.; Nauck, T.; Storms, S.: Mapping Application Ontologies as a Gateway into OBDA Systems in the Internet of Production. In: Arseniev, D. G.; Aouf, N. (Hrsg.): Cyber-Physical Systems and Control II. (Reihe: Lecture Notes in Networks and Systems. Vol 460, Cham: Springer International Publishing, 2023, S. 195–204

[BUCH23] Buchsbaum, M.: Sicherheit im IoP - Inhärent sichere Konstruktion modifizierbarer, cyber-physischer Produktionssysteme. 1st ed. Aachen: Apprimus Wissenschaftsverlag, Zugl.: Aachen, Techn. Hochsch., Diss., 2023, wird in Q1 2024 veröffentlicht.

[BÜTT17] Büttner, S.; Sand, O.; Röcker, C.: Exploring Design Opportunities for Intelligent Worker Assistance: A New Approach Using Projetion-Based AR and a Novel Hand-Tracking Algorithm. In: Braun, A.; Wichert, R.; Maña, A. (Hrsg.): Ambient Intelligence. (Reihe: Lecture Notes in Computer Science. Vol 10217, Cham: Springer International Publishing, 2017, S. 33–45

[CAPI17] Capitan, L.; Vogel-Heuser, B.: Metrics for software quality in automated production systems as an indicator for technical debt. In: IEEE Industrial Electronics Society (Hrsg.): 2017 13th IEEE Conference on Automation Science and Engineering (CASE). IEEE, 2017, S. 709–716

[CARV17] Carvalho, R. N.; Laskey, K. B.; Costa, P. C.: PR-OWL – a language for defining probabilistic ontologies. In: International Journal of Approximate Reasoning, 91. Jg., Dec. 2017, S. 56–79

[CHEM13] Chemuturi, M.: Requirements Engineering and Management for Software Development Projects. New York, NY: Springer New York, 2013

[DARW03] Darwiche, A.: A differential approach to inference in Bayesian networks. In: Journal of the ACM, 50. Jg., 2003, Nr. 3, S. 280–305

[DASS21] Dassen, Y.; Mueller, A.; Brecher, C.; Rüppel, A. K.; Bergs, T.: Digitalisierung der KSS-Pflege für den Mittelstand/Digitalization of cutting fluid care for small and medium-sized enterprises. In: wt Werkstattstechnik online, 111. Jg., 2021, Nr. 05, S. 314–318

[DELA06] Delamer, I.; Martinez Lastra, J.: Ontology Modeling of Assembly Processes and Systems using Semantic Web Services. In: IEEE International Conference on Industrial Informatics, 2006. Aug. 2006, [Singapore. Piscataway, NJ: IEEE Operations Center, 2006, S. 611–617

[DENG11] Dengel, A. (Hrsg.): Semantische Technologien. Grundlagen. Konzepte. Anwendungen. Heidelberg: Spektrum Akademischer Verlag, 2011

[DIN16] Spec DIN Spec 91345 (April 2016): Reference Architecture Model Industry 4.0 (RAMI 4.0)

[DING16] Ding, J.-Y.; Song, S.; Zhang, R.; Chiong, R.; Wu, C.: Parallel Machine Scheduling Under Time-of-Use Electricity Prices: New Models and Optimization Approaches. In: IEEE Transactions on Automation Science and Engineering, 13. Jg., 2016, Nr. 2, S. 1138–1154

[DOMS07] Domschke, W.; Drexl, A.: Einführung in Operations Research. (Reihe: Springer-Lehrbuch). 7., überarb. Aufl. Berlin, Heidelberg: Springer, 2007

[EDIS13] Edis, E. B.; Oguz, C.; Ozkarahan, I.: Parallel machine scheduling with additional resources: Notation, classification, models and solution methods. In: European Journal of Operational Research, 230. Jg., 2013, Nr. 3, S. 449–463

[EGE15] Ege, B.: Marktstudie: Welche Standards und Tools werden in Unternehmen eingesetzt? In: Ege, B.; Humm, B.; Reibold, A. (Hrsg.): Corporate Semantic Web. (Reihe: X.media.press. Berlin, Heidelberg: Springer 2015, S. 23–39

[EHRL16] Ehrlinger, L.; Wöß, W.: Towards a Definition of Knowledge Graphs, In: Conference: Joint Proceedings of the Posters and Demos Track of 12th International Conference on Semantic Systems - SEMANTiCS2016 and 1st International Workshop on Semantic Change & Evolving Semantics (SuCCESS16), Leipzig, Germany, 4 S. 2016

[ELMA08] Elmasri, R.; Navathe, S.: Fundamentals of database systems. 5. ed., [reprint.], internat. ed. Boston, Mass.: Pearson/Addison-Wesley, 2008

[ERTE16] Ertel, W.: Grundkurs Künstliche Intelligenz eine praxisorientierte Einführung. 4. überarbeitete Aufl. Wiesbaden: Springer Vieweg, 2016

[EZZI23] Ezzini, S.; Abualhaija, S.; Arora, C.; Sabetzadeh, M.: AI-based Question Answering Assistance for Analyzing Natural-language Requirements. In: 2023 IEEE/ACM 45th International Conference on Software Engineering. ICSE 2023 Melbourne, Australia, 15-16 May 2023 proceedings. Piscataway, NJ: IEEE, 2023, S. 1277–1289

[FANJ19] Fanjul-Peyro, L.; Ruiz, R.; Perea, F.: Reformulations and an exact algorithm for unrelated parallel machine scheduling problems with setup times. In: Computers & Operations Research, 101. Jg., 2019, S. 173–182

[FIOR15] Fiorini, S. R.; Carbonera, J. L.; Gonçalves, P.; Jorge, V. A.; Rey, V. F.; Haidegger, T.; Abel, M.; Redfield, S. A.; Balakirsky, S.; Ragavan, V.; Li, H.; Schlenoff, C.; Prestes, E.: Extensions to the core ontology for robotics and automation. In: Robotics and Computer-Integrated Manufacturing, 33. Jg., 2015, June, S. 3–11

[FISC21] Fischer, J.; Vogel-Heuser, B.; Schneider, H.; Langer, N.; Felger, M.; Bengel, M.: Measuring the Overall Complexity of Graphical and Textual IEC 61131-3 Control Software. In: IEEE Robotics and Automation Letters, 6. Jg., 2021, Nr. 3, S. 5784–5791

[FUNK19] Funk, M.; Hartwig, M.; Wischniewski, S.: Evaluation of Assistance Systems for Manual Assembly Work. In: 2019

IEEE/SICE International Symposium on System Integration (SII). IEEE, 2019, S. 794–798

[GANG02] Gangemi, A.; Guarino, N.; Masolo, C.; Oltramari, A.; Schneider, L.: Sweetening Ontologies with DOLCE. In: Goos, G. (Hrsg.): Ontologies and the Semantic Web. 13th International Conference, EKAW 2002 Sigüenza, Spain, October 1-4, 2002 Proceedings. (Reihe: Lecture Notes in Computer Science, Vol. 2473, Berlin/Heidelberg: Springer, 2002, S. 166–181

[GANN17] Gannon, D.; Barga, R.; Sundaresan, N.: Cloud-Native Applications. In: IEEE Cloud Computing, 4. Jg., 2017, Nr. 5, S. 16–21

[GERB08] Gerber, A.; van der Merwe, A.; Barnard, A.: A Functional Semantic Web Architecture. In: Hutchison, D. et al. (Hrsg.): The Semantic Web: Research and Applications. (Reihe: Lecture Notes in Computer Science. Vol. 1521. Berlin, Heidelberg: Springer, 2008, S. 273–287

[GLOY20] Gloy, Y.-S.: Industrie 4.0 in der Textilproduktion. Berlin, Heidelberg: Springer Zugl.: Aachen, Techn. Hochsch, Habil.-schr., 2020

[GRET14] Gretsch, S. Maïté (Hrsg.): Wissensmanagement im Arbeitskontext. Bedarfsanalyse, Implementation eines Expertenfindungstools und Analyse zum Help-Seeking-Prozess. 1. Aufl. s.l.: Springer-Verlag, Zugl.: München, Univ., Diss., 2014

[GUIL18] Guilhoto Leonardo Ferreira: An Overview Of Artificial Neural Networks for Mathematicians. Chicago University, 2018

[HAAS21] Haase, T.; Dick, M.; Gerhardt, M.; Termath, W.; Nakhosteen, B.; Werkhausen, M.; Wellmann, W.; Tenbergen, K.; Holtmann, M.; Tse, K.-Z.; Berens, T.; Kolbe, G.; Wischniewski, S.; Mehler, L.; Kirschbaum, T.: Gestaltung und Integration erfahrungsbasierter Assistenzsysteme in der Stahlindustrie. In: Bauer, W. et al. (Hrsg.): Arbeit in der digitalisierten Welt. Praxisbeispiele und Gestaltungslösungen aus dem BMBF-Förderschwerpunkt, Berlin, Heidelberg Springer, 2021, S. 81–93

[HANN08] Hannelius, T.; Salmenpera, M.; Kuikka, S.: Roadmap to adopting OPC UA. In: 2008 6th IEEE International Conference on Industrial Informatics. IEEE, 13.07.2008 - 16.07.2008, S. 756–761

[HARR16] Harrington, J. L.: Relational database design and implementation. 4. Aufl. Amsterdam, Boston: Morgan Kaufmann/Elsevier, 2016

[HAUF14] Haufe-Lexware GmbH & Co.KG: Produktiver Umgang mit Wissen in Unternehmen. Telefonumfrage, Studie 2014

[HEIM20] Heimann, O.; Guhl, J.: Industrial Robot Programming Methods: A Scoping Review. In: 2020 25th IEEE International Conference on Emerging Technologies and Factory Automation (ETFA). IEEE, 08.09.2020 - 11.09.2020, S. 696–703

[HENN21] Hennig, L.; Uszkoreit, H.: Semantische Technologien für Enterprise Intelligence am Beispiel von Lieferkettenbeobachtung. In: Ege, B.; Paschke, A. (Hrsg.): Semantische Datenintelligenz im Einsatz. Wiesbaden, Heidelberg: Springer Vieweg, 2021, S. 87–126

[HINR18] Hinrichsen, S., Bendzioch, S., Nikolenko, A., Voss, E.: Einsatzpotentiale von Montageassistenzsystemen. In: www.hob-magazin.com, 2018, S. 26–28

[HITZ08] Hitzler, P.; Krötzsch, M.; Rudolph, S.; Sure, Y.: Semantic Web. Grundlagen. (Reihe: eXamen.press). Berlin, Heidelberg: Springer, 2008

[HOLL17] Holligan, C.; Hargaden, V.; Papakostas, N.: Product lifecycle management and digital manufacturing technologies in the era of cloud computing. In: Jardim-Gonçalves, R. (Hrsg.): "Engineering, technology & innovation management beyond 2020: new challenges, new approaches". 2017 International Conference on Engineering, Technology and Innovation (ICE/ITMC) conference proceedings. Piscataway, NJ: IEEE, 2017, S. 909–918

[HOLT99] Holthuis, J.: Der Aufbau von Data Warehouse-Systemen. Konzeption, Datenmodellierung, Vorgehen. (Reihe: Gabler-Edition Wissenschaft). 2., überarb. und aktualisierte Aufl., Wiesbaden: Dt. Univ.-Verl.; Gabler, 1999, Zugl.: Göttingen, Univ., Diss., 1997

[HUSS13] Hussy, W.; Schreier, M.; Echterhoff, G. (Hrsg.): Forschungsmethoden in Psychologie und Sozialwissenschaften für Bachelor. Mit 54 Abbildungen und 23 Tabellen. (Reihe: Springer-Lehrbuch). 2., überarbeitete Auflage Berlin, Heidelberg: Springer, 2013

[HYUN01] Hyung Suck Cho: Neural Network Applications to Manufacturing Processes: Monitoring and Control. URL:

https://www.sciencedirect.com/science/article/pii/S1474667017406070, geprüft am 19.11.2023, 2001

[IEEE15] IEEE Standard Ontologies for Robotics and Automation, in IEEE Std 1872-2015 , pp.1-60, 10 April 2015, doi: 10.1109/IEEESTD.2015.7084073. https://ieeexplore.ieee.org/document/7084073, geprüft am 19.11.2023

[INGE22] VDI Fachmedien GmbH & Co. KG: Welcher Kommunikationsstandard für künftige Industrie 4.0-Fabriken? Autoren: A. Klein; F. Wolters; S. Dederichs; F. Karl. VDI-Z online, 18.11.2016. URL: https://www.ingenieur.de/fachmedien/vdi-z/industrie-4-0/welcher-kommunikationsstandard-fuer-kuenftige-industrie-4-0-fabriken/ [Stand: 20.05.2023]

[JÄRV19] Järvenpää, E.; Siltala, N.; Hylli, O.; Lanz, M.: The development of an ontology for describing the capabilities of manufacturing resources. In: Journal of Intelligent Manufacturing, 30. Jg., 2019, Nr. 2, S. 959–978

[JAYA21] Jayady, A.; Hidayat, T.; Qomariyah, E.; Suriyani, B. B.; Husain, M. N.; Caniago, A.; Rusmardiana, A.; Pulungan, D. R.; Eteruddin, H.; Timotius, E.; Nurhayati, S.: Decision Support System with Multi Criteria Decision Making Technique. In: Journal of Physics: Conference Series, 1933. Jg., 2021, Nr. 1, S. 12017

[JENS02] Jensen, F. V.: Bayesian networks and decision graphs. (Reihe: Statistics for engineering and information science). New York, NY: Springer, (2002), c2001

[JENS07] Jensen, F. V.; Nielsen, T. D.: Bayesian networks and decision graphs. (Reihe: Information science and statistics). 2. Aufl. New York, NY, Berlin, Heidelberg: Springer, 2007

[JIRK19] Jirkovsky, V.; Kadera, P.; Obitko, M.: Enabling Plug&Play Cyber-Physical Systems Using Knowledge-Driven OPC UA Discovery. In: IEEE 5th World Forum on Internet of Things. 15-18 April 2019, Limerick, Ireland conference proceedings. Piscataway, NJ: IEEE, 2019, S. 149–153

[JUNG13] Jungnickel, D. (Hrsg.): Graphs, Networks and Algorithms. (Reihe: Algorithms and Computation in Mathematics). Berlin, Heidelberg: Springer, 2013

[KEJR19] Kejriwal, M.: Domain-specific knowledge graph construction. (Reihe: SpringerBriefs in Computer Science Ser). Cham, Springer, 2019

[KELL19] Keller, T.; Bayer, C.; Bausch, P.; Metternich, J.: Benefit evaluation of digital assistance systems for assembly workstations. In: Procedia CIRP, 81. Jg., 2019, S. 441–446

[KHIL09] Khilwani, N.; Harding, J. A.; Choudhary, A. K.: Semantic web in manufacturing. In: Proceedings of the Institution of Mechanical Engineers, Part B: Journal of Engineering Manufacture, 223. Jg., 2009, Nr. 7, S. 905–924

[KLEP20] Kleppmann, W.: Versuchsplanung. Produkte und Prozesse optimieren. (Reihe: Hanser eLibrary). 10., überarbeitete Auflage München: Hanser, 2020

[KLUG23] Kluge-Wilkes, A.; Baier, R.; Kunze, I.; Mueller, A.; Shahidi, A.; Wolfschläger, D.; Brecher, C.; Corves, B.; Hüsing, M.; Nitsch, V.; Schmitt, R. H.; Wehrle, K.: Modular Control and Services to Operate Lineless Mobile Assembly Systems. In: Brecher, C. et al. (Hrsg.): Internet of Production. (Reihe: Interdisciplinary Excellence Accelerator Series. Cham: Springer, 2023, S. 1–26

[KONI19] Konig, M.; Stadlmaier, M.; Rusch, T.; Sochor, R.; Merkel, L.; Braunreuther, S.; Schilp, J.: MA 2 RA - Manual Assembly Augmented Reality Assistant. In: 2019 IEEE International Conference on Industrial Engineering and Engineering Management (IEEM). IEEE, 2019, S. 501–505

[KRCM15] Krcmar, H.: Informationsmanagement. 6., überarbeitete Auflage Berlin, Heidelberg: Springer Gabler, 2015

[LAGE19] Lagemann Frank: Instandhaltungsaufträge priorisieren mit einem Software-assistenten. In: Henke Michael (Hrsg.): Fit for Smart Maintenance. Tagungsband. , 2019, S. 108–112

[LEMA06] Lemaignan, S.; Siadat, A.; Dantan, J.-Y.; Semenenko, A.: MASON: A Proposal For An Ontology Of Manufacturing Domain. In: Mařik, V. (Hrsg.): Proceedings / DIS 2006, IEEE Workshop on Distributed Intelligent Systems: Collective Intelligence and its Applications. June 15 - 16, 2006, Prague, Czech Republic. Piscataway, NJ: IEEE, 2006, S. 195–200

[LENS20] Lensing, K.: KI-basierte Assistenzsysteme für die Industrie 4.0. In: Hompel, M. ten; Vogel-Heuser, B.; Bauernhansl, T. (Hrsg.): Handbuch Industrie 4.0. (Reihe: Springer Reference Technik. Berlin, Heidelberg: Springer, 2020, S. 1–29

[LIKA03] Likas, A.; Vlassis, N.; J. Verbeek, J.: The global k-means clustering algorithm. In: Pattern Recognition, 36. Jg., 2003, Nr. 2, S. 451–461

[LIPP20] Lipp, J.; Schilling, K.: The Semantic Web in the Internet of Production: A Strategic Approach with Use-Case Examples. In: Brück, T. v. d. (Hrsg.): SEMAPRO 2020. The Fourteenth International Conference on Advances in Semantic Processing October 25-29, 2020. Wilmington, DE, USA: IARIA, 2020, S. 68–72

[MABR22] Mabrouk, A.; Ben Abbes, S.; Temal, L.; Isaj, L.; Calvez, P.: Exploiting Ontology to Build Bayesian Network. In: Proceedings of the 11th International Conference on Pattern Recognition Applications and Methods. : SCITEPRESS - Science and Technology Publications, 2022, S. 578–585

[MAI23] Mai Nguyen; Ying Chen; Thanh Huong Nguyen; Sara Shawky Habashi; Sara Quach; Park Thaichon: Artificial intelligence (AI)-driven services Communication support, assistance for decision-making, and enhanced customer experience service. In: Thaichon, P.; Quach, S. (Hrsg.): Artificial intelligence for marketing management. (Reihe: Routledge Studies in Marketing. Abingdon, Oxon: Routledge, 2023, S. 76–95

[MARC20] Marcelo Ladeira: UnBBayes Overview. URL: https://unbbayes.sourceforge.net/index.html [Stand: 30.08.2023]

[MART12] Martinez-Cruz, C.; Blanco, I. J.; Vila, M. A.: Ontologies versus relational databases: are they so different? A comparison. In: Artificial Intelligence Review, 38. Jg., 2012, Nr. 4, S. 271–290

[MAYR20] Mayrhofer, Walter, Kames, David, Schlund, Sebastian (Hrsg.): Made in Austria: Produktionsarebit in Österreich. Wien, Technische Universität, 2020

[MECK21] Mecke, R.; Adler, S.; Jachmann, D.; Weigel, M.; Eichholz, S.; Schmicker, S.; Mewes, E.; Böckelmann, I.; Minow, A.; Bergmüller, A.: Gesundes mobiles Arbeiten mit digitalen Assistenzsystemen im technischen Service (ArdiAS). In: Bauer, W. et al. (Hrsg.): Arbeit in der digitalisierten Welt. Berlin, Heidelberg: Springer, 2021, S. 35–52

[MEIE19] Meier, A.; Kaufmann, M.: SQL & NoSQL Databases. Models, languages, consistency options and architectures for Big Data Management. Wiesbaden, Heidelberg: Springer Vieweg, 2019

[MOCK21] Mockenhaupt, A.: Digitalisierung und Künstliche Intelligenz in der Produktion. Grundlagen und Anwendung. (Reihe: Springer eBook Collection). Wiesbaden: Springer Vieweg, 2021

[MÜLL14] Müller, R.; Vette, M.; Mailahn, O.; Ginschel, A.; Ball, J.: Innovative Produktionsassistenz für die Montage. In: wt Werkstatttechnik online, 2014, 104 Jg., Nr. 9, S. 552–560

[MUEL22a] Mueller, A.; Schnieders, T.; Storms, S.; Herfs, W.: Integration method of custom information models into existing OPC UA Servers. In: 2022 IEEE 27th International Conference on Emerging Technologies and Factory Automation (ETFA). : IEEE, 2022, S. 1–7

[MUEL22b] Mueller, A.; Hutsch, V.; Storms, S.; Herfs, W.: Ontology-based communication service for multi-stage production processes. In: "2022 IEEE International Conference on Technology Management, Operations and Decisions (ICTMOD)". IEEE, 2022, S. 1–6

[MUEL23a] Mueller, A.; Jesse, W.; Storms, S.; Herfs, W.; Brecher, C.: Ontology-based assistance system for control process reconfiguration of Robot-Based Applications. CPSL Conference, Mexico. Hannover publish-Ing, 2023

[MUEL23b] Mueller, A.; Jesse, W.; Petrovic, O.; Herfs, W.; Brecher, C.: Assistenzsystem zur wissensbasierten Steuerungsrekonfiguration. In: Petrovic, O. (Hrsg.): Algorithmik und KI für moderne Robotterapplikationen – ein Überblick. Düsseldorf: VDI Verlag, 2023, S. 83–98

[MUEL23c] Mueller, A.; Ozakkas, M.; Petrovic, O.; Herfs, W.; Brecher, C.: Automatic Transformation of OPC UA Skills Models into Knowledge Graphs. In: Katalinic, B. (Hrsg.): Proceedings of the 34th International DAAAM Symposium 2023. (Reihe: DAAAM Proceedings. DAAAM International Vienna, 2023, S. 461–469

[MUEL24a] Mueller, A.; Wurm, S.; Willecke, P.; Petrovic, O.; Herfs, W.; Brecher, C.: Design of a flexible skill-based process control system considering process relevant properties. In: Machines. 12. Jg. 2024, 2024.

[MUEL24b] Mueller, A.; Simon, L.; Petrovic, O.; Herfs, W., Brecher, C.: Smart Process Failure Analysis based on Bayesian Networks and Knowledge Graphs. In: "2024 IEEE International Conference on Artificial Intelligence in Information and Communication (ICAIIC)". IEEE, 2024, wird vrsl. in Q2 2024 veröffentlicht.

[NAVI08] Navigli, R.; Velardi, P.: From Glossaries to Ontologies: Extracting Semantic Structure from Textual Definitions. In: Buitelaar, P. (Hrsg.): Ontology Learning and Population. Bridging the Gap between Text and Knowledge. (Reihe: Frontiers in Artificial Intelligence and Applications. Amsterdam: IOS Press, 2008, S. 71–87

[NEAP04] Neapolitan, R. E.: Learning Bayesian networks. (Reihe: Prentice Hall series in architectural intelligence). Upper Saddle River, NJ: Pearson Prentice Hall, 2004

[NEUM22] Neumann, E.-M.; Vogel-Heuser, B.; Haben, F.; Kruger, M.; Wieringa, T.: Introduction of an Assistance System to Support Domain Experts in Programming Low-Code to Leverage Industry 5.0. In: IEEE Robotics and Automation Letters, 7. Jg., 2022, Nr. 4, S. 10422–10429

[NILE01] Niles, I.; Pease, A.: Towards a standard upper ontology. In: Guarino, N. (Hrsg.): Proceedings of the international conference on Formal Ontology in Information Systems - Volume 2001. (Reihe: ACM Conferences. New York, NY: ACM, 2001, S. 2–9

[NOY01] Noy, N.; McGuinness, D.: Ontology Development 101: A Guide to Creating Your First Ontology. In: Knowledge Systems Laboratory. 32 , URL: https://protege.stanford.edu/publications/ontology_development/ontology101.pdf (Link zuletzt geprüft: 19.11.2023), 2001

[OBDE17] Obdenbusch, M.: Referenzarchitektur für cloudbasiertes Condition Monitoring am Beispiel von Verpackungsmaschinen. (Reihe Ergebnisse aus der Produktionstechnik; 2017, Bd. 39.) 1st ed. Aachen: Apprimus Wissenschaftsverlag, Zugl.: Aachen, Techn. Hochsch., Diss., 2017

[OBER14] Oberle, D.: How ontologies benefit enterprise applications. In: Semantic Web, 5. Jg., 2014, Nr. 6, S. 473–491

[OEST19] Oestreich, H.; Töniges, T.; Wojtynek, M.; Wrede, S.: Interactive Learning of Assembly Processes using Digital Assistance. In: Procedia Manufacturing, 31. Jg., 2019, S. 14–19

[OPC17] OPC Foundation: OPC Unified Architecture Part 1 Overview and Concepts, Nr. OPC 10000-1 (November 2017)

[PAWL11] Pawlowsky, P.; Gözalan, A. G.; Schmid S.: Wettbewerbsfaktor Wissen: Managementpraxis von Wissen und Intellectual Capital in Deutschland. Eine repräsentative Unternehmensbefragung zum Status quo. In: Fokus prints, Nr. 8/2011

[PEAS02] Pease, A., Niles, I., Li, J.: The Suggested Upper Merged Ontology: A Large Ontology for the Semantic Web and its Applications. In: Conference: Working Notes of the AAAI Workshop on Ontologies and the Semantic Web, 2002

[PETR22] Petrovic, O.; Belke, M.; Ochel, J.; Brecher, C.; Engels, A.; Bransky, G.; Pillen, N.; Figueiredo, L.; Hölzl, H.: Hybride Intelligenz – Mensch und KI im Zusammenspiel. In: wt Werkstatttechnik. 5), 2022

[PFEI21] Pfeifroth, T.; Dietsch, M.; Mahlandt, R.: Werkerassistenz in der manuellen Montage/Analysis of the Impact of Informational Assistance Systems on Manual Assembly – Operator Assistance in Manual Assembly. In: wt Werkstattstechnik online, 111. Jg., 2021, Nr. 03, S. 102–106

[PIES22] Pieske, S.; Herfs, W.; Zenke, M.; Storms, S.; Brecher, C.: Semantic modeling of a cyber-physical biological production platform. In: 2022 IEEE 27th International Conference on Emerging Technologies and Factory Automation (ETFA). IEEE, 2022, S. 1–8

[POMP19] Pomp, A.; Lipp, J.; Meisen, T.: You are Missing a Concept! Enhancing Ontology-Based Data Access with Evolving Ontologies. In: 13th IEEE International Conference on Semantic Computing. ICSC 2019 proceedings 30 January-1 February 2019, Newport Beach, California. Piscataway, NJ: IEEE, 2019, S. 98–105

[PRES13] Prestes, E.; Carbonera, J. L.; Rama Fiorini, S.; M. Jorge, V. A.; Abel, M.; Madhavan, R.; Locoro, A.; Goncalves, P.; E. Barreto, M.; Habib, M.; Chibani, A.; Gérard, S.; Amirat, Y.; Schlenoff, C.: Towards a core ontology for robotics and automation. In: Robotics and Autonomous Systems, 61. Jg., 2013, Nr. 11, S. 1193–1204

[PRES14] Prestes, E.; Fiorini, S. R.; Carbonera, J. L.: Core Ontology for Robotics and Automation. In: Conference: Standardized Knowledge Representation and Ontologies for Robotics and Automation. Chicago, Illinois, USA, 2014

[PROF19a] Profanter, S.; Breitkreuz, A.; Rickert, M.; Knoll, A.: OPC UA Skill Model. URL: https://github.com/opcua-skills/skill-nodeset [Stand: 29.07.2023]

[PROF19b] Profanter, S.; Breitkreuz, A.; Rickert, M.; Knoll, A.: A Hardware-Agnostic OPC UA Skill Model for Robot Manipulators and Tools. In: 2019 24th IEEE International Conference on

Emerging Technologies and Factory Automation (ETFA). IEEE, 2019, S. 1061–1068

[PROF21] Profanter, S.; Perzylo, A.; Rickert, M.; Knoll, A.: A Generic Plug & Produce System Composed of Semantic OPC UA Skills. In: IEEE Open Journal of the Industrial Electronics Society, 2. Jg., 2021, S. 128–141

[RABO22] Raboaca, M. S.; Murgasanu, I. M.; Enescu, F. M.; Verma, C.; Constantinescu, L. M.: Design and simulation of the milling operation using articulated robots. In: 2022 14th International Conference on Electronics, Computers and Artificial Intelligence (ECAI). Piscataway, NJ: IEEE, 2022, S. 1–6

[REIN17] Reinhart, G.: Handbuch Industrie 4.0. München: Hanser, 2017

[RICH20] Richens, J. G.; Lee, C. M.; Johri, S.: Improving the accuracy of medical diagnosis with causal machine learning. In: Nature communications, 11. Jg., 2020, Nr. 1, S. 3923

[ROME16] Romero, D.; Bernus, P.; Noran, O.; Stahre, J.; Fast-Berglund, Å.: The Operator 4.0: Human Cyber-Physical Systems & Adaptive Automation Towards Human-Automation Symbiosis Work Systems. In: Nääs, I. et al. (Hrsg.): Advances in Production Management Systems. Initiatives for a Sustainable World. (Reihe: IFIP Advances in Information and Communication Technology, Vol. 488) Cham: Springer, 2016, S. 677–686

[ROSP13] Rospocher, M.; Serafini, L.: An Ontological Framework for Decision Support. In: Takeda, H. (Hrsg.): Semantic technology. Second joint international conference, JIST 2012, Nara, Japan, December 2 - 4, 2012 ; proceedings. (Reihe: Lecture Notes in Computer Science. Vol. 7774). Berlin, Heidelberg: Springer, 2013, S. 239–254

[RUDO13] Rudolph, S.; Gottlob, G.; Horrocks, I.; van Harmelen, F. (Hrsg.): Reasoning Web. Semantic Technologies for Intelligent Data Access. (Reihe: Lecture Notes in Computer Science; Vol. 8067). Berlin, Heidelberg: Springer, 2013

[RUMP11] Rumpe, B.: Modellierung mit UML. Sprache, Konzepte und Methodik. (Reihe: Xpert.press). 2. Berlin, Heidelberg: Springer, 2011

[SABO20] Sabou, M.; Kovalenko, O.; Ekaputra, F.; Biffl, S.: Beiträge des Semantic Web zum Engineering für Industrie 4.0. In: Hompel, M. ten; Vogel-Heuser, B.; Bauernhansl, T. (Hrsg.): Handbuch

Industrie 4.0. (Reihe: Springer Reference Technik. Berlin, Heidelberg: Springer, 2020, S. 1–21

[SAHL21] Sahlab, N.; Kamm, S.; Muller, T.; Jazdi, N.; Weyrich, M.: Knowledge Graphs as Enhancers of Intelligent Digital Twins. In: 2021 4th IEEE International Conference on Industrial Cyber-Physical Systems (ICPS). Online, 10-13 May, 2021. Piscataway, NJ: IEEE, 2021, S. 19–24

[SARA20] Sarachaga, I.; Burgos, A.; Alvarez, M. L.; Iriondo, N.; Marcos, M.: Methodological Approach for Developing Reconfigurable Automation Systems. In: IEEE Transactions on Industrial Informatics, 16. Jg., 2020, Nr. 3, S. 1460–1469

[SARA22] Saraswat, P.; Verma, S.: A Multiple Regression Approach was used to Conduct A Critical Evaluation of a Home Automation that used the Natural Language Processing and Effective Tool for Improving. In: Proceedings of the 2022 11th International Conference on System Modeling & Advancement in Research Trends (16th-17th December, 2022). SMART–2022. Piscataway, NJ: IEEE, 2022, S. 323–328

[SAUE00] Sauerwein, E.: Das Kano-Modell der Kundenzufriedenheit: Reliabilität und Validität einer Methode zur Klassifizierung von Produkteigenschaften. Zugl.: Innsbruck, Univ., Diss., 1998, Wiesbaden: Deutscher Universitätsverlag, 2000, S. 27–55

[SCHI19] Schiekofer, R.; Grimm, S.; Brandt, M. M.; Weyrich, M.: A formal mapping between OPC UA and the Semantic Web. In: 2019 IEEE 17th International Conference on Industrial Informatics (INDIN). IEEE, 2019, S. 33–40

[SCHO19] Scholten Markus: Optimierung der Effizienz eines Zustandsüberwachungs-programms dank eines Expertensystems mit einer Vertrauens-indikator Anzeige. In: Henke Michael (Hrsg.): Fit for Smart Maintenance. Tagungsband, 2019, S. 144–149

[SCHU17] Schuh, G., Anderl, R., Gausemeier J., ten Hompel, M., Wahlster, W.: Industrie 4.0 Maturity Index. Die digitale Transformation von Unternehmen gestalten (acatech STUDIE). München: Herbert Utz Verlag, 2017

[SCHU20a] Schuh, G.; Anderl, R.; Dumitrescu, R.; Krüger, A. ten Hompel, M. (Hrsg.): Industrie 4.0 Maturity Index. Die digitale Transformation von Unternehmen gestalten. Update 2020. In: Acatech studie, 2020

[SCHU20b] Schuh, G.; Kelzenberg, C.; Lange, J. de; Busch, M.; Stracke, F.; Frey, C.: Predictive Maintenance. Entwicklung vorausschauender Wartungssysteme für Werkzeugbaubetriebe und Serienproduzenten WerkPriMa. Aachen: Werkzeugmaschinenlabor der RWTH Aachen WZL, 2020

[SCHW06] Schwenken U.: Eine Methode zur Fehlerbewertung und zur adaptiven Motorleistungsbegrenzung auf der Basis einer modellbasierten Diagnose am Beispiel eines PKW-Kühlsystems. Dissertation. Bochum, Univ. 23.05.2006

[SHA08] Sha, L.; Gopalakrishnan, S.; Liu, X.; Wang, Q.: Cyber-Physical Systems: A New Frontier. In: 2008 IEEE International Conference on Sensor Networks, Ubiquitous, and Trustworthy Computing (sutc 2008). IEEE, 2008, S. 1–9

[SICI16] Siciliano, B.; Khatib, O.: Springer Handbook of Robotics. Cham: Springer, 2016

[SIEM20] Siemens Digital Industries Software: Mechatronic Concept Design | Siemens Software. URL: https://www.plm.automation.siemens.com/global/de/products/mechanical-design/mechatronic-concept-design.html [Stand: 07.08.2022]

[SIEM22] Siemens Digital Industries Software: Tecnomatix | Siemens Software. URL: https://www.plm.automation.siemens.com/global/de/products/tecnomatix/ [Stand: 07.08.2022]

[SPÖT17] Spöttl, G.; Windelband, L. (Hrsg.): Industrie 4.0. Risiken und Chancen für die Berufsbildung. (Reihe: Berufsbildung, Arbeit und Innovation, B. 44). Bielefeld: wbv, 2017

[STEI19a] Steindl, G.; Fruhwirth, T.; Kastner, W.: Ontology-Based OPC UA Data Access via Custom Property Functions. In: 2019 24th IEEE International Conference on Emerging Technologies and Factory Automation (ETFA). IEEE, 2019, S. 95–101

[STEI19b] Steil, J.; Wrede, S.: Maschinelles Lernen und lernende Assistenzsysteme. Neue Tätigkeiten, Rollen und Anforderungen für Beschäftigte? In: BWP Berufsbildung für Wissenschaft und Praxis, 2019, Nr. 3, S. 14–18

[STEI21] Steindl, G.; Kastner, W.: Transforming OPC UA Information Models into Domain-Specific Ontologies. In: 2021 4th IEEE International Conference on Industrial Cyber-Physical Systems (ICPS). Online, 10-13 May, 2021. Piscataway, NJ: IEEE, 2021, S. 191–196

[STYC17] Styczynski, Z. A.; Rudion, K.; Naumann, A.: Einführung und Grundbegriffe der Expertensysteme. In: Styczynski, Z. A.; Rudion, K.; Naumann, A. (Hrsg.): Einführung in Expertensysteme. Berlin, Heidelberg: Springer, 2017, S. 1–20

[TITT19] Tittmann, P.: Graphentheorie. Eine anwendungsorientierte Einführung. (Reihe: Hanser eLibrary). 3., aktualisierte Auflage München: Hanser; 2019

[TOLI19] Tolio, T.; Copani, G.; Terkaj, W.: Factories of the Future: : The Italian Flagship Initiative. Cham: Springer, 2019

[UHLM14] Uhlmann, E.; Krüger, J.: Industrieroboter. In: Grote, K.-H.; Feldhusen, J. (Hrsg.): Dubbel. Berlin, Heidelberg: Springer, 2014, S. 1601–1609

[UNGE19] Ungermann, F.; Kuhnle, A.; Stricker, N.; Lanza, G.: Entscheidungsunterstützungs-systeme in der Produktion. In: ZWF Zeitschrift für wirtschaftlichen Fabrikbetrieb, 114. Jg., 2019, Nr. 1-2, S. 34–38

[URBA20] Urbas, L.; Pelzer, F.; Lorenz, S.; Herlitzius, T.: Förderlicher Entwurf cyber-physischer Produktionssysteme. In: Hompel, M. ten; Vogel-Heuser, B.; Bauernhansl, T. (Hrsg.): Handbuch Industrie 4.0. (Reihe: Springer Reference Technik. Berlin, Heidelberg: Springer Berlin Heidelberg, 2020, S. 1–36

[W3C12] W3C: Web Ontology Language (OWL). URL: https://www.w3.org/2001/sw/wiki/OWL [Stand: 19.11.2023]

[W3C20] W3C; Cox, S.; Little, C.; Hobbs, J. R.; Pan, F.: Time Ontology in OWL. W3C Candidate Recommendation 26 March 2020. URL: https://www.w3.org/TR/owl-time/ [Stand: 19.11.2023]

[WANG22] Wang, P.; Wang, Z.; Wang, C.; Hu, K.; Li, L.; Song, C.: A Novel Semantic-Web Based Technology for Control Logic Rapid Reconfiguration of CPPS. In: ICSP (Hrsg.): 2022 7th International Conference on Intelligent Computing and Signal Processing (ICSP). IEEE, 2022, S. 1192–1199

[WEID15] Weidner, R.; Redlich, T.; Wulfsberg, J. P.: Technische Unterstützungssysteme. Berlin, Heidelberg: Springer Vieweg, 2015

[WEIS22] Weiss, A.; Ihlenfeldt, S.: Integration of OPC UA Information Models into Enterprise Knowledge Graphs. In: Journal of Machine Engineering, Vol. 22, Nr. 2, S. 138–147, 2022

[WILL16] Willeke, S.; Kasselmann, S.: Einführung interaktiver Assistenzsysteme über Reifegradmodelle. In: ZWF Zeitschrift für wirtschaftlichen Fabrikbetrieb, 111. Jg., 2016, Nr. 11, S. 691–695

[XIAO21] Xiao, B.; Li, F.: Knowledge-based formal modeling for CPPS in personalized intelligent manufacturing. In: 2021 IEEE Intl Conf on Dependable, Autonomic and Secure Computing, Intl Conf on Pervasive Intelligence and Computing, Intl Conf on Cloud and Big Data Computing, Intl Conf on Cyber Science and Technology Congress (DASC/PiCom/CBDCom/CyberSciTech). IEEE, 2021, S. 371–378

[XU04] Xu, B.; Wang, P.; Lu, J.; Li, Y.; Kang, D.: Bridge Ontology and Its Role in Semantic Annotation. In: 2004 International Conference on Cyberworlds. IEEE, 2004, S. 329–334

[XUE21] Xue, X.; Jiang, C.; Zhang, J.; Zhu, H.; Yang, C.: Matching sensor ontologies through siamese neural networks without using reference alignment. In: PeerJ. Computer science, 7. Jg., 2021, e602

[YALA21] Yalaoui, F.; Arbaoui, T.; Ouazene, Y. (Hrsg.): Planning and Scheduling Optimization. Basel, Switzerland: MDPI - Multidisciplinary Digital Publishing Institute, 2021

[ZEIL13] Zeiler, M. D.; Fergus, R.: Visualizing and Understanding Convolutional Networks In: Fleet, D.; Pajdla, T.; Schiele, B.; Tuytelaars, T.: Computer Vision -- ECCV 2014: 13th European Conference, Zurich, Switzerland, September 6-12, 2014, Proceedings, Part I. (Reihe: Lecture Notes in Computer Science; Vol. 8689). Cham: Springer, 2014

[ZIGA22] Zigart, T.: Entwicklung eines multikriteriellen Evaluierungsmodells für industrielle Assistenzsysteme. Dissertation, Wien, URL: https://repositum.tuwien.at/handle/20.500.12708/136298, Link geprüft am 19.11.2023, 2022

MIX
Papier | Fördert gute Waldnutzung
FSC® C083411

Zeitfracht Medien GmbH
Ferdinand-Jühlke-Straße 7
99095 Erfurt, Deutschland
produktsicherheit@kolibri360.de